"十四五"职业教育河南省规划教材

高等职业教育水利类新形态一体化数字教材

水利工程施工组织与管理

（第二版）

主编 芈书贞 李树慧

中国水利水电出版社
www.waterpub.com.cn
·北京·

内 容 提 要

本书为"十四五"职业教育河南省规划教材、高等职业教育水利类新形态一体化数字教材。本书吸收水利行业新规范、新标准、新技术，针对职业教育特点，注重理论知识和实践应用相结合，以任务驱动的形式突出实用性，每个任务后面有针对性训练，力求体现施工组织与管理的先进经验和技术手段。全书共十一个项目，包括课程基础知识、施工组织方式、网络计划技术、施工组织总设计、单位工程施工组织设计、水利工程施工合同管理、水利工程施工质量管理、水利工程施工进度管理、水利工程施工成本管理、水利工程施工风险与健康管理、水利工程施工安全与环保管理。本书配套建设了课件、微课视频、任务训练等教学资源，融入了党的二十大精神等课程思政元素，并建设与课程匹配的在线开放课程，是传统纸质教材与富媒体教学资源相结合的新形态立体化教材。

本书可供高等职业学校、高等专业学校水利类专业教学使用，也可作为其他相近专业的教学参考书，还可供水利水电工程技术人员、项目经理和项目管理人员参考使用。

图书在版编目（CIP）数据

水利工程施工组织与管理 / 芈书贞，李树慧主编.
2版. -- 北京 : 中国水利水电出版社，2025. 2.
ISBN 978-7-5226-3084-7

Ⅰ. TV512

中国国家版本馆CIP数据核字第20248UC932号

书　　名	"十四五"职业教育河南省规划教材 高等职业教育水利类新形态一体化数字教材 **水利工程施工组织与管理（第二版）** SHUILI GONGCHENG SHIGONG ZUZHI YU GUANLI
作　　者	主编　芈书贞　李树慧
出版发行	中国水利水电出版社 （北京市海淀区玉渊潭南路1号D座　100038） 网址：www.waterpub.com.cn E-mail：sales@mwr.gov.cn 电话：（010）68545888（营销中心）
经　　售	北京科水图书销售有限公司 电话：（010）68545874、63202643 全国各地新华书店和相关出版物销售网点
排　　版	中国水利水电出版社微机排版中心
印　　刷	天津嘉恒印务有限公司
规　　格	184mm×260mm　16开本　18印张　438千字
版　　次	2016年6月第1版第1次印刷 2025年2月第2版　2025年2月第1次印刷
印　　数	0001—2500册
定　　价	**52.00元**

凡购买我社图书，如有缺页、倒页、脱页的，本社营销中心负责调换

版权所有·侵权必究

"行水云课"数字教材使用说明

"行水云课"水利职业教育服务平台是中国水利水电出版社立足水电、整合行业优质资源全力打造的"内容"+"平台"的一体化数字教学产品。平台包含高等教育、职业教育、职工教育、专题培训、行水讲堂五大版块，旨在提供一套与传统教学紧密衔接、可扩展、智能化的学习教育解决方案。

本套教材是整合传统纸质教材内容和富媒体数字资源的新型教材，它将大量图片、音频、视频、3D动画等教学素材与纸质教材内容相结合，用以辅助教学。读者可通过扫描纸质教材二维码查看与纸质内容相对应的知识点多媒体资源，完整数字教材及其配套数字资源可通过移动终端APP、"行水云课"微信公众号或中国水利水电出版社"行水云课"平台查看。

扫描下列二维码可获取本书课件和任务训练答案。

0-1 课件　　0-2 任务训练答案

数 字 资 源 索 引

二维码序号	资源名称	资源类型	页码
0-1	课件	PPT	文前
0-2	任务训练答案	文本	文前
1-1	水利水电工程项目划分	视频	7
1-2	施工组织设计概念、作用与分类	视频	12
3-1	网络图基本概念	视频	41
3-2	节点位置号法	视频	41
4-1	施工组织总设计的编制内容	视频	74
4-2	施工方案	视频	79
4-3	施工总进度计划编制步骤	视频	82
4-4	施工总布置	视频	88
5-1	单位工程与单项工程	视频	117
5-2	施工条件分析	视频	121
5-3	单位工程施工进度计划安排	视频	136
5-4	单位工程施工平面图布置	视频	140
6-1	建设工程合同	视频	143
6-2	合同管理内容	视频	153
6-3	施工合同索赔管理	视频	161
7-1	质量管理的主要内容和影响因素	视频	169
7-2	工程项目施工阶段质量控制	视频	175
7-3	工程质量控制的统计方法	视频	184
7-4	工程质量事故处理	视频	194
7-5	工程质量验收与评定	视频	200
8-1	进度管理的概念和影响因素	视频	207
8-2	工程项目进度控制内容和措施	视频	211
8-3	施工进度计划的控制方法	视频	215
8-4	进度计划的调整方法	视频	216

续表

二维码序号	资源名称	资源类型	页码
9-1	施工成本的概念	视频	233
9-2	施工成本管理	视频	235
9-3	施工成本控制的方法	视频	241
9-4	施工成本管理的措施	视频	247
10-1	施工风险管理	视频	251
10-2	施工职业健康管理	视频	255
11-1	施工安全管理	视频	259
11-2	施工环保管理	视频	269

第二版前言

本书第一版为高等职业教育水利类专业"十三五"规划教材，于2016年6月正式出版，2019年、2022年两次进行更新内容和重新印刷，2022年入选"十四五"首批职业教育河南省规划教材建设名单，2024年12月本书入选"十四五"首批职业教育河南省规划教材书目录。

本次修订主要依据《中共中央关于认真学习宣传贯彻党的二十大精神的决定》《职业院校教材管理办法》《"十四五"职业教育规划教材建设实施方案》《关于推动现代职业教育高质量发展的意见》等文件精神，结合水利行业发展趋势和背景，落实立德树人根本任务，以培养高素质技术技能型人才为目的。

本次修订主要内容包括：

(1) 加入课程思政。认真贯彻党的二十大精神和教育部《高等学校课程思政建设指导纲要》要求，每个项目中增加课程思政内容，将"立德树人"基本要求贯彻于教材编写全过程，以润物无声的方式将思政教育与专业知识培养有机融合，引导学生树立正确的世界观、人生观和价值观，激发学生社会责任感和使命感，努力成为德智体美劳全面发展的社会主义建设者和接班人。

(2) 融入"四新"内容。教材在保持原有特色的基础上，及时跟进水利行业新制度、新规范、新标准、新技术，反映产业升级和行业发展需求，对教材原有内容补充和完善，并新增加"施工组织方式"项目，突出对一线生产的指导作用。

(3) 呈现数字新形态。基于国家教育数字化水平提升，将原有纸质教材与课件、微课、动画、案例、习题等数字化教学资源进行结合，并配套在线精品开放课程，将教材、课堂、教学资源三者融合，构建以学习者为中心的教育生态，推动信息技术与教学的深度融合，实现线上线下资源共享，便于及时更新教学资源，更好地满足学习者使用教材需求。

(4) "双元"合作编写。本书两名主编均为河南省"双师型"教师，修订过程引用了工程实际案例，并得到了河南水利第一工程局李博高级工程师的指导，充分体现了校企合作、产教融合最新成果。

本次修订，由河南水利与环境职业学院芈书贞担任第一主编并负责全书通稿，各项目具体分工见下表：

姓名	编写内容	工作单位
芈书贞	前言、项目一、项目三、项目七	河南水利与环境职业学院
李树慧	项目二、项目八	河南水利与环境职业学院
卢治元	项目四、项目十	云南水利水电职业学院
张银华	项目五、项目六	河南水利与环境职业学院
吕杰	项目九、项目十一	新疆职业大学

李树慧担任第二主编并负责全书数字资源建设，河南水利与环境职业学院张银华、李俊杰、徐华冰、赵子伟、张智铭等教师参与全书数字化资源建设，具体可见智慧职教 MOOC 平台在线开放课程内容以及教材各项目展示资源。

由于时间仓促及编者学术水平和教学经验有限，书中难免存在不足和疏漏之处，敬请使用者提出宝贵意见。本书编写过程中参考了大量文献资料，在此一并表示感谢！

编者

2024 年 12 月

第一版前言

本书根据《国家中长期教育改革和发展规划纲要（2010—2020年）》以及教育部《关于加快推进职业信息化发展的意见》（教职成〔2012〕5号）的文件精神编写，是以培养水利水电工程建设人才为目的的职业教育系列教材之一。

"水利工程施工组织与管理"是一门理论与实践紧密结合的应用型课程，以项目法和任务驱动的形式介绍了水利工程的施工组织与管理，对本课程的学习，使学生具有水利工程施工组织与管理的基本职业能力。

本书在注重基础知识的同时，结合水利工程施工实际，按照职业教育的要求，结合教学改革实践，严格遵照水利水电工程的新规范、新标准、新技术的要求，在编写过程中突出实用性，以任务驱动的形式提出知识目标和能力目标，每个任务都附有针对性的任务训练，便于学生学习。

全书共分为十一个项目，包括课程基础知识、施工组织方式、网络计划技术、施工组织总设计、单位工程施工组织设计、水利工程施工合同管理、水利工程施工质量管理、水利工程施工进度管理、水利工程施工成本管理、水利工程施工风险与健康管理、水利工程施工安全与环保管理等内容。

本书参编人员及编写分工如下：河南水利与环境职业学院芈书贞（项目一、项目二、项目六）、张银华（项目四），云南省水利水电职业学院卢治元（项目三、项目九）、蒋源（项目八）、杨璐瑶（项目七），甘肃省水利水电学校石磊（项目五），新疆水利水电学校吕杰（项目十）。

本书由芈书贞担任主编并负责全书统稿，由卢治元、吕杰担任副主编。编写过程中引用了有关专业文献和资料，未在书中一一注明出处，在此对有关文献的作者表示感谢。由于编者水平有限，时间仓促，书中难免存在不足之处，我们恳切地希望各校师生及其他读者对本教材存在的缺点和错误提出批评和指正。

编者
2016年6月

目 录

"行水云课"数字教材使用说明
数字资源索引
第二版前言
第一版前言

项目一 课程基础知识 1
 任务一 施工组织与管理的含义、研究对象和任务 1
 任务二 水利水电工程基本建设程序 3
 任务三 水利水电工程项目划分和建设特点 7
 任务四 水利工程施工组织与管理分类 12

项目二 施工组织方式 16
 任务一 施工组织的基本方式 16
 任务二 流水施工原理 20

项目三 网络计划技术 37
 任务一 网络计划简述 37
 任务二 双代号网络计划 41
 任务三 双代号时标网络计划技术 55
 任务四 网络计划技术优化 61

项目四 施工组织总设计 74
 任务一 施工组织总设计的编写内容和原则 74
 任务二 施工方案 79
 任务三 施工总进度计划 82
 任务四 施工总布置 88
 任务五 施工组织总设计编写实例 95

项目五 单位工程施工组织设计 117
 任务一 单位工程施工组织设计概述 117
 任务二 工程概况与施工条件分析 121
 任务三 施工方案选择 123
 任务四 单位工程施工进度计划安排 136
 任务五 单位工程施工平面图布置 140

项目六 水利工程施工合同管理 143
 任务一 建设工程合同 143
 任务二 合同管理内容 153

  任务三 水利水电土建工程施工合同条件简介 ································· 158
  任务四 施工合同索赔管理 ··· 161

项目七 水利工程施工质量管理 ··· 169
  任务一 质量管理的主要内容和影响因素 ·· 169
  任务二 工程项目施工阶段质量控制 ··· 175
  任务三 工程质量控制的统计方法 ·· 184
  任务四 工程质量事故处理 ··· 194
  任务五 工程质量验收与评定 ··· 200

项目八 水利工程施工进度管理 ··· 207
  任务一 进度管理的概念和影响因素 ·· 207
  任务二 进度控制的内容和措施 ··· 211
  任务三 进度计划的控制方法 ··· 215
  任务四 进度计划的调整方法 ··· 226

项目九 水利工程施工成本管理 ··· 233
  任务一 施工成本的概念 ·· 233
  任务二 施工成本管理的基本内容 ·· 235
  任务三 施工成本控制的方法 ··· 241
  任务四 施工成本管理的措施 ··· 247

项目十 水利工程施工风险与健康管理 ·· 251
  任务一 施工风险管理 ··· 251
  任务二 施工职业健康管理 ··· 255

项目十一 水利工程施工安全与环保管理 ·· 259
  任务一 施工安全管理 ··· 259
  任务二 施工环保管理 ··· 269

参考文献 ··· 274

项目一　课程基础知识

项目重点：施工组织与管理的含义和任务、水利水电工程基本建设程序、水利水电工程的项目划分、水利工程施工组织设计的分类、施工项目管理的主要工作内容。

教学目标：了解施工组织与管理的含义、水利水电工程建设特点，学生能较快地说出水利水电工程建设特点；熟悉施工组织与管理的任务、施工项目管理的主要工作内容，学生能小组讨论说出施工组织与管理的任务、施工项目管理的主要工作内容；掌握水利水电工程基本建设步骤、水利水电工程的项目划分、水利工程施工组织设计的分类，学生能正确判别出各个建设步骤，能正确划分出水利水电项目，能说出水利施工组织设计的分类。

项目引入：党的二十大明确提出，从现在起，中国共产党的中心任务就是团结带领全国各族人民全面建成社会主义现代化强国、实现第二个百年奋斗目标，以中国式现代化全面推进中华民族伟大复兴。水利关系国计民生，在国家发展全局中具有基础性、战略性、先导性作用，中国式现代化需要有力的现代化水利支撑保障体系。推动新阶段水利高质量发展，为以中国式现代化全面推进强国建设、民族复兴伟业提供有力的水安全保障，是水利肩负的重大历史使命。

任务一　施工组织与管理的含义、研究对象和任务

知识目标：掌握施工组织与管理的含义和研究对象，理解施工组织与管理的任务。

能力目标：学生能说出施工组织与管理广义和狭义的不同含义，知道施工组织与管理的研究对象，能讨论分析说出施工组织与管理的任务。

模块一　施工组织与管理的含义

水利水电工程项目施工组织与管理的含义分为广义和狭义两种。

1. 广义的施工组织与管理

广义的施工组织与管理是指在整个水利施工项目中从事各种项目管理工作的人员、单位、部门组合起来的管理群体。

由于工程项目参与者（投资者、业主、设计单位、承包商、咨询或监理单位，以及工程分包商等）很多，参与各方都将自己的工作任务称为施工项目，都有自己相应的施工管理组织，如业主的项目经理部、项目管理公司的项目经理部、承包商的项目经理部、设计项目经理部等。其间有各种联系，有各种管理工作、责任和任务的划分，形成该水利施工项目总体的管理组织系统。

2. 狭义的施工组织与管理

狭义的施工组织与管理是指由业主委托或指定的负责水利工程施工的承包商的施工项目管理组织。该组织以项目经理部为核心，以施工项目为对象，进行质量、进度、成本、合同、安全等管理工作。

在本书中，施工组织与管理如果不专门指出，则是指狭义的施工组织与管理。

模块二　施工组织与管理的研究对象

水利水电工程施工组织与管理的研究对象是水利水电工程建筑安装的实施过程。

水利水电建筑产品的特点决定了水利工程施工的复杂性和一次性。水利施工涉及面广，除工程力学、工程地质、建筑结构、建筑材料、工程测量、机械设备、施工技术等学科专业知识外，还涉及工程勘测、设计、环保等部门的协调配合。另外，不同工程由于所处地区不同、季节不同、施工现场条件不同，它们的施工准备工作、施工工艺和施工方法也不相同。针对每个独特的工程项目，通过施工组织可以找到最合理的施工方法和组织方法，并通过施工过程中科学管理确保工程项目顺利实施。

模块三　施工组织与管理的任务

施工组织与管理的任务是根据不同的水利施工项目，按照业主和承包商签订的施工合同的要求和任务，通过对项目经理部人员的组织与管理，确定各种管理程序和组织实施方案，达到完成施工任务，获得合理利润的目的。具体如下：

（1）研究施工合同，确定施工任务，确定工程项目的总体施工组织与设计，包括施工总体布置、施工总进度计划、施工设备和施工人员的安排。

（2）分析施工条件，研究确定不同施工阶段的施工方案、施工程序、施工组织安排。

（3）合理安排施工进度，组织现场的施工生产。

（4）解决施工的技术问题，确保按照施工图纸要求，完成各项施工任务。

（5）解决施工中的质量问题，确保工程质量达到合同及国家规范要求。

（6）合理控制施工成本，完成工程的各项结算管理，使项目经理部能获得有一定的利润。

（7）解决施工中的职业健康、安全问题，制订并落实各项管理措施。

（8）解决施工的环境保护问题，使项目施工达到环境部门的要求。

（9）解决协调同业主、监理工程师、设计单位、施工当地各部门以及项目经理内部的信息沟通、协调等问题。

（10）完成工程的各项阶段验收和竣工验收等工作，做好竣工资料的整理工作。

任　务　训　练

1. 简述狭义施工组织与管理的含义是什么。
2. 请分组讨论说出施工组织与管理的任务有哪些。

任务二　水利水电工程基本建设程序

知识目标：了解工程基本建设程序，掌握水利水电工程的基本建设步骤，熟悉每个建设步骤的含义和内容。

能力目标：能说出基本建设程序的定义，能正确叙述出水利水电工程基本建设程序，能判别出某一项任务所属的建设程序。

基本建设程序是指建设项目从决策、设计、施工到竣工验收整个建设过程中各阶段、各环节、各工程之间存在着先后顺序关系。按建设程序进行水利水电工程建设是保证工程质量和投资效果的基本要求，是水利水电建设项目管理的重要工作。

根据《水利工程建设程序管理暂行规定》（2019年修订），水利工程建设程序一般分为：项目建议书、可行性研究报告、施工准备、初步设计、建设实施、生产准备、竣工验收、项目后评价等阶段。

1. 项目建议书阶段

（1）项目建议书应根据国民经济和社会发展长远规划、流域综合规划、区域综合规划、专业规划，按照国家产业政策和国家有关投资建设方针进行编制，是对拟进行建设项目的初步说明。

（2）项目建议书应按照《水利水电工程项目建议书编制规程》（SL 617—2021）编制。

（3）项目建议书编制一般由政府委托有相应资格的设计单位承担，并按国家现行规定权限向主管部门申报审批。项目建议书被批准后，由政府向社会公布，若有投资建设意向，应及时组建项目法人筹备机构，开展下一建设程序工作。

2. 可行性研究阶段

（1）可行性研究应对项目进行方案比较，在技术上是否可行和经济上是否合理进行科学的分析和论证。经过批准的可行性研究报告，是项目决策和进行初步设计的依据。可行性研究报告，由项目法人（或筹备机构）组织编制。

（2）可行性研究报告应按照《水利水电工程可行性研究报告编制规程》（SL 618—2021）编制。

（3）可行性研究报告应按国家现行规定的审批权限报批。申报项目可行性研究报告，必须同时提出项目法人组建方案及运行机制、资金筹措方案、资金结构及回收资金的办法。

（4）可行性研究报告经批准后，不得随意修改和变更，在主要内容上有重要变动，应经原批准机关复审同意。项目可行性报告批准后，应正式成立项目法人，并按项目法人责任制实行项目管理。

3. 施工准备阶段

（1）项目可行性研究报告已经批准，年度水利投资计划下达后，项目法人即可开展施工准备工作，其主要内容如下：

1）施工现场的征地、拆迁。
2）完成施工用水、电、通信、路和场地平整等工程。
3）必需的生产、生活临时建筑工程。
4）实施经批准的应急工程、试验工程等专项工程。
5）组织招标设计、咨询、设备和物资采购等服务。
6）组织相关监理招标，组织主体工程招标准备工作。

（2）工程建设项目施工，除某些不适应招标的特殊工程项目外（须经水行政主管部门批准），均须实行招标投标。水利工程建设项目的招标投标，按有关法律、行政法规和《水利工程建设项目招标投标管理规定》等规章规定执行。

4．初步设计阶段

（1）初步设计是根据批准的可行性研究报告和必要而准确的设计资料，对设计对象进行通盘研究，阐明拟建工程在技术上的可行性和经济上的合理性，规定项目的各项基本技术参数，编制项目的总概算。初步设计任务应择优选有项目相应资格的设计单位承担，依照有关初步设计编制规定进行编制。

（2）初步设计报告应按照《水利水电工程初步设计报告编制规程》（SL 619—2021）编制。

（3）初步设计文件报批前，一般须由项目法人委托有相应资格的工程咨询机构或组织行业各方面（包括管理、设计、施工、咨询等方面）的专家，对初步设计中的重大问题进行咨询论证。设计单位根据咨询论证意见，对初步设计文件进行补充、修改、优化。初步设计由项目法人组织审查后，按国家现行规定权限向主管部门申报审批。

（4）设计单位必须严格保证设计质量，承担初步设计的合同责任。初步设计文件经批准后，主要内容不得随意修改、变更，并作为项目建设实施的技术文件基础。如有重要修改、变更，须经原审批机关复审同意。

5．建设实施阶段

（1）建设实施阶段是指主体工程的建设实施，项目法人按照批准的建设文件，组织工程建设，保证项目建设目标的实现。

（2）水利工程具备《水利工程建设项目管理规定（试行）》规定的开工条件后，主体工程方可开工建设。主体工程开工，必须具备以下条件：项目法人或者建设单位已经设立；初步设计已经批准，施工详图设计满足主体工程施工需要；建设资金已经落实；主体工程施工单位和监理单位已经确定，并分别订立了合同；质量安全监督单位已经确定，并办理了质量安全监督手续；主要设备和材料已经落实来源；施工准备和征地移民等工作满足主体工程开工需要。项目法人或者建设单位应当自工程开工之日起 15 个工作日内，将开工情况的书面报告报项目主管单位和上一级主管单位备案。

（3）项目法人要充分发挥建设管理的主导作用，为施工创造良好的建设条件。项目法人要充分授权工程监理，使之能独立负责项目的建设二期、质量、投资的控制和现场施工的组织协调。监理单位选择必须符合《水利工程建设监理规定》的要求。

（4）要按照"政府监督、项目法人负责、社会监理、企业保证"的要求，建立健全质量管理体系。重要建设项目，须设立质量监督项目站，行使政府对项目建设的监督职能。

6. 生产准备阶段

生产准备是项目投产前所要进行的一项重要工作，是建设阶段转入生产经营的必要条件。项目法人应按照建管结合和项目法人责任制的要求，适时做好有关生产准备工作，其主要内容一般包括以下几方面：

（1）生产组织准备：建立生产经营的管理机构及其相应管理制度。

（2）招收和培训人员：按照生产运营的要求，配备生产管理人员，并通过多种形式的培训，提高人员素质，使之能满足运营要求。

（3）生产技术准备：主要包括技术资料的汇总、运行技术方案的制定、岗位操作规程制定等。

（4）生产物资准备：主要是落实投产运营所需要的原材料、协作产品、工器具、备品备件和其他协作配合条件的准备。

（5）正常的生活福利设施准备。

7. 竣工验收

（1）竣工验收是工程完成建设目标的标志，是全面考核基本建设成果、检验设计和工程质量的重要步骤。竣工验收合格的项目即从基本建设转入生产或使用。

（2）当建设项目的建设内容全部完成，并经过单位工程验收（包括工程档案资料的验收），符合设计要求并按《水利基本建设项目（工程）档案资料管理暂行规定》的要求完成了档案资料的整理工作；完成竣工报告、竣工决算等必需文件的编制后，项目法人按《水利工程建设项目管理规定（试行）》规定，向验收主管部门，提出申请，根据国家和部颁验收规程，组织验收。

（3）竣工决算编制完成后，须由审计机关组织竣工审计，其审计报告作为竣工验收的基本资料。

（4）工程规模较大、技术较复杂的建设项目可先进行初步验收。不合格的工程不予验收；有遗留问题的项目，对遗留问题必须有具体处理意见，且有限期处理的明确要求并落实责任人。

8. 后评价

建设项目竣工投产后，一般经过1~2年生产运营后，要进行一次系统的项目后评价，主要内容包括：

（1）影响评价：项目投产后对各方面的影响进行评价。

（2）经济效益评价：项目投资、国民经济效益、财务效益、技术进步和规模效益、可行性研究深度等进行评价。

（3）过程评价：对项目的立项、设计施工、建设管理、竣工投产、生产运营等全过程进行评价。

项目后评价一般按三个层次组织实施，即项目法人的自我评价、项目行业的评价、计划部门（或主要投资方）的评价。

建设项目后评价工作必须遵循客观、公正、科学的原则，做到分析合理、评价公正。通过建设项目的后评价以达到肯定成绩、总结经验、研究问题、吸取教训、提出建议、改进工作，不断提高项目决策水平和投资效果的目的。

任 务 训 练

1. 水利工程建设前期工作一般分为（　　）。
   A. 可行性研究报告
   B. 可行性研究报告、初步设计
   C. 项目建议书、可行性研究报告
   D. 项目建议书、可行性研究报告和初步设计
2. 根据《水利工程建设项目管理规定》，水利工程建设程序的最后一个阶段为（　　）。
   A. 后评价　　　　　　　　　B. 竣工验收
   C. 合同工程完工验收　　　　D. 生产准备
3. 工程完成建设目标的标志是（　　）。
   A. 生产运行　　B. 生产准备　　C. 项目后评价　　D. 竣工验收
4. 关于水利工程建设程序中各阶段的要求，下列说法错误的是（　　）。
   A. 施工准备阶段（包括招标设计）是指建设项目主体工程开工前，必须完成的各项准备工作
   B. 建设实施阶段是项目法人按照批准的建设文件，组织工程建设，保证项目建设目标实现
   C. 生产准备（运行准备）是指为工程建设项目投入运行前所进行的准备工作
   D. 项目后评价一般按三个层次组织实施，即项目法人的自我评价、项目行业的评价、主管部门（或主要投资方）的评价
5. 后评价阶段对项目投入生产（运行）后对各方面的影响进行的评价称为（　　）。
   A. 过程评价　　B. 经济效益评价　　C. 影响评价　　D. 建设评价

任务三 水利水电工程项目划分和建设特点

知识目标：掌握工程建设项目划分的名称和含义，掌握水利水电工程项目划分的方法，了解水利水电工程建设特点。

能力目标：能说出工程建设项目划分的名称，能结合案例对工程建设项目进行正确划分，能正确说出水利水电工程的项目划分，能讨论叙述出水利水电工程建设特点。

模块一 水利水电工程项目划分

水利水电工程项目常常是由多种性质的水工建筑物构成的复杂的建筑综合体，同其他工程相比，包含的建筑种类多、涉及面广。例如大中型水利水电工程除包含了拦河大坝、主副厂房外，还有变电站、开关站、输变电线路、引水系统、泄洪设施、公路、桥涵、给排水系统、供风系统、通信系统、辅助企业、文化福利建筑等，难以严格按单项工程、单位工程等确切划分。

1. 编制概预算时的划分方法

在编制水利水电工程概预算时，根据水利部颁发的《水利工程设计概（估）算编制规定》（水总〔2014〕429号）的有关规定，结合水利水电工程的性质特点和组成内容进行项目划分（图1-1）。

（1）三大类型：枢纽工程、引水工程、河道工程。

（2）四个部分：工程部分、建设征地移民补偿、环境保护工程、水土保持工程。

（3）三级项目：根据水利工程性质，其工程项目分别按枢纽工程、引水工程及河道工程划分，投资估算和设计概算要求每部分从大到小又划分为一级项目、二级项目、三级项目。

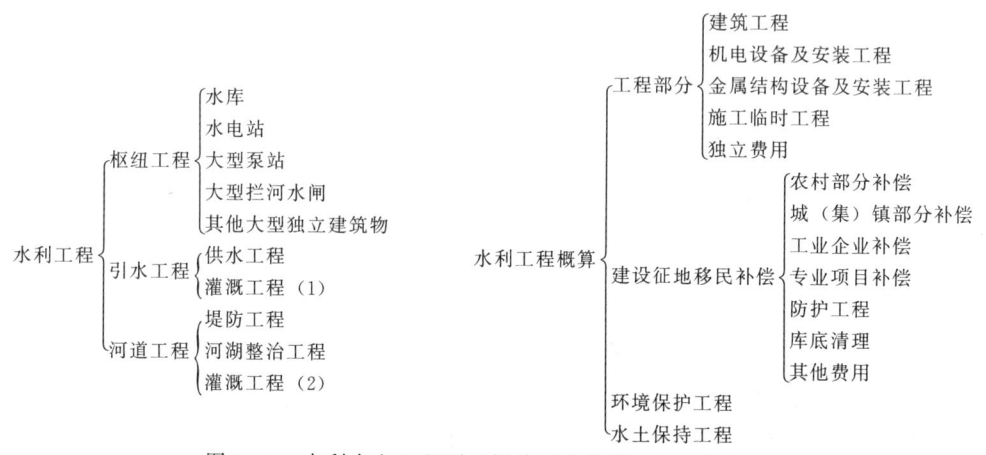

图1-1 水利水电工程项目划分三大类型、四个部分

2. 水利水电工程施工质量检验与评定时划分方法

在《水利水电工程施工质量检验与评定规程》（SL 176—2007）中对项目进行划

分时，项目按级划分为单位工程、分部工程、单元（工序）工程等三级（图1-2）。

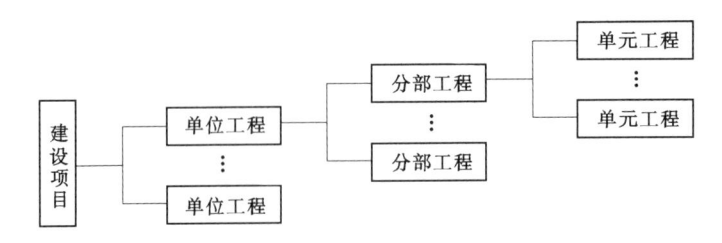

图1-2 水利水电工程项目划分为三级

(1) 单位工程。单位工程是指能独立发挥作用或具有独立的施工条件的工程。通常是若干分部工程完成后才能运行或发挥一种功能的工程。单位工程通常是一个独立建（构）筑物，特殊情况下也可以是独立建（构）筑物中的一部分或一个构成部分。

单位工程项目的划分原则：枢纽工程一般以每个独立的建筑物为一个单位工程，当工程规模大时，可将一个建筑物中具有独立施工条件的一部分划为一个单位工程。堤防工程按招标标段或工程结构划分为单位工程，规模较大的交叉连接建筑物及管理设施以每个独立的建筑物为一个单位工程。引水（渠道）工程按招标标段或工程结构划分单位工程，大、中型引水（渠道）建筑物以每个独立的建筑物为一个单位工程。除险加固工程按招标标段或加固内容，并结合工程量划分单位工程。

(2) 分部工程。分部工程是组成单位工程的各个部分。分部工程往往是建（构）筑物中的一个结构部位，或不能单独发挥一种功能的安装工程。

分部工程项目的划分原则：枢纽工程中土建工程按设计的主要组成部分划分，金属结构及启闭机安装工程和机电设备安装工程按组合功能划分。堤防工程按长度或功能划分。引水（渠道）工程中的河（渠）道按施工部署或长度划分，大、中型建筑物按工程结构主要组成部分划分。除险加固工程按加固内容或部位划分。同一单位工程中，各个分部工程的工程量（或投资）不宜相差太大，每个单位工程中的分部工程数目不宜少于5个。

(3) 单元工程。单元工程是指组成分部工程的、由一个或几个工种施工完成的最小综合体，是日常质量考核的基本单位。它可依据设计结构、施工部署或质量考核要求划分为层、块、区、段等，是形成工程实物量或安装就位的工程。

单元工程项目划分原则：按《水利水电工程单元工程施工质量验收评定标准》（SL 631~637—2012）的规定进行划分。河（渠）道开挖、填筑及衬砌单元工程划分界限宜设在变形缝或结构缝处，长度一般不大于100m，同一分部工程中各单元工程的工程量（或投资）不宜相差太大。SL 631~637—2012中未涉及的单元工程可依据工程结构、施工部署或质量考核要求，按层、块、段进行划分。

模块二 水利水电工程建设特点

水利水电工程施工的最终成果是水利水电工程建筑产品。只有对水利水电工程建筑产品的特点及其生产过程进行研究，才能更好地组织建筑产品的生产，保证产品的质量。

1. 水利工程建筑产品的特点

(1) 产品的固定性。

水利水电工程建筑产品与其他工程的建筑产品一样，是根据使用者的使用要求，按照设计者的设计图纸，经过一系列的施工生产过程在固定点建成的。建筑产品的基础与作为地基的土地直接联系，因而建筑产品在建造中和建成后是不能移动的，建筑产品建在哪里就在哪里发挥作用。在有些情况下，一些建筑产品本身就是土地不可分割的一部分，如油气田、桥梁、地铁、水库等。固定性是建筑产品与一般工业产品的最大区别。

(2) 产品的多样性。

水利水电工程建筑产品一般是由设计和施工部门根据建设单位（业主）的委托，按特定的要求进行设计和施工的。由于对水利水电工程建筑产品的功能要求多种多样，因而对每一水利水电建筑产品的结构、造型、空间分割、设备配置都有具体要求。即使功能要求相同，建筑类型相同，但由于地形、地质等自然条件不同以及交通运输、材料供应等社会条件不同，在建造时施工组织、施工方法也存在差异。水利水电工程建筑产品的这种特点决定了水利水电工程建筑产品不能像一般工业产品那样进行批量生产。

(3) 产品体积庞大。

水利水电工程建筑产品是生产与应用的场所，要在其内部布置各种生产与应用必要的设备与用具，因而与其他工业产品相比，水利水电工程建筑产品体积庞大，占有广阔的空间，排他性很强。因其体积庞大，水利水电工程建筑产品对环境的影响很大，必须控制建筑区位、密度等，建筑必须服从流域规划和环境规划的要求。

(4) 产品的高值性。

能够发挥投资效用的任一项水利水电工程建筑产品，在其生产过程中耗用大量的材料、人力、机械及其他资源，不仅形体庞大，而且造价高昂，动辄数百万元、数千万元、数亿元人民币，特大的水利水电工程项目其工程造价可达数十亿元、数百亿元、几千亿元人民币。产品的高值性也是指其工程造价关系到各方面的重大经济利益，同时也会对宏观经济产生重大影响。

2. 水利工程建筑产品施工的特点

(1) 施工生产的流动性。

水利水电工程建筑产品施工的流动性有两层含义。一是由于水利水电工程建筑产品是固定地点建造的，生产者和生产设备要随着建筑物建造地点的变更而流动，相应材料、附属生产加工企业、生产和生活设施也经常迁移。二是由于水利水电工程建筑产品固定在土地上，与土地相连，在生产过程中，产品固定不动，人、材料、机械设备围绕着建筑产品移动，要从一个施工段移到另一个施工段，从水利水电工程的一个部分转移到另一个部分。这一特点要求通过施工组织设计，能使流动的人、机、物等相互协调配合，做到连续、均衡施工。

（2）施工生产的单件性。

水利水电工程建筑产品施工的多样性决定了水利水电工程建筑产品的单件性。每项建筑产品都是按照建设单位的要求进行施工的，都有其特定的功能、规模和结构特点，所以工程内容和实物形态都具有个别性、差异性。而工程所处的地区、地段不同更增强了水利水电工程建筑产品的差异性，同一类型工程或标准设计，在不同的地区、季节及现场条件下，施工准备工作、施工工艺和施工方法不尽相同，所以水利水电工程建筑产品只能是单件产品，而不能按通过定型的施工方案重复生产。这一特点就要求施工组织实际编制者考虑设计要求、工程特点、工程条件等因素，制定出可行的水利水电工程施工组织方案。

（3）施工生产过程的综合性。

水利水电工程建筑产品的施工生产涉及施工单位、业主、金融机构、设计单位、监理单位、材料供应部门、分包单位等多个单位、多个部门的相互配合、相互协助，决定了水利水电工程建筑产品施工生产过程具有很强的综合性。

（4）施工生产受外部环境影响较大。

水利水电工程建筑产品体积庞大，使水利水电工程建筑产品不具备在室内施工生产的条件，一般都要求露天作业，其生产受到风、霜、雨、雪、温度等气候条件的影响；水利水电工程建筑产品的固定性决定了其生产过程会受到工程地质、水文条件变化的影响，以及地理条件和地域资源的影响。这些外部因素对工程进度、工程质量、建造成本都有很大影响。这一特点要求水利水电工程建筑产品生产者提前进行原始资料调查，制定合理的季节性施工措施、质量保证措施、安全保证措施等，科学组织施工，使生产有序进行。

（5）施工生产过程具有连续性。

水利水电工程建筑产品不能像其他许多工业产品一样可以分解若干部分同时生产，而必须在同一固定场地上按严格程序连续生产，上一道工序不完成，下一道工序不能进行。水利水电工程建筑产品是持续不断的劳动过程的成果，只有全部生产过程完成，才能发挥其生产能力或使用价值。一个水利水电建设工程项目从立项到使用要经历多个阶段和过程，包括设计前的准备阶段、设计阶段、施工阶段、使用前准备阶段（包括竣工验收和试运行）和保修阶段。这是一个不可间断的、完整的周期性生产过程，它要求在生产过程中各阶段、各环节、各项工作有条不紊地组织起来，在时间上不间断，在空间上不脱节。要求生产过程的各项工作必须合理组织、统筹安排，遵守施工程序，按照合理的施工顺序科学地组织施工。

（6）施工生产周期长。

水利水电工程建筑产品的体积庞大决定了建筑产品生产周期长，有的水利水电工程建筑项目，少则 1~2 年，多则 3~4 年、5~6 年，甚至 10 年以上。因此它必须长期大量地占用和消耗人力、物力和财力，要到整个生产周期完结才能出产品。故应科学地组织建筑生产，不断缩短生产周期，尽快提高投资效益。

任 务 训 练

1. 在项目划分时，具有独立施工条件或独立使用功能的建筑物为一个（　　）。
   A. 分部工程　　　　　　　　　　B. 分项工程
   C. 单位工程　　　　　　　　　　D. 单元工程

2. 建筑或设备安装工程的最基本构成因素是（　　）。
   A. 分部工程　　　　　　　　　　B. 分项工程
   C. 单位工程　　　　　　　　　　D. 单元工程

3. 根据《水利水电工程施工质量检验与评定规程》（SL 176—2007），工程项目可划分为（　　）。
   A. 分项工程　　　　　　　　　　B. 单位工程
   C. 分部工程　　　　　　　　　　D. 单元工程
   E. 单项工程

4. 根据水利部颁发的《水利工程设计概（估）算编制规定》（水总〔2002〕116号），下列不属于枢纽工程的是（　　）。
   A. 水库　　　　　　　　　　　　B. 水电站
   C. 供水工程　　　　　　　　　　D. 其他大型独立建筑物

5. 请叙述水利水电工程建设特点有哪些。

任务四 水利工程施工组织与管理分类

知识目标：掌握施工组织设计的不同分类方法和名称，熟悉施工项目管理的主要工作内容。

能力目标：能结合案例说出施工组织设计的名称，能小组讨论出施工项目管理的定义和主要工作内容。

模块一 施工组织设计分类

施工组织设计是一个总的概念，根据工程项目的编制阶段、编制对象或范围的不同，施工组织设计在编制的深度和广度上也有所不同。

1. 按工程项目的编制阶段分类

根据工程项目建设设计阶段和作用的不同，施工组织设计可以分为设计阶段施工组织设计、施工招投标阶段施工组织设计、施工阶段施工组织设计。

（1）设计阶段施工组织设计。

这里所说的设计阶段主要是指设计阶段中的初步设计。在做初步设计时，采用的设计方案必然联系到施工方法和施工组织，不同的施工组织，所涉及的施工方案是不一样的，所需投资也就不一样。

设计阶段的施工组织设计是整个项目的全面施工安排和组织，涉及范围是整个项目，内容要重点突出，施工方法拟定要经济可行。

这一阶段的施工组织设计，是初步设计的重要组成部分，也是编制总概算的依据之一，由设计部门编写。

（2）施工招投标阶段施工组织设计。

水利水电工程施工投标文件一般由技术标和商务标组成，其中的技术标的就是施工组织设计部分。

这一阶段的施工组织设计是投标者以招标文件为主要依据，是投标文件的重要组成部分，它也是投标报价的基础，以在投标竞争中取胜为主要目的。施工招投标阶段的施工组织设计主要由施工企业技术部门负责编写。

（3）施工阶段施工组织设计。

施工企业通过竞争，取得对工程项目的施工建设权，从而也就承担了对工程项目的建设的责任，这个建设责任，主要是在规定的时间内，按照双方合同规定的质量、进度、投资、安全等要求完成建设任务。这一阶段的施工组织设计，主要以分部工程为编制对象，以指导施工，控制质量、控制进度、控制投资，从而顺利完成施工任务为主要目的。

施工阶段的施工组织设计，是对前一阶段施工组织设计的补充和细化，主要由施工企业项目经理部技术人员负责编写，以项目经理为批准人，并监督执行。

2. 按工程项目编制的对象分类

按工程项目编制的对象分类，可分为施工组织总设计、单位工程施工组织设计及分部（分项）工程施工组织设计。

（1）施工组织总设计。

施工组织总设计是以整个建设项目为对象编制的，用以指导整个工程项目施工全过程的各项施工活动的全局性、控制性文件。它是对整个建设项目施工的全面规划，涉及范围较广，内容比较概括。

施工组织总设计用于确定建设总工期、各单位工程项目开展的顺序及工期、主要工程的施工方案、各种物资的供需设计、全工地临时工程及准备工作的总体布置、施工现场的布置等工作，同时也是施工单位编制年度施工计划和单位工程项目施工组织设计的依据。

（2）单位工程施工组织设计。

单位工程施工组织设计是以一个单位工程（一个建筑或构筑物）为编制对象，用以指导其施工全过程的各项施工活动的指导性文件，是施工单位年度施工设计和施工组织总设计的具体化，也是施工单位编制作业计划和制定季、月、旬施工计划的依据。单位工程施工组织设计一般在施工图设计完成后，根据工程规模、技术复杂程度的不同，其编制内容深度和广度也有所不同。对于简单单位工程，施工组织设计一般只编制施工方案并附以施工进度和施工平面图，即"一案、一图、一表"。在拟建工程开工之前，由工程项目的技术负责人负责编制。

（3）分部（分项）工程施工组织设计。

分部（分项）工程施工组织设计也称分部（分项）工程施工作业设计。它是以分部（分项）工程为编制对象，用以具体实施其分部（分项）工程施工全过程的各项施工活动的技术、经济和组织的实施性文件。一般在单位工程施工组织设计确定了施工方案后，由施工队（组）技术人员负责编制，其内容具体、详细、可操作性强，是直接指导分部（分项）工程施工的依据。

施工组织总设计、单位工程施工组织设计和分部（分项）工程施工组织设计，是同一工程项目，不同广度、深度和作用的三个层次。

模块二 施工项目管理

1. 施工项目管理的定义

施工项目管理是以工程项目为对象，以项目经理负责制为基础，以实现项目目标为目的，以构成工程项目要素的市场为条件，对项目按照其内在的逻辑规律进行有效的计划、组织、协调和控制，对工程项目施工全过程进行管理和控制的系统管理的方法体系。

施工单位作为工程项目参建单位之一，其项目管理主要服务于项目的整体利益及其自身利益。施工单位的项目管理工作主要发生在施工阶段，但由于施工过程涉及勘察设计等文件资料，竣工后又将进入保修阶段，因此其项目管理工作也会涉及勘察设计阶段、开工前的准备阶段及质量保修阶段。施工单位项目管理的目标主要包括施工的进度目标、质量目标、安全目标、成本目标等。

施工单位在进行施工项目管理的过程中主要完成的任务有施工进度管理、施工质量管理、施工安全管理、施工成本管理、施工合同管理、施工信息管理、风险与健康管理、环保与安全管理以及与施工相关的组织与协调等。

2. 施工项目管理的主要工作

施工项目管理是施工企业对施工项目进行有效掌握控制，在施工项目管理的全过程中，为了取得各阶段目标和最终目标的实现，在进行各项活动中，必须加强管理工作。

（1）建立施工项目管理组织。

由企业采用适当的方式选聘称职的施工项目经理，根据施工项目组织原则，选用适当的组织形式，组建施工项目管理机构（图1-3），明确责任、权利、义务，在遵守企业规章制度的前提下，根据施工项目管理的需要，制定施工项目管理制度。

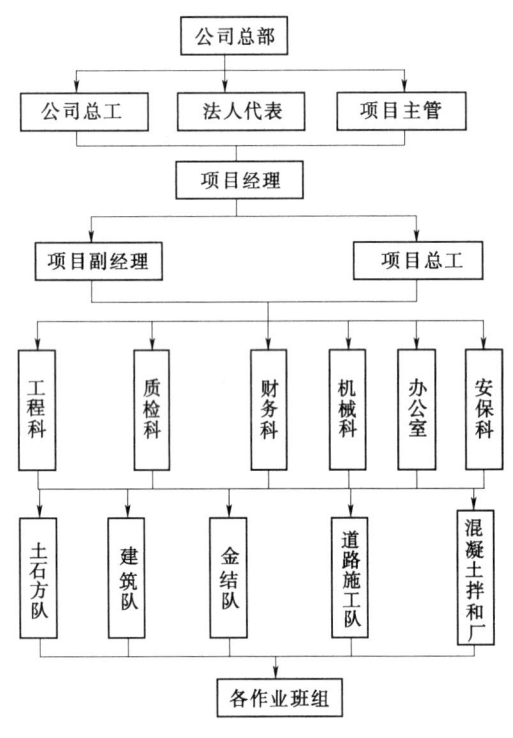

图1-3 施工项目管理机构框图

（2）编制施工项目管理规划。

施工项目管理规划的内容主要有：进行工程项目分解，形成施工对象分解体系，以便确定阶段控制目标，从局部到整体地进行施工活动和进行施工项目管理；建立施工管理工作体系，绘制施工项目管理工作体系图和施工项目管理工作信息流程图；编制施工管理规划，确定管理点，形成施工组织设计文件，以利于执行。

（3）进行施工项目的目标控制。

施工项目的目标有阶段性和最终目标。实现各项目标是施工项目管理的目的所在。施工项目的控制目标包括进度控制目标、质量控制目标、成本控制目标、安全控制目标和施工现场控制目标。在施工项目目标控制的过程中，会不断受到各种因素的干扰，各种风险因素随时可能发生，故应通过组织协调和风险管理，对施工项目目标进行动态控制。

（4）施工项目的合同管理。

由于施工项目管理是在市场条件下进行的特殊交易活动的管理，这种交易活动从投标开始，持续于项目实施全过程，因此必须依法签订合同。合同管理的好坏直接关系到项目管理及工程项目施工技术经济效果和目标实现，因此要严格执行合同条款约定，进行履约经营，保证项目顺利进行。

（5）施工项目的信息管理。

项目信息管理旨在适应项目管理的需要，为预测未来和正确决策提供依据，提高管理水平。项目经理部应建立项目信息管理系统，项目信息包括项目经理部在项目管理过程中形成的各种数据、表格、图纸、文字、音像资料等。

(6) 组织协调。

组织协调指以一定的组织形式、手段和方法，对项目管理中产生的关系不畅进行疏通，对产生的干扰和障碍给予排除的活动。协调要依托一定的组织形式和手段，要有处理突发事件的机制和应变能力，协调要为控制服务，协调与控制的目的都是保证目标实现。

(7) 施工现场管理。

应认真搞好施工现场管理，做到文明施工、安全有序、整洁卫生、不扰民、不损害公众利益，做好施工现场的施工风险与健康管理、安全与环保管理。

任 务 训 练

1. 工程投标和施工阶段，施工组织设计应由（   ）来编制。
   A. 设计单位　　　　B. 项目法人　　　C. 监理单位　　　D. 施工单位
2. 按工程项目编制的对象分类，可分为（   ）。
   A. 施工组织总设计　　　　　　　　B. 单位工程施工组织设计
   C. 分部工程施工组织设计　　　　　D. 单元工程施工组织设计
3. 请叙述出施工项目管理的主要工作内容。
4. 施工单位项目管理目标包括施工的（   ）。
   A. 进度目标　　　　B. 质量目标　　　C. 安全目标　　　D. 成本目标

项目二 施工组织方式

项目重点：施工组织的基本方式，流水施工的原理。

教学目标：了解施工组织方式的类别；能说出施工组织三种方式的特点，能为中小型工程选择施工组织方式；了解流水施工的基本原理，能组织中小型工程的流水施工；能进行中、小型工程的横道计划编制。

项目引入：习近平总书记在安徽省阜阳市阜南县王家坝闸考察时强调"要把治理淮河的经验总结好"。某水库位于淮河流域支流，是以防洪为主，结合供水、灌溉，兼顾发电等综合利用的大（2）型水库，也是国务院确定的172项重大水利工程之一。水库泄洪洞施工过程中，工程技术人员超前谋划、科学组织，采用流水施工组织方式进行，同时开展上台阶开挖及支护、下台阶开挖及支护、洞身衬砌钢筋制安、衬砌混凝土浇筑等6个作业面，按期保质完成建设任务，保障了工程安全度汛和施工安全。

任务一 施工组织的基本方式

知识目标：掌握施工组织方式的三种类型，理解施工组织三种方式的特点。

能力目标：学生能说出施工组织方式的三种类型的特点，能进行简单的三种施工组织方式工期的计算。

在组织同类项目或将一个项目分成若干个施工区段进行施工时，可以采用不同的施工组织方式，如依次施工、平行施工、流水施工等组织方式。

模块一 依 次 施 工

依次施工组织方式是将拟建工程项目的整个建造过程分解成若干个施工段或施工过程，按照一定的施工顺序，各施工段或施工过程依次施工、依次完成的施工组织方式。它是一种最基本、最原始的施工组织方式。

【例 2-1】 某住宅区拟建三幢结构相同的建筑物，其编号分别为Ⅰ、Ⅱ、Ⅲ。各建筑物的基础工程均可分解为挖土方、浇混凝土基础和回填土三个施工过程，分别由相应的专业队按施工工艺要求依次完成，每个专业队在每幢建筑物的施工时间均为5周，各专业队的人数分别为10人、16人和8人。三幢建筑物基础工程依次施工、平行施工、流水施工的组织方式，其施工进度计划如图2-1中"依次施工"栏所示。

由图2-1可以看出，依次施工的特点如下：

（1）不能充分利用工作面，工期长。

（2）不适合专业化施工，不利于改进施工工艺、提高工程质量、提高工人操作技

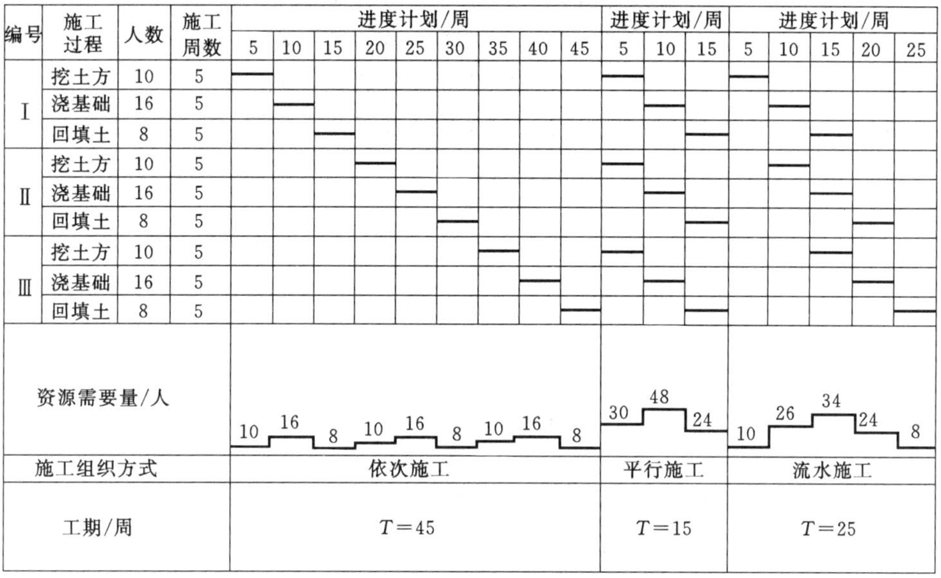

编号	施工过程	人数	施工周数	进度计划/周									进度计划/周			进度计划/周				
				5	10	15	20	25	30	35	40	45	5	10	15	5	10	15	20	25
Ⅰ	挖土方	10	5																	
	浇基础	16	5																	
	回填土	8	5																	
Ⅱ	挖土方	10	5																	
	浇基础	16	5																	
	回填土	8	5																	
Ⅲ	挖土方	10	5																	
	浇基础	16	5																	
	回填土	8	5																	
资源需要量/人				10 16 8 10 16 8 10 16 8									30 48 24			10 26 34 24 8				
施工组织方式				依次施工									平行施工			流水施工				
工期/周				$T=45$									$T=15$			$T=25$				

图 2-1 施工组织方式

术水平和劳动生产率。

（3）如采用专业施工队则不能连续施工，导致窝工严重或调动频繁。

（4）单位时间内投入的资源较少，有利于组织资源供应。

（5）施工现场组织、管理简单。

模块二 平 行 施 工

在拟建工程任务十分紧迫、工作而允许以及资源保证供应的条件下，可以组织几个相同的工作队，在同一时间、不同空间上进行施工，这样的施工组织方式称为平行施工组织方式。平行施工组织方式的施工进度计划如图 2-1 中"平行施工"栏所示。

由图 2-1 可以看出，平行施工的特点如下：

（1）充分利用了工作面，缩短了工期。

（2）适用于综合施工队施工，不利于提高工程质量和劳动生产率。

（3）如采用专业施工队则不能连续施工。

（4）单位时间内投入的资源成倍增加，现场临时设施也相应增加。

（5）现场施工组织、管理、协调、调度复杂。

模块三 流 水 施 工

1. 流水施工步骤

流水施工是指所有的施工过程按一定的时间间隔依次投入，各施工过程陆续开工、陆续竣工，使同一施工过程的施工班组保持连续、均衡施工，不同的施工过程尽可能搭接施工的组织方式。具体施工步骤如下：

（1）将拟建工程项目的整个建造过程按施工和工艺要求分解成若干个施工过程，

也就是划分成若干个工作性质相同的分部、分项工程或工序。

(2) 将拟建工程项目在平面上划分成若干个劳动量大致相等的施工段,在竖向上划分成若干个施工层,按照施工过程分别建立相应的专业工作队。

(3) 各专业工作队按照一定的施工顺序投入施工,完成第一个施工段上的施工任务后,在专业工作队人数、使用机具和材料不变的情况下,依次地、连续地投入到第二个、第三个……直到最后一个施工段的施工。

(4) 不同的专业工作队在工作时间上最大限度地、合理地搭接起来。

(5) 当第一个施工层各个施工段上的相应施工任务全部完成后,专业工作队依次地、连续地投入到第二个、第三个……直到最后一个施工层,保证拟建工程项目的施工全过程在时间上、空间上有节奏、连续、均衡地进行下去,直到完成全部施工任务。流水施工组织方式的施工进度计划如图 2-1 中 "流水施工" 栏所示。

2. 流水施工的特点

由图 2-1 可以看出,流水施工的特点如下:

(1) 既充分利用工作面,又缩短工期。

(2) 各专业施工队能连续作业,不产生窝工。

(3) 实现专业化生产,有利于提高操作技术、工程质量和劳动效率。

(4) 资源使用均衡,有利于资源供应的组织和管理。

(5) 有利于现场文明施工和科学管理。

生产实践已经证明,在所有的生产领域中,流水作业法是组织产品生产的理想方法;流水施工是水利水电工程施工有效的科学组织方法之一。它建立在分工协作的基础上,但是由于建筑产品及其生产特点的不同,流水施工与其他产品的流水作业也有所不同。

3. 流水施工表达形式

(1) 横道图。横道图是用水平线条表示工作流程的一种图表。它是由美国管理学家甘特于 1900 年左右提出的,故也称甘特图,如图 2-1 所示。它的优点是简单、直观、清晰明了。

(2) 斜线图。亦称垂直图表,其形式如图 2-2 所示。斜线图以斜率形象地反映各施工过程的施工节奏性(速度)。

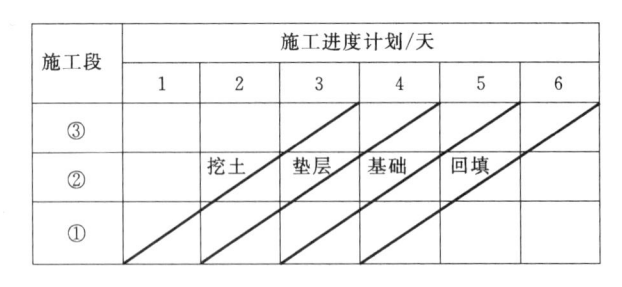

施工段	施工进度计划/天					
	1	2	3	4	5	6
③						
②		挖土	垫层	基础	回填	
①						

图 2-2 斜线图表达的流水施工

(3) 网络图。形式见项目三,网络图的优点在于逻辑关系表达清晰,能够反映出计划任务的主要矛盾和关键所在,并可利用计算机进行参数计算、目标优化和控制调整等全面地管理。

任 务 训 练

一、单选题

1. 下述施工组织方式中日资源用量最少的是（　　）。
   A. 依次施工　　B. 平行施工　　C. 流水施工　　D. 搭接施工
2. 建设工程组织流水施工时，其特点之一是（　　）。
   A. 由一个专业队在各施工段上依次施工
   B. 同一时间段只能有一个专业队投入流水施工
   C. 各专业队按施工顺序应连续、均衡地组织施工
   D. 施工现场的组织管理简单，工期最短

二、多选题

1. 下列施工方式中，属于组织施工基本方式的是（　　）。
   A. 分别施工　　B. 依次施工　　C. 流水施工
   D. 间断施工　　E. 平行施工

任务二 流水施工原理

知识目标：掌握流水施工参数的类型，掌握不同流水施工方式的进度计划的计算原理和步骤。

能力目标：能说出流水施工参数的类型，会进行不同流水施工参数的确定；能够进行不同流水施工方式进度计划的计算。

模块一 流水施工参数

在组织流水施工时，为了清楚、准确地表达各施工过程在时间上和空间上的相互依存关系，需引入一些描述施工进度计划图特征和各种数量关系的参数。这些参数称为流水施工参数。

流水施工参数按其性质的不同，一般可分为工艺参数、空间参数和时间参数三种。

1. 工艺参数

工艺参数是指在组织流水施工时，用以表达流水施工在施工工艺上开展顺序及其特征的参数。具体地说，是指在组织流水施工时，将拟建工程项目的整个建造过程分解为施工过程的种类、性质和数目的总称。通常，工艺参数包括施工过程数和流水强度两种。

（1）施工过程数。

施工过程数是指一组流水施工的施工过程数目，一般用 n 表示，是流水施工的主要参数之一。施工过程可以是分项工程、分部工程、单位工程或单项工程的施工过程。施工过程划分的数目多少、粗细程度与下列因素有关：

1) 施工进度计划的对象范围和作用。

编制控制性流水施工的进度计划时，划分的施工过程较粗、数目要少，一般情况下，施工过程最多分解到分部工程；编制实施性进度计划时，划分的施工过程较细、数目要多，绝大多数施工过程要分解到单元工程。

2) 工程建筑和结构的复杂程度。

工程建筑和结构越复杂，相应的施工过程数目就越多。例如，砖混与框架的混合结构的施工过程数目多于同等规模的砖混结构。

3) 工程施工方案。

不同的施工方案，其施工顺序和施工方法也不相同。例如，隧洞开挖施工，采用开挖方法不同，施工过程数也不同。

4) 劳动组织及劳动量大小。

对于劳动量小的施工过程，当组织流水施工有困难时，可与其他施工过程合并，例如，垫层劳动量较小时可与挖土合并成一个施工过程，这样可以使各个施工过程的劳动量大致相等，便于组织流水施工。

在划分施工过程数目时要适量,分得过多、过细,会使施工班组多、进度计划很烦琐,指导施工时,抓不住重点;分得过少、过粗,与实际施工时相差过大,不利于指导施工。对单位工程而言,其流水进度计划中不一定包括全部施工过程数,因为有些过程并非都按流水方式组织施工,如制备类、运输类施工过程。

(2) 流水强度。

流水强度(V)也叫流水能力或生产能力,它是指流水施工的某一施工过程在单位时间内能够完成的工程量。可由以下两式求得:

1) 机械操作流水强度。

$$V_i = \sum_{i=1}^{n} R_i S_i \qquad (2-1)$$

式中　V_i——某施工过程 i 的机械操作流水强度;
　　　R_i——投入施工过程 i 的某种施工机械台数;
　　　S_i——投入施工过程 i 的某种施工机械产量定额;
　　　n——投入施工过程 i 的施工机械种类数。

2) 人工操作流水强度。

$$V_i = R_i S_i \qquad (2-2)$$

式中　V_i——某施工过程 i 的人工操作流水强度;
　　　R_i——投入施工过程 i 的专业工作队工人数;
　　　S_i——投入施工过程 i 的专业工作队平均产量定额。

2. 空间参数

空间参数是指在组织流水施工时,用以表达流水施工在空间布置上开展状态的参数。它通常包括工作面、施工段数和施工层数。

(1) 工作面 (a)。

工作面是指供某专业工种的工人或某种施工机械进行施工的活动空间。工作面的大小表明能安排施工人数或机械台数的多少。每个作业的工人或每台施工机械所需工作面的大小,取决于单位时间内其完成的工程量和安全施工的要求。工作面过大或过小都会影响工人的工作效率,所以必须合理确定工作面。

(2) 施工段数 (m)。

为了有效地组织流水施工,通常把拟建工程项目在平面上划分成若干个劳动量大致相等的施工段落,这些施工段落称为施工段。施工段的数目通常用 m 表示,它是流水施工的基本参数之一。

1) 划分施工段的目的和原则。

一般情况下,一个施工段内只安排一个施工过程的专业工作队进行施工。在一个施工段上,只有前一个施工过程的工作队提供了足够的工作面,后一个施工过程的工作队才能进入该段从事下一个施工过程的施工。

施工段数的划分要适当。过多,势必要减少工人数而延长工期;过少,又会造成资源供应过分集中,不利于组织流水施工。因此,为了使施工段划分得更科学、更合理,通常应遵循以下原则:

a. 专业工作队在各施工段上的劳动量大致相等,其相差幅度不宜超过 10%~15%。

b. 对于多层建筑,施工段的数目要满足合理流水施工组织的要求,即 $m \geq n$。

c. 为了充分发挥工人主导机械的效率,每个施工段要有足够的工作面,使其所容纳的劳动力人数或机械台数能满足合理劳动组织的要求。

d. 为了保证拟建工程项目的结构整体完整性,施工段的分界线应尽可能与结构的自然界线(如沉降缝、伸缩缝等)相一致。

e. 对于多层的拟建工程项目,既要划分施工段又要划分施工层,以保证相应的专业 工作队在施工段与施工层之间,组织有节奏、连续、均衡的流水施工。

2)施工段数(m)与施工过程数(n)的关系。

根据以下例题说明施工段数与施工过程数的关系。

【例 2-2】 某现浇钢筋混凝土结构的建筑物,按照划分施工段的原则,在平面上可将它分成 m 个施工段;在竖向上划分两个施工层,即结构层与施工层相一致;现浇结构的施工过程为支模板、绑扎钢筋和浇筑混凝土,即 $n=3$;各个施工过程在各个施工段上的持续时间均为 3 天,则划分施工段组织流水施工的开展状况如下:

(1)当 $m>n$ 时。若 $m=4$,即当 $m>n$ 时,各专业工作队能够连续作业,但施工段有空闲,各施工段在第一层浇完混凝土后,工作面均有空闲时间。这种空闲可用于弥补由于技术间歇、组织间歇和备料等要求所必需的时间。

(2)当 $m=n$ 时。若 $m=3$,其余不变,即当 $m=n$ 时,各专业工作队能连续施工,施工段没有空闲。这是理想化的流水施工方案。

(3)当 $m<n$ 时。若 $m=2$,其余不变,即当 $m<n$ 时,施工班组不能连续施工而窝工。

因此,每一层最少施工段数 m 应满足 $m \geq n$。

(3)施工层数。

在组织流水施工时,为了满足专业工种对操作高度和施工工艺的要求,将拟建工程项目在竖向上划分为若干个操作层,这些操作层称为施工层。施工层一般用 j 表示。施工层的划分要按工程项目的具体情况,根据建筑物的高度、施工层高来确定,如图 2-3 所示。

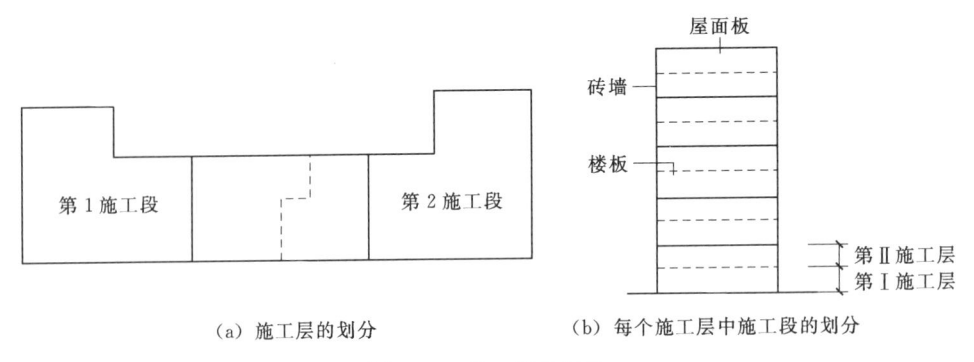

(a) 施工层的划分   (b) 每个施工层中施工段的划分

图 2-3 施工层的划分

3. 时间参数

在组织流水施工时,用以表达流水施工在时间排列上所处状态的参数,称为时间参数。时间参数主要有流水节拍（t）、流水步距（K）、平行搭接时间（C）、技术间歇时间（Z）与组织间歇时间（G）、流水施工工期（T）。

（1）流水节拍。

流水节拍是指某个专业队在一个施工段上工作的延续时间，流水节拍的大小可反映出流水施工速度的快慢、节奏感的强弱和资源消耗的多少。根据流水节拍的特征，可将流水施工方式划分如下：按流水节拍的数值特征，可分为固定节拍（等节拍）专业流水、成倍节拍（异节拍）专业流水和分别（无节拍）流水三种。

1）确定流水节拍应考虑的因素。

a. 工期：能有效保证或缩短计划工期。

b. 工作面：既能安置足够数量的操作工人或施工机械，又不降低劳动（机械）效率。

c. 资源供应能力：各施工段能投入的劳动力或施工机械台数、材料供应。

d. 劳动效率：能最大限度发挥工人或机械的劳动（机械）效率。

2）流水节拍的确定方法。

a. 经验估算法：根据以往的施工经验先估算该流水节拍的最长、最短和正常三种时间，再按下式求出期望的流水节拍：

$$t = \frac{a + 4c + b}{6} \quad (2-3)$$

式中　t——某施工过程在某施工段上的流水节拍；

a——某施工过程在某施工段上的最短估算时间；

b——某施工过程在某施工段上的最长估算时间；

c——某施工过程在某施工段上的正常估算时间。

b. 定额计算法：根据各施工段拟投入的资源能力确定流水节拍，按下式计算：

$$t_i = \frac{Q_i}{S_i R_i N_i} = \frac{P_i}{R_i N_i}$$

$$t_i = \frac{Q_i H_i}{R_i N_i} = \frac{P_i}{R_i N_i} \quad (2-4)$$

式中　t_i——某施工过程的流水节拍；

Q_i——某施工过程在某施工段上的工程量；

P_i——某施工过程在某施工段上的劳动量；

S_i——某施工过程每一工日或台班的产量定额；

H_i——某施工过程的时间定额；

R_i——某施工过程的施工班组人数；

N_i——某施工过程每天的工作班制。

c. 工期计算法：按工期的要求在规定期限内必须完成的工程项目往往采用倒排进度法，其步骤如下：

（a）倒排施工进度。根据工期倒排施工进度，确定主导施工过程的流水节拍，然后安排需要投入的相关资源。

（b）确定流水节拍。若同一施工过程的流水节拍不等，则用经验估算法；若流水

节拍相等,则按下式确定:

$$t=\frac{T}{m} \quad (2-5)$$

式中 t——流水节拍;

T——某施工过程的工作持续时间;

m——某施工过程划分的施工段数。

(c) 确定最小流水节拍。施工段数确定后,流水节拍太大,则工期较长;流水节拍太小,则在实际上又受工作面或工艺要求的限制。这时就需要根据工作面的大小、操作工人或施工机械的最佳配置、工艺要求和劳动效率来综合确定最小流水节拍。确定的流水节拍应取整数或半个工作日的整倍数。

(2) 流水步距。

流水步距是指相邻两个专业队(组)在保证施工顺序和工程质量、满足连续施工的条件下,先后进入同一施工段开始工作的时间间隔,用 $K_{i,i+1}$ 来表示。在施工段不变的情况下,流水步距大则工期长,流水步距小则工期短。

流水步距的数目取决于参加流水施工的施工过程数或专业队数,流水步距的总数为 $n-1$。

注意:此时流水步距不包括间歇时间和搭接时间。

1) 确定流水步距要考虑的因素:① 尽量保证各主要专业队(组)连续施工;② 保持相邻两个施工过程的先后顺序;③ 使相邻两个专业队(组)在时间上最大限度、合理地搭接;④ K 取半天的整数倍;⑤ 保持施工过程之间足够的技术间歇时间与组织间歇时间。

2) 确定流水步距的方法。

确定流水步距的方法很多,简捷、实用的方法主要有图上分析法、分析计算法(公式法),累加数列错位相减取大差法(潘特考夫斯基法)。累加数列错位相减取大差法适用于各种形式的流水施工。

累加数列错位相减取大差法:

第一步,将每个施工过程的流水节拍按施工段逐段累加,求出累加数列。

第二步,根据施工顺序,对所求相邻的两个累加数列错位相减。

第三步,错位相减中差数列数值最大者即为相邻两个施工班组之间的流水步距。

【例 2-3】 某项目由四个施工过程 A、B、C、D 组成,分别由相应的四个专业施工班组完成,在平面上划分成四个施工段进行流水施工,每个施工过程在各个施工段上的流水节拍见表 2-1,试确定流水步距。

表 2-1　　　　　　　　各施工过程上的流水节拍　　　　　　　单位:天

施工过程 \ 流水节拍 施工段	①	②	③	④
A	3	2	1	4
B	2	3	2	3

续表

施工过程 \ 流水节拍 \ 施工段	①	②	③	④
C	1	3	2	3
D	2	4	3	2

【解】（1）求流水节拍的累加数列。

A：3，2，1，4

B：2，3，2，3

C：1，3，2，3

D：2，4，3，2

（2）错位相减，得差数列。

A 与 B　3，5，6，10
　　　－　　2，5，7，10
　　　　　3，3，1，3，－10

B 与 C　2，5，7，10
　　　－　　1，4，6，9
　　　　　2，4，3，4，－9

C 与 D　1，4，6，9
　　　－　　2，6，9，11
　　　　　1，2，0，0，－11

（3）在差数列中取数值最大者确定流水步距。

$$K_{A,B}=\max\{3,3,1,3,-10\}=3(天)$$
$$K_{B,C}=\max\{2,4,3,4,-9\}=4(天)$$
$$K_{C,D}=\max\{1,2,0,0,-11\}=2(天)$$

（3）平行搭接时间。

平行搭接时间是指在同一施工段上，不等前一个施工过程进行完，后一个施工过程提前投入施工，相邻两个施工过程同时在同一施工段上的工作时间，通常用 $C_{j,j+1}$ 表示。平行搭接可使工期缩短，要多合理采用。但应用条件是一个流水工作面上能同时容纳两个施工过程一起施工。

（4）技术间歇时间与组织间歇时间。

在组织流水施工时，除要考虑相邻专业工作队之间的流水步距外，有时根据建筑材料或现浇构件等的工艺性质，还要考虑合理的工艺等待时间，这个等待时间称技术间歇时间，用 $Z_{j,j+1}$ 表示。技术间歇时间按其部位，又可分为施工层内技术间歇时间 Z_1 和施工层间技术间歇时间 Z_2，如混凝土浇筑后的养护时间、砂浆抹面和油漆面的干燥时间及墙体砌筑前的墙身位置弹线等。

由于施工组织方面,在相邻两个施工过程之间留有的时间间隔称为组织间歇时间,用 $G_{j,j+1}$ 表示,主要是为对前道工序的检查验收和对下道工序的准备而考虑的,如施工人员、机械转移时间,回填土前地下管道检查验收时间等。

(5)流水施工工期。

流水施工工期是指从第一个施工过程进入施工,到最后一个施工过程退出施工所经过的总时间,用 T 来表示。

模块二 流水施工组织方法

流水施工方式根据流水施工节拍特征的不同,可分为等节拍流水、成倍节拍流水、异节拍流水和异步距异节拍流水四种方式。

1. 等节拍流水施工

等节拍流水施工是指同一施工过程在各施工段上的流水节拍都相等,不同施工过程之间的流水节拍也相等,也称为固定节拍流水或全等节拍流水。

(1)等节拍流水施工的特征。

1)各施工过程在各施工段上的流水节拍(t)都相等。

2)流水步距(K)彼此相等,而且等于流水节拍(t)。

3)各专业工作队在各施工段上能够连续作业,施工段之间没有空闲。

4)专业工作队数等于施工过程数(n)。

(2)等节拍流水施工组织步骤。

1)确定施工起点流向,分解施工过程数 n。

2)确定施工顺序,划分施工段数 m,施工段数 m 的确定方法如下:

a. 无层间关系或无施工层时:$m=n$。

b. 有层间关系或无施工层时分两种情况:

(a)无技术和组织间歇时:$m=n$。

(b)有技术和组织间歇时:为了保证各专业队能连续施工,应取 $m>n$。此时,每层施工段空闲数为 $m-n$,一个空闲施工段的时间为 t,则每层的空闲时间为

$$(m-n)\times t=(m-n)\times K$$

若一个楼层内各施工过程间的技术间歇时间、组织间歇时间之和为 $\sum Z_1$,楼层间技术间歇时间、组织间歇时间为 $\sum Z_2$。如果每层的 $\sum Z_1$ 均相等,$\sum Z_2$ 也相等,而且为了保证连续施工,施工段上除 $\sum Z_1$ 和 $\sum Z_2$ 外无空闲,则 $(m-n)K=\sum Z_1+\sum Z_2$。

所以,每层的施工段数 m 可按式(2-6)确定:

$$m=n+\frac{\sum Z_1}{K}+\frac{\sum Z_2}{K} \qquad (2-6)$$

式中 m——施工段数;

n——施工过程数;

$\sum Z_1$——层内技术间歇时间与组织间歇时间之和;

$\sum Z_2$——层间技术间歇时间与组织间歇时间之和;

K——流水步距。

另外，如果每层的ΣZ_1不完全相等，ΣZ_2也不完全相等，应取各层中最大的ΣZ_1和ΣZ_2，即

$$m = n + \frac{\max \Sigma Z_1}{K} + \frac{\max \Sigma Z_2}{K} \tag{2-7}$$

3）计算流水节拍t、流水步距K。
4）计算工期。
a. 无施工层时：

$$T = (m+n-1)K + \Sigma Z_{j,j+1} + \Sigma G_{j,j+1} - \Sigma C_{j,j+1} \tag{2-8}$$

式中　T——流水施工总工期；
　　　m——施工段数；
　　　n——施工过程数；
　　　K——流水步距；
　　　j——施工过程编号，$I \leqslant j \leqslant n$；
$Z_{j,j+1}$——相邻两个施工过程间的技术间歇时间；
$G_{j,j+1}$——相邻两个施工过程间的组织间歇时间；
$C_{j,j+1}$——相邻两个施工过程间的平行搭接时间。

b. 有施工层时：

$$T = (mr+n-1)K + \Sigma Z_1 - \Sigma C_{j,j+1} \tag{2-9}$$
$$\Sigma Z_1 = \Sigma Z_{j,j+1} + \Sigma G_{j,j+1}$$

式中　r——施工层数；
　ΣZ_1——第一个施工层中各施工过程之间的技术间歇时间与组织间歇时间之和；
$\Sigma Z_{j,j+1}$——第一个施工层的技术间歇时间；
$\Sigma G_{j,j+1}$——第一个施工层的组织间歇时间；
其他符号意义同前。

5）绘制流水施工图。

【例2-4】某工程划分为A、B、C、D四个施工过程，每个施工过程分为5个施工段，流水节拍均为3天，试组织等节拍流水施工。

【解】（1）计算工期。

$$T = (m+n-1)K = (5+4-1) \times 3 = 24 (天)$$

（2）用横道图法绘制流水进度计划，如图2-4所示。

【例2-5】例2-4中，如B、C两个施工过程之间存在2天技术间歇时间，C、D两个施工过程之间存在1天平行搭接时间，试组织流水施工。

【解】（1）计算工期。

$$T = (mr+n-1)K + \Sigma Z - \Sigma C = (5 \times 1 + 4 - 1) \times 3 + 2 - 1 = 25 (天)$$

（2）用横道图法绘制流水进度计划，如图2-5所示。

【例2-6】某项目由Ⅰ、Ⅱ、Ⅲ、Ⅳ四个施工过程组成，划分两个施工层组织流水施工，施工过程Ⅱ完成后，需养护1天，下一个施工过程才能施工，且层间技术间歇时间为1天，流水节拍均为1天。为了保证工作队连续作业，试确定施工段数，计算工期，绘制流水施工进度表。

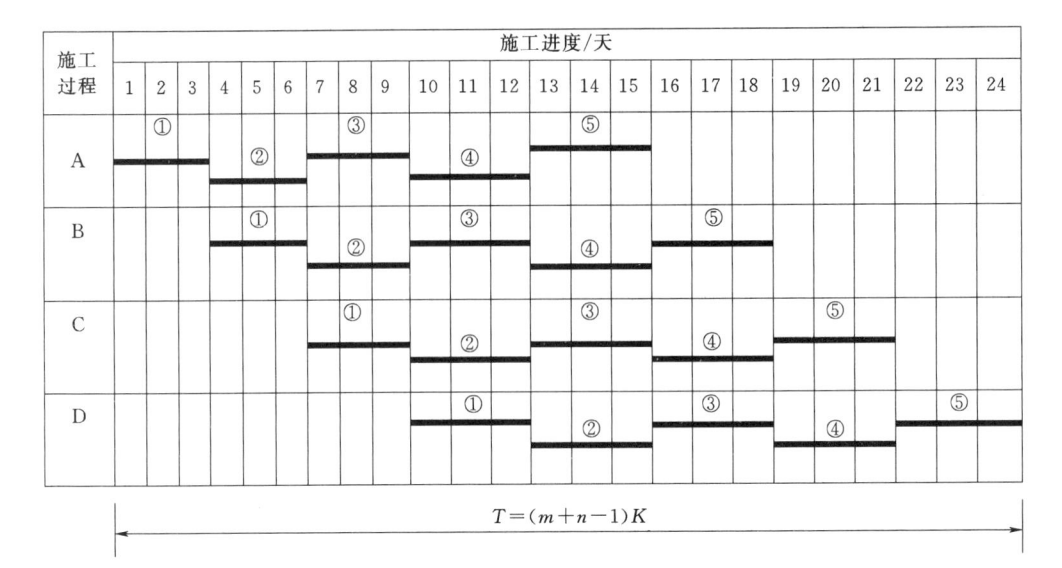

图 2-4 某工程等节拍流水施工进度计划

图 2-5 某工程有间歇流水施工进度计划

【解】 (1) 确定流水步距。

由 $t_i = t = 1$ 天，可得 $K = t = 1$ 天。

(2) 确定施工段数。

因项目施工时分两个施工层，其施工段数可按式 (2-7) 确定：

$$m = n + \frac{\max\sum Z_1}{K} + \frac{\max\sum Z_2}{K} = 4 + 1 + 1 = 6$$

(3) 计算工期。

由式 (2-9) 得：

$$T = (mr + n - 1)K + \sum Z_1 - \sum C_{j,j+1} = (6 \times 2 + 4 - 1) \times 1 + 1 - 0 = 16（天）$$

(4) 用横道图法绘制流水进度计划，如图 2-6 所示。

(3) 全等节拍流水适用范围。

全等节拍流水方式比较适用于施工过程数较少的分部工程流水，主要见于施工对

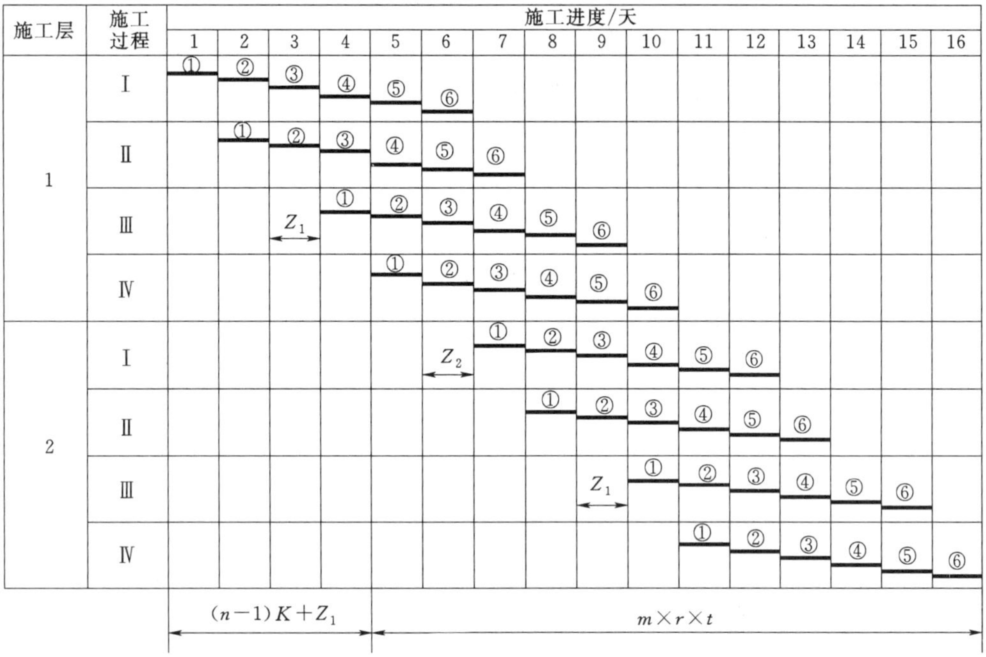

施工层	施工过程	施工进度/天															
		1	2	3	4	5	6	7	8	9	10	11	12	13	14	15	16
1	Ⅰ	①	②	③	④	⑤	⑥										
	Ⅱ		①	②	③	④	⑤	⑥									
	Ⅲ				Z_1	①	②	③	④	⑤	⑥						
	Ⅳ					①	②	③	④	⑤	⑥						
2	Ⅰ						Z_2	①	②	③	④	⑤	⑥				
	Ⅱ								①	②	③	④	⑤	⑥			
	Ⅲ							Z_1		①	②	③	④	⑤	⑥		
	Ⅳ										①	②	③	④	⑤	⑥	
		$(n-1)K+Z_1$						$m \times r \times t$									

图2-6 分层并有技术间歇时间与组织间歇时间的等节拍流水施工进度计划

象结构简单、规模较小房屋工程或线性工程。因其对于流水节拍要求比较严格，组织起来比较困难，所以实际施工中应用不是很广泛。

2. 异节拍流水施工

异节拍流水施工是指同一施工过程在各施工段上的流水节拍彼此相等，不同施工过程之间的流水节拍不一定相等的流水施工方式。异节拍流水施工又可分为等步距异节拍流水施工（成倍节拍流水施工）和异步距异节拍流水施工（无节奏专业流水施工）。

（1）等步距异节拍流水施工（成倍节拍流水施工）。

等步距异节拍流水施工是指在组织流水施工时，同一个施工过程的流水节拍相等，不同施工过程之间的流水节拍不全相等，但各个施工过程的流水节拍均为其中最小流水节拍的整数倍的流水施工方式。

1）等步距异节拍流水施工的基本特点。

a. 同一施工过程在各施工段上的流水节拍彼此相等，不同的施工过程在同一施工段上的流水节拍彼此不等，但均为某一常数的整数倍。

b. 流水步距彼此相等，且等于流水节拍的最大公约数。

c. 各专业工作队能够保证连续施工，施工段没有空闲。

d. 专业工作队数大于施工过程数，即 $n_1 > n$。

2）等步距异节拍流水施工组织步骤。

a. 确定施工起点流向，分解施工过程（n）。

b. 确定施工顺序，划分施工段（m）。不分施工层时，可按划分施工段的原则确定施工段数，一般取 $m = n_1$；分施工层时，每层的段数可按式（2-10）确定：

$$m = n_1 + \frac{\max\sum Z_1}{K_b} + \frac{\max\sum Z_2}{K_b} \tag{2-10}$$

式中 n_1——专业工作队总数，计算见式（2-13）；

K_b——等步距异节拍流水的流水步距；

其他符号意义同前。

c. 按异节拍专业流水确定流水节拍 t_i。

d. 按式（2-11）确定流水步距：

$$K_b = 最大公约数\{t_1, t_2, \cdots, t_n\} \tag{2-11}$$

e. 按式（2-12）和式（2-13）确定专业工作队数：

$$b_j = \frac{t_j}{K_b} \tag{2-12}$$

$$n_1 = \sum_{j=1}^{n} b_j \tag{2-13}$$

式中 t_j——施工过程 j 在各施工段上的流水节拍；

b_j——施工过程 j 所要组织的专业工作队数；

j——施工过程编号，$1 \leqslant j \leqslant n$。

f. 计算确定计划总工期。

$$T = (mr + n_1 - 1)K_b + \sum Z_1 - \sum C_{j,j+1} \tag{2-14}$$

式中 r——施工层数，不分层时 $r=1$，分层时 $r=$ 实际施工层数；

其他符号意义同前。

g. 绘制流水施工进度表。

【例2-7】 某项目由Ⅰ、Ⅱ、Ⅲ三个施工过程组成，流水节拍分别为2天、6天、4天，试组织等步距异节拍流水施工，并绘制流水施工进度表。

【解】（1）确定流水步距。

$$K_b = 最大公约数\{2,4,6\} = 2(天)$$

（2）确定专业工作队数。

$$b_1 = \frac{t_1}{K_b} = \frac{2}{2} = 1(队)$$

$$b_2 = \frac{t_2}{K_b} = \frac{6}{2} = 3(队)$$

$$b_3 = \frac{t_3}{K_b} = \frac{4}{2} = 2(队)$$

$$n_1 = \sum_{j=1}^{3} b_j = 1 + 3 + 2 = 6(队)$$

（3）确定施工段数，为了使各专业工作队都能连续工作，取 $m = n = 6$ 段。

（4）计算工期。

$$T = (mr + n_1 - 1)K_b + \sum Z_1 - \sum C_{j,j+1} = (6 \times 1 + 6 - 1) \times 2 + 0 - 0 = 22(天)$$

（5）绘制流水施工进度表，流水施工进度计划如图2-7所示。

【例2-8】 某两层现浇钢筋混凝土工程，施工过程分为安装模板、绑扎钢筋和浇

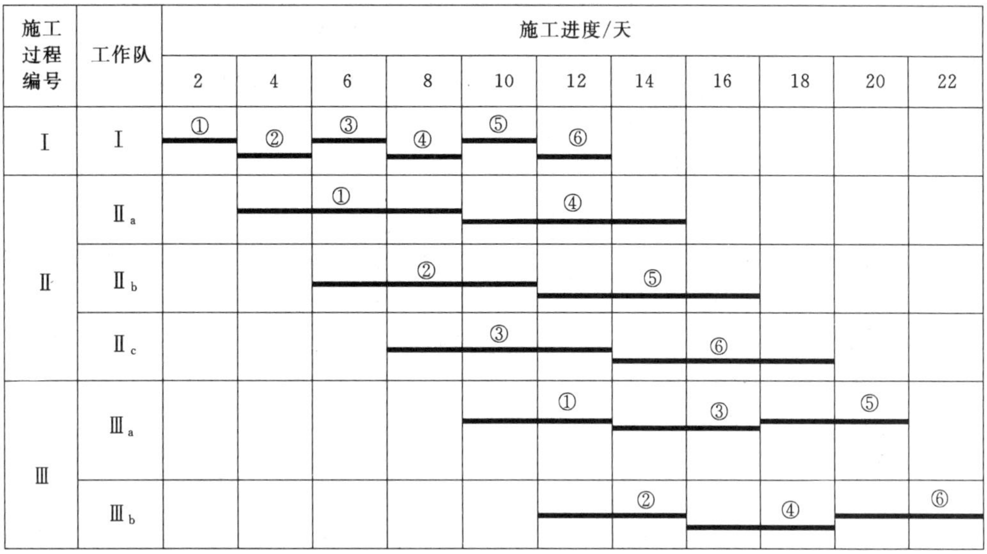

施工过程编号	工作队	施工进度/天										
		2	4	6	8	10	12	14	16	18	20	22
Ⅰ	Ⅰ	①	②	③	④	⑤	⑥					
Ⅱ	Ⅱ_a		①			④						
	Ⅱ_b			②			⑤					
	Ⅱ_c				③			⑥				
Ⅲ	Ⅲ_a					①		③		⑤		
	Ⅲ_b						②		④		⑥	

图 2-7 例 2-7 图

筑混凝土。已知每层每段各施工过程的流水节拍分别为 $t_{模}=2d$、$t_{扎}=2d$、$t_{混}=1d$。当安装模板工作队转移到第二层的第一段施工时，需待第一层第一段的混凝土养护 1 天后才能进行。在保证各工作队连续施工的条件下，求该工程每层最少的施工段数，并绘出流水施工进度计划。

【解】 按要求，本工程宜采用等步距异节拍流水施工。

(1) 确定流水步距。

$$K_b = 最大公约数\{2,2,1\} = 1(天)$$

(2) 确定专业工作队数。

$$b_1 = \frac{t_{模}}{K_b} = \frac{2}{1} = 2(队)$$

$$b_2 = \frac{t_{扎}}{K_b} = \frac{2}{1} = 2(队)$$

$$b_3 = \frac{t_{混}}{K_b} = \frac{1}{1} = 1(队)$$

$$n_1 = \sum_{j=1}^{3} b_j = 2+2+1 = 5(队)$$

(3) 确定每层的施工段数，为了使各专业工作队都能连续施工，其施工段数可按式（2-10）确定：

$$m = n_1 + \frac{\max \sum Z_2}{K_b} = 5 + \frac{1}{1} = 6(段)$$

(4) 计算工期。

$$T = (mr+n_1-1)K_b + \sum Z_1 - \sum C_{j,j+1} = (6\times2+5-1)\times1 = 16(天)$$

(5) 绘制流水施工进度表，流水施工进度计划如图 2-8 所示。

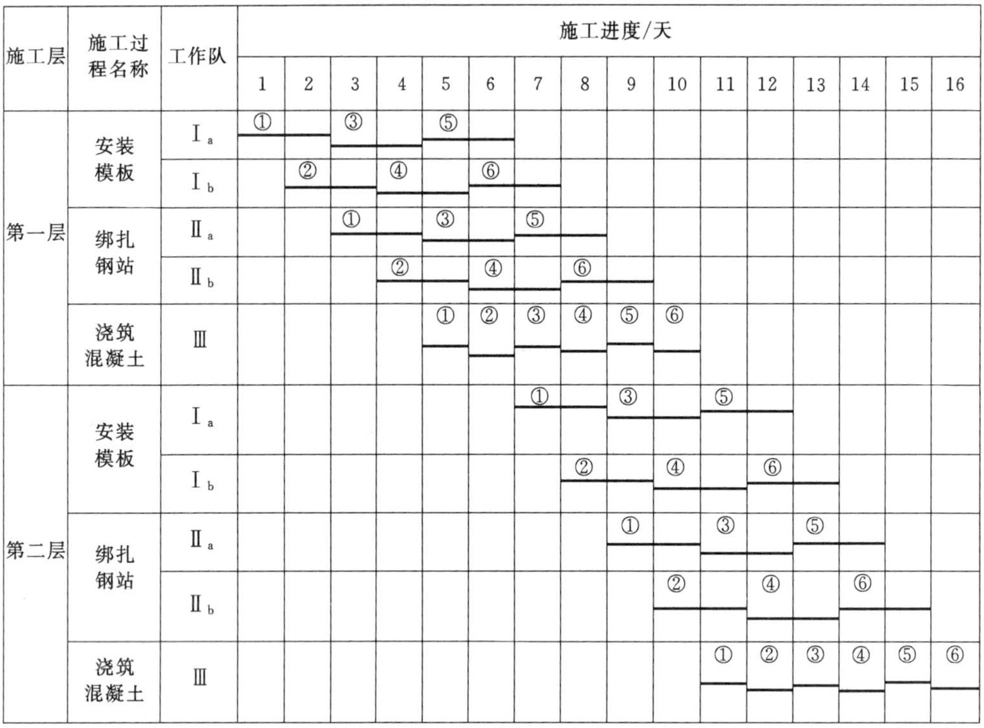

施工层	施工过程名称	工作队	施工进度/天															
			1	2	3	4	5	6	7	8	9	10	11	12	13	14	15	16
第一层	安装模板	I_a	①		③		⑤											
		I_b		②		④		⑥										
	绑扎钢筋	II_a			①		③		⑤									
		II_b				②		④		⑥								
	浇筑混凝土	III						①	②	③	④	⑤	⑥					
第二层	安装模板	I_a							①		③		⑤					
		I_b								②		④		⑥				
	绑扎钢筋	II_a									①		③		⑤			
		II_b										②		④		⑥		
	浇筑混凝土	III											①	②	③	④	⑤	⑥

图 2-8 例 2-8 图

3) 成倍节拍流水施工方式的适用范围。

从理论上讲，很多工程均具备组织成倍节拍流水施工的条件，但实际工程若不能划分成足够的流水段或配备足够的资源，则不能采用该施工方式。成倍节拍流水施工方式比较适用于线性工程（如道路、管道等）的施工。

(2) 异步距异节拍流水施工（无节奏专业流水施工）。

实际施工中，大多数施工过程在各施工段上的工程量并不相等，各专业施工队的生产效率也相差很大，导致多数流水节拍彼此不相等，难以组织等节拍或异节拍流水施工。在这种情况下，往往利用流水施工的基本概念，在保证施工工艺、满足施工顺序的前提下，按照一定的计算方法，确定相邻专业工作队之间的流水步距，使其在开工时间上最大限度地、合理地搭接起来，形成每个专业工作队都能够连续作业的流水施工方式，称为异步距异节拍流水施工，它是流水施工的普遍形式。

1) 异步距异节拍流水施工的基本特点。

a. 每个施工过程在各施工段上的流水节拍不尽相等。

b. 在多数情况下，流水步距彼此不相等，而且流水步距与流水节拍两者之间存在着某种函数关系。

c. 各专业工作队都能连续施工，个别施工段可能有空闲。

d. 专业工作队数等于施工过程数，即 $n_1 = m$。

2) 异步距异节拍流水施工组织步骤。

a. 确定施工起点流向，分解施工过程。
b. 确定施工顺序，划分施工段。
c. 按相应的公式计算各施工过程在各施工段上的流水节拍。
d. 按潘特考夫斯基法（累加数列错位相减取大差法）确定相邻两个专业工作队之间的流水步距。
e. 计算流水施工的计划工期。

$$T = \sum_{j=1}^{n-1} K_{j,j+1} + \sum_{i=1}^{m} t_i^{zh} + \sum Z + \sum G - \sum C_{j,j+1} \qquad (2-15)$$

$$\sum Z = \sum Z_{j,j+1} + \sum Z_{K,K+1}$$

$$\sum G = \sum G_{j,j+1} + \sum G_{K,K+1}$$

式中　T——流水施工计划工期；

$K_{j,j+1}$——相邻两专业工作队 j 与 $j+1$ 之间的技术间歇时间之和（$1 \leqslant j \leqslant n-1$）；

t_i^{zh}——最后一个施工过程在第 i 个施工段上的流水节拍；

$\sum Z$——技术间歇时间总和；

$\sum Z_{j,j+1}$——相邻两专业工作队 j 与 $j+1$ 之间的技术间歇时间之和（$1 \leqslant j \leqslant n-1$）；

$\sum Z_{K,K+1}$——相邻两施工层间的技术间歇时间之和（$1 \leqslant K \leqslant r-1$）；

$\sum G$——组织间歇时间总和；

$\sum G_{j,j+1}$——相邻两专业工作队 j 与 $j+1$ 之间的组织间歇时间之和（$1 \leqslant j \leqslant n-1$）；

$\sum G_{K,K+1}$——相邻两施工层间的组织间歇时间之和（$1 \leqslant K \leqslant r-1$）；

$\sum C_{j,j+1}$——相邻两专业工作队 j 与 $j+1$ 之间的平行搭接时间之和（$1 \leqslant j \leqslant n-1$）。

3）异步距异节拍流水施工方式的使用范围。

异步距异节拍流水施工方式的流水节拍没有时间约束，在施工计划安排上比较自由灵活，因此能够适应各种结构各异、规模不等、复杂程度不同的工程，具有广泛的应用性。在实际施工中，该施工方式比较常见。

【例 2-9】 某工程有Ⅰ、Ⅱ、Ⅲ、Ⅳ、Ⅴ五个施工过程，施工时在平面上划分成四个施工段，每个施工过程在各施工段上的流水节拍见表 2-2。规定施工过程Ⅲ完成后，相应施工段至少养护 2 天；施工过程Ⅳ完成后，其相应施工段要留有 1 天的准备时间。为了尽早完工，允许施工过程Ⅰ与Ⅱ之间平行搭接施工 1 天，试编制流水施工方案。

表 2-2　　　　　　　　　　　各施工段上的流水节拍

施工段	施工过程				
	Ⅰ	Ⅱ	Ⅲ	Ⅳ	Ⅴ
①	3	1	2	4	3
②	2	3	1	2	4
③	2	5	3	3	2
④	4	3	5	3	1

【解】　根据题设条件，该工程只能组织无节奏专业流水施工。

（1）求流水节拍的累加数列。

Ⅰ：3，5，7，11
Ⅱ：1，4，9，12
Ⅲ：2，3，6，11
Ⅳ：4，6，9，12
Ⅴ：3，7，9，10

（2）确定流水步距。采用潘特考夫斯基法确定相邻专业工作队之间的流水步距为

$$K_{Ⅰ,Ⅱ}=4 天 \quad K_{Ⅱ,Ⅲ}=6 天$$
$$K_{Ⅲ,Ⅳ}=2 天 \quad K_{Ⅳ,Ⅴ}=4 天$$

（3）确定计划工期。由题给条件可知

$Z_{Ⅱ,Ⅲ}=2$ 天，$G_{Ⅳ,Ⅴ}=1$ 天，$C_{Ⅰ,Ⅱ}=1$ 天，代入式（2-15）得

$$T=(4+6+2+4)+(3+4+2+1)+2+1-1=28(天)$$

（4）绘制流水施工进度计划，如图2-9所示。

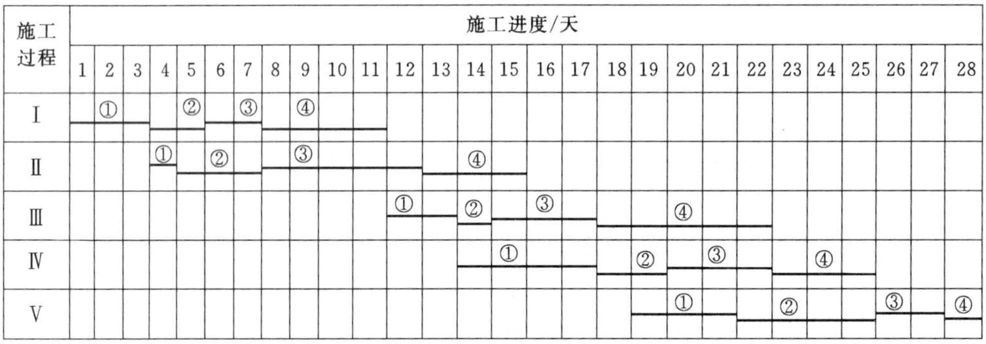

施工过程	施工进度/天																												
	1	2	3	4	5	6	7	8	9	10	11	12	13	14	15	16	17	18	19	20	21	22	23	24	25	26	27	28
Ⅰ	①			②		③		④																				
Ⅱ				①	②			③					④															
Ⅲ							①			②			③					④										
Ⅳ													①			②		③			④							
Ⅴ																		①		②			③		④			

图2-9 例2-9图

任 务 训 练

一、单选题

1. 下列（ ）参数为工艺参数。

   A. 施工过程数　B. 施工段数　　　C. 流水步距　　　D. 流水节拍

2. 多层建筑物组织流水施工，若为使各班组能连续施工，则流水段数 m 与施工过数 n 的关系为（ ）。

   A. $m<n$　　B. $m=n$　　C. $m>n$　　D. $m\geq n$

3. 下列参数中，属于时间参数的是（ ）。

   A. 施工过程数　B. 施工段数　　　C. 流水步距　　　D. 以上都不对

4. 选择每日作业班数，每班作业人数是在确定（ ）参数时需要考虑的。

   A. 施工过程数　B. 施工段数　　　C. 流水步距　　　D. 流水节拍

5. 当某项工程参与流水的作业班组数为5个时，流水步距的总数为（ ）。

   A. 5　　　B. 6　　　C. 3　　　D. 4

6. 某分部工程划分为4个施工过程、5个施工段进行施工，流水节拍均为4天，

组织全等节拍流水施工,则流水施工的工期为( )天。
   A. 40　　　　　　B. 30　　　　　　C. 32　　　　　　D. 36
7. 某分部工程有 A、B、C、D 四个施工过程,流水节拍分别为 2 天、6 天、4 天、2 天,当组织成倍流水节拍时,其施工班组数为( ),工期为( )天。
   A. 5　　　　　　 B. 7　　　　　　 C. 24　　　　　　D. 26
8. 某工程项目为无节奏流水,A 过程的各段流水节拍分别为 3 天、5 天、7 天、5 天,B 过程的各段流水节拍分别为 2 天、4 天、5 天、3 天,则 $K_{A,B}$ 为( )天。
   A. 2　　　　　　 B. 5　　　　　　 C. 7　　　　　　 D. 9

二、多选题

1. 流水施工作业中的主要参数有( )。
   A. 工艺参数　　B. 时间参数　　C. 流水参数　　D. 空间参数
   E. 技术参数
2. 下列参数中,属于时间参数的是( )。
   A. 流水节拍　　B. 技术间歇时间　　C. 流水工期
   D. 施工段数　　E. 施工层
3. 下列描述中,属于成倍节拍流水的基本特点是( )。
   A. 不同施工过程之间流水节拍存在最大公约数的关系
   B. 专业施工队数多于施工过程数
   C. 专业施工队能连续施工,施工段也没有空闲
   D. 不同施工过程之间的流水步距均相等
   E. 专业施工队数目与施工过程数相等
4. 建设工程组织流水施工时,相邻作业工作队之间的流水步距不尽相等,但专业工作队数等于施工过程数的流水施工方式有( )。
   A. 固定节拍流水施工　　　　　　B. 成倍节拍流水施工
   C. 无节奏流水施工

三、计算题

1. 某分部工程由 A、B、C 三个施工过程组成,它在平面上划分为 6 个施工段。各施工过程在各施工段上的流水节拍均为 3 天。施工过程 B 完成后,应有 2 天的技术间歇时间才能进行下一过程施工。试编制流水施工方案。
2. 某施工项目由 A、B、C、D 四个施工过程组成,它在平面上划分为 6 个施工段。各施工过程在各个施工段上的持续时间依次为 6 天、4 天、6 天和 2 天。施工过程 B 完成后,其相应施工段至少应有组织间歇时间 1 天才能进行下一个施工过程。试编制工期最短的流水施工方案。
3. 某施工项目由 Ⅰ、Ⅱ、Ⅲ、Ⅳ 四个施工过程组成,它在平面上划分为 6 个施工段。各施工过程在各施工段上的持续时间见下表。施工过程 Ⅱ 完成后,其相应施工段至少有技术间歇时间 2 天;施工过程 Ⅲ 完成后,其相应施工段至少应有组织间歇时间 1 天。试编制该工程流水施工方案。

施工过程名称	持续时间/天					
	①	②	③	④	⑤	⑥
Ⅰ	3	2	3	3	2	3
Ⅱ	2	3	4	4	3	2
Ⅲ	4	2	3	2	4	2
Ⅳ	3	3	2	3	2	4

项目三 网络计划技术

项目重点：双代号网络计划的概念、双代号网络图的绘制和时间参数计算、双代号网络计划中关键线路的确定、时标网络计划的概念和关键线路的确定。

教学目标：掌握网络计划的类型，能区分出不同网络计划，能叙述出网络计划的优点。掌握双代号网络图的基本要素含义，掌握双代号网络计划的绘制原则，理解双代号网络计划的绘制过程和方法，理解双代号网络计划时间参数的计算，掌握双代号网络计划关键线路的确定方法。掌握双代号时标网络计划的含义，理解时标网络计划的绘制方法，掌握时标网络计划的关键线路确定方法。掌握网络计划技术优化的类型，理解每种网络计划技术优化的过程。会进行简单的工期优化、费用优化和资源优化。

项目引入：党的二十大报告指出科技是第一生产力、人才是第一资源、创新是第一动力。习近平总书记在正定工作期间，亲自向全国有关专家、学者发出邀请信，组建正定经济顾问团，欣然应邀的就有数学家华罗庚。华罗庚是国际著名的数学大师，引进和推广了网络计划技术，并结合中国统筹考虑的理念，创造性地把数学方法应用于国民经济领域，筛选出"优选法"和"统筹法"（简称"双法"），取得了显著的经济效益。2009年，华罗庚入选100位感动中国人物。

任务一 网络计划简述

知识目标：掌握网络计划的类型，了解网络计划的优点。
能力目标：能区分出不同网络计划，能叙述出网络计划的优点。

在水利水电工程编制的各种进度计划中，常常采用网络计划技术。网络计划技术是20世纪50年代后期发展起来的一种科学的计划管理和系统分析方法，在水利水电工程中应用网络计划技术对于缩短工期、提高效益和工程质量都有着重要意义。

早期的进度计划大多采用横道图的形式。1956年，美国杜邦化学公司的工程技术人员和数学家共同开发了关键线路法（critical path method，CPM）；1958年，美国海军械局针对舰载洲际导弹项目研究，开发了计划评审技术（program evaluation and review technique，PERT），这两种方法也是至今在水利水电工程中常见的网络计划技术。1965年，华罗庚先生将网络计划技术引入我国，得到了广泛的重视和研究。尤其是在20世纪70年代后期，网络计划技术广泛应用于工业、农业、国防以及科研计划与管理中，许多网络计划技术的计算和优化软件也随之产生并得到应用，都取得较好的效果。

模块一　网络计划的基本类型

1. 按性质分类

肯定型网络计划：工作与工作之间的逻辑关系以及工作持续时间都是肯定的网络计划称为肯定型网络计划。肯定型网络计划包括关键线路法网络计划和搭接网络计划法。

非肯定型网络计划：工作与工作之间的逻辑关系和工作持续时间三者中任一项或多项不肯定的网络计划称为非肯定型网络计划。非肯定型网络计划包括计划评审技术、图示评审技术、决策网络计划法和风险评审技术。

本书只涉及肯定型网络计划。

2. 按工作和事件在网络图中的表示方法分类

单代号网络计划：以单代号网络图表示的网络计划。单代号网络图是以节点及其编号表示工作，以箭线表示工作之间的逻辑关系的网状图，也称节点式网络图，如图3-1所示。

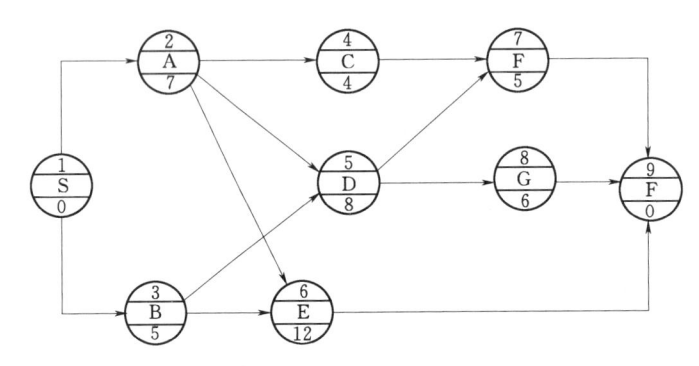

图 3-1　单代号网络图

双代号网络计划：以双代号网络图表示的网络计划。双代号网络图以箭线及其两端节点的编号表示工作，以节点衔接表示工作之间的逻辑关系的网状图，也称箭线式网络图，如图3-2所示。

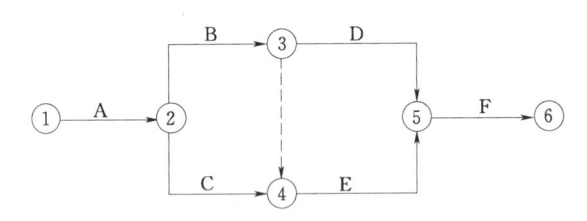

图 3-2　双代号网络图

3. 按有无时间坐标分类

时标网络计划：以时间坐标为尺度绘制的网络计划。时标网络图中工作箭线的水平投影长度与工作的持续时间长度成正比，如图3-3所示。

非时标网络计划：不以时间坐标为尺度绘制的网络计划。网络图中，工作箭线长

图 3-3 时标网络图

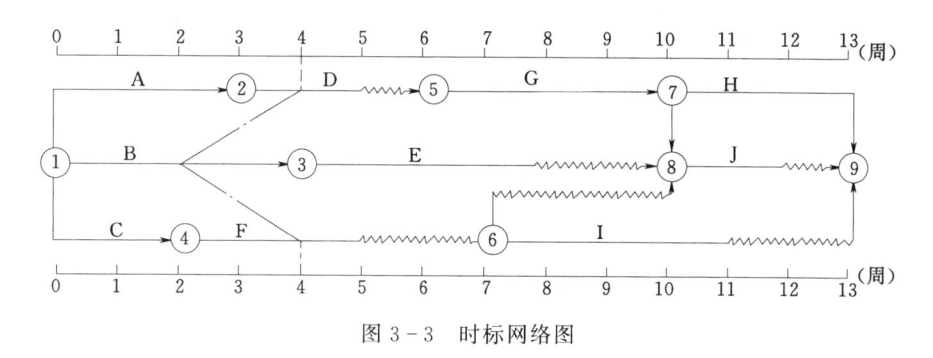

度与其持续时间长度无关，可按需要绘制，图 3-2 即为非时标网络计划。

4. 按网络计划包含范围分类

局部网络计划：指以一个建筑物或构筑物中的一部分，或以一个施工段为对象编制的网络计划。

单位工程网络计划：指以一个单位工程为对象编制的网络计划。

综合网络计划：指以一个单项工程或一个建设项目为对象编制的网络计划。

5. 按目标分类

单目标网络计划：指只有一个终点节点的网络计划，即网络计划只有一个最终目标。

多目标网络计划：指终点节点不止一个的网络计划，即网络计划有多个独立的最终目标。

这两种网络计划都只有一个起始节点，即网络图的第一个节点。本书中只涉及单目标网络计划。

我国《工程网络计划技术规程》（JGJ/T 121—2015）推荐的常用工程网络计划类型包括：双代号网络计划、单代号网络计划、双代号时标网络计划、单代号搭接网络计划。

美国较多使用双代号网络计划，欧洲国家则较多使用单代号搭接网络计划，本书中重点讲解双代号网络计划和双代号时标网络计划。

模块二 网络计划的优点

水利水电工程进度计划编制的方法主要有横道图和网络图两种，横道图计划的优点是编制容易、简单、明了、直观、易懂，但不能明确反映出各项工作之间的错综复杂的逻辑关系。随着计算机在水利水电工程中的应用不断扩大，网络计划得到进一步的普及和发展。网络计划技术与横道图相比较，具有明显优点，主要表现为：

（1）利用网络图模型，各工作项目之间关系清楚，明确表达出各项工作的逻辑关系。

（2）通过网络图时间参数计算，能确定出关键工作和关键线路，可以显示出各个工作的机动时间，从而可以进行合理的资源分配，降低成本，缩短工期。

（3）通过对网络计划的优化，可以从多个方案中找出最优方案。

（4）运用计算机辅助手段，方便网络计划的优化调整与控制，等等。

任 务 训 练

1. 网络图按表示方式不同划分为 _____ 和 _____。
2. 网络图按有无时间刻度划分为 _____ 和 _____。
3. 网络计划的优点是（　　）。
   A. 可以反映工作问题的逻辑　　　B. 可以反映出关键工作
   C. 计算资源消耗量不便　　　　　D. 不能实现电算化

任务二 双代号网络计划

知识目标：掌握双代号网络图的基本要素含义、掌握双代号网络计划的绘制原则，理解双代号网络计划的绘制过程和方法，理解双代号网络计划时间参数的计算，掌握双代号网络计划关键线路的确定方法。

能力目标：能正确表述双代号网络图基本要素的含义，能判断出双代号网络计划图绘制的对错，能正确计算出双代号网络计划图的时间参数，会判断出网络计划的关键线路。

模块一 双代号网络图概念

双代号网络图是应用较为普遍的一种网络计划形式。在双代号网络图中，用有向箭线表示工作，工作的名称写在箭线的上方，工作所持续的时间写在箭线的下方，箭尾表示工作的开始，箭头表示工作的结束。箭头和箭尾衔接的地方画上圆圈并编上号码，用箭头与箭尾的号码 i、j、k 作为工作的代号（图3-4）。

1. 基本要素

双代号网络图由箭线、节点和线路三个基本要素组成，其具体含义分述如下。

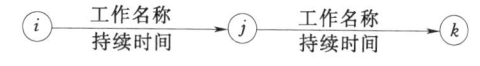

图3-4 双代号网络图表示方法

（1）箭线（工作）。

在双代号网络图中，一条箭线表示一项工作，工作也称活动，是指完成一项任务的过程。工作既可以是一个建设项目、一个单项工程，也可以是一个分项工程乃至一个工序。

箭线有实箭线和虚箭线两种。任意一条实箭线表示该工作需要消耗时间和资源（如支模板、浇筑混凝土等），或者该工作仅是消耗时间而不消耗资源（如混凝土养护、抹灰干燥等技术间歇）。虚箭线是实际工作中并不存在的一项虚设工作，既不占用时间也不消耗资源，一般起着工作之间的联系、区分和断路的作用。联系作用是指应用虚箭线正确表达工作之间相互依存的关系（图3-5），区分作用是指双代号网络图中每一项工作必须用一条箭线和两个代号表示，若两项工作的代号相同时，应使用虚工作加以区分；断路作用是用虚箭线断掉多余联系（即在网络图中把无联系的工作联系上了时，应加上虚工作将其断开）。

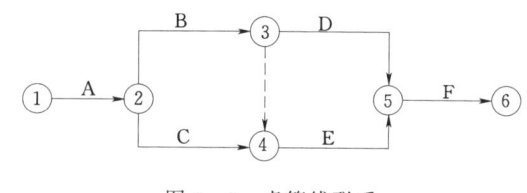

图3-5 虚箭线联系

在无时间坐标限制的网络图中，箭线长短不代表工作时间长短，可以任意画，箭线可以是直线、折线或斜线，但其进行方向均应从左向右；在有时间坐标限制的网络图中，箭线长度必须根据工作持续时间按照坐标比例绘制。

双代号网络图中，工作之间的相互关系有以下几种。

1) 紧前工作：相对于某工作而言，紧排其前的工作称为该工作的紧前工作，工作与其紧前工作之间可能会有虚工作存在。

2）紧后工作：相对于某工作而言，紧排其后的工作称为该工作的紧后工作，工作与其紧前工作之间也可能会有虚工作存在。

3）平行工作：相对于某工作而言，可以与该工作同时进行的工作即为该工作的平行工作。

4）先行工作：自起始工作至本工作之前各条线路上所有工作。

5）后续工作：自本工作至结束工作之后各条线路上所有工作。

（2）节点。

节点是网络图中箭线之间的连接点，在时间上节点表示指向某节点的工作会全部完成后该后面的工作才能开始的瞬间，既不消耗时间，也不消耗资源。

节点也称事件或接点，任何工作都可以用其箭线前、后的两个节点的编码来表示，起点节点编码在前，终点节点编码在后，箭线的箭尾节点表示该工作的开始，箭线的箭头节点表示该工作的结束。

网络图中节点类型有三种。起始节点：网络图的第一个节点为整个网络图的起始节点，也称开始节点或源节点，意味着一项工程的开始，它只有外向箭线，例如图3-5中的节点①。终点节点：网络图的最后一个节点称为终点节点或结束节点，意味着一项工程的完成，它只有内向箭线，例如图3-5中的节点⑥。中间节点：网络图其余的节点均称为中间节点，意味着前项工作的结束和后项工作的开始，它既有内向箭线，又有外向箭线，例如图3-5中的节点②、③、④、⑤。

网络图中一项工作应当只有唯一的一条箭线和相应的一对节点，且从起点节点开始，依次向终点节点进行，每一条箭线的箭头节点必须大于箭尾节点编号，并且所有节点的编号不能重复出现。

（3）线路。

从原始节点出发，沿着箭头方向直至结束节点，中间经由一系列节点和箭线，所构成的若干条"通道"，即称为线路。完成某条线路的全部工作所需的总持续时间，即该条线路上全部工作的工作历时之和，我们称为线路时间或线路长度。根据线路时间的不同，线路又分为关键线路和非关键线路。

关键线路指在网络图中线路时间最长的线路（注：肯定型网络），或自始至终全部由关键工作组成的线路。关键线路至少有一条，也可能有多条。关键线路上的工作称为关键工作，关键工作的机动时间最少，它们完成的快慢直接影响整个工程的工期。

非关键线路指网络图中线路时间短于关键路线的任何线路。非关键线路上的工作，除关键工作外其余均为非关键工作；非关键工作有机动时间可利用，但拖延了某些非关键工作的持续时间，非关键线路有可能转化为关键线路。同样的，缩短某些关键工作持续时间，关键线路有可能转化为非关键线路。

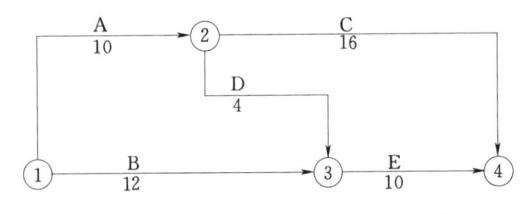

图3-6 双代号网络图中的关键线路

如图3-6中，共有3条线路：①—②—③—④、①—②—④、①—③—④，根据各工作持续时间可知，线路①—②—④持续时间最长，为关键线路，这条线路上的各项工作均为关键工作。

2. 逻辑关系

网络图中的逻辑关系是指表示一项工作与其他有关工作之间相互联系与制约的关系，即各个工作在工艺上、组织管理上所要求的先后顺序关系。项目之间的逻辑关系取决于工程项目的性质和轻重缓急、施工组织、施工技术等许多因素。逻辑关系包括工艺关系和组织关系。

(1) 工艺关系。

由施工工艺决定的施工顺序关系。这种关系是确定不能随意更改的。如土坝坝面作业的工艺顺序为：铺土、平土、晾晒或洒水、压实、刨毛等。这些在施工工艺上，都有必须遵循的逻辑关系，不能违反的。

(2) 组织关系。

即由施工组织安排决定的施工顺序关系。如工艺没有明确规定先后顺序关系的工作，考虑到其他因素的影响而人为安排的施工顺序关系。例如，采用全段围堰明渠导流时，要求在截流以前完成明渠施工、截流备料、戗堤进占等工作。由组织关系所决定的衔接顺序一般是可以改变的。

模块二　双代号网络图的绘制

1. 绘制原则

(1) 双代号网络图必须正确表达已定的逻辑关系。

(2) 双代号网络图中严禁出现循环回路。所谓循环回路是指从网络图中的某一节点出发，顺着箭线方向又回到了原来出发点的线路。绘制时尽量避免逆向箭线，逆向箭线容易造成循环回路，如图 3-7 所示。

(3) 网络图中不允许出现双向箭线和无箭头箭线（图 3-8）。进度计划是有向图，沿着方向进行施工，箭线的方向表示工作的进行方向，箭线箭尾表示工作的开始，箭头表示结束。双向箭头或无箭头的连线将使逻辑关系含糊不清。

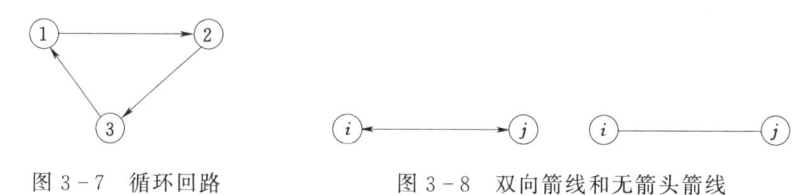

图 3-7　循环回路　　　　图 3-8　双向箭线和无箭头箭线

(4) 双代号网络图中严禁出现没有箭头节点或没有箭尾节点的箭线。没有箭尾节点的箭线，不能表示它所代表的工作在何时开始；没有箭头节点的箭线，不能表示它所代表的工作何时完成，如图 3-9 所示。

图 3-9　没有箭头节点或没有箭尾节点的箭线

(5) 双代号网络图中严禁出现节点代号相同的箭线,如图3-10所示。

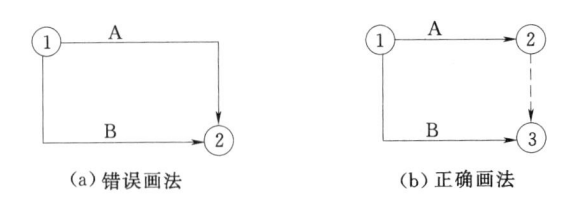

图3-10 重复编号

(6) 在绘制网络图中,应尽可能避免箭线交叉,如不可能避免时,应采用过桥法、断线法或指向法,如图3-11所示。

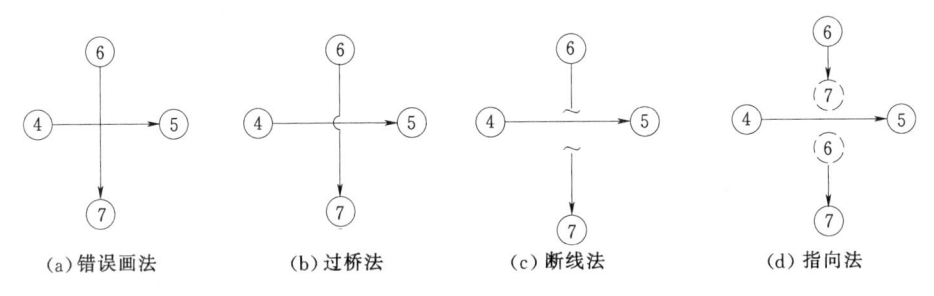

图3-11 箭线交叉表示方法

(7) 当网络图的起点节点有多条外向箭线或终点节点有多条内向箭线时,为使图形简洁,可采用母线法绘制,但应满足一项工作用一条箭线和相应的一对节点表示,如图3-12所示。

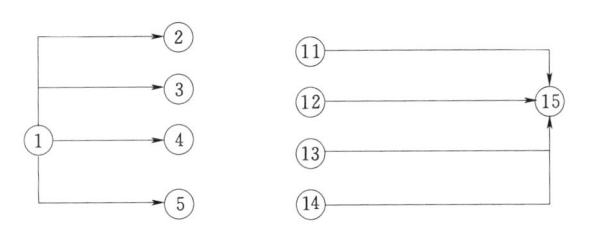

图3-12 母线画法

(8) 网络图中应只有一个起点节点和一个终点节点,其他节点均应为中间节点。

2. 绘制方法和步骤

(1) 绘制方法。

为使双代号网络图绘制简洁、美观,宜用水平箭线和垂直箭线表示。在绘制之前,先确定出各节点的位置号,再按照节点位置及逻辑关系绘制网络图。

节点位置号的确定方法如下:

无紧前工作的工作,开始节点位置号为0。

有紧前工作的工作,开始节点位置号等于其紧前工作的开始节点位置号的最大值加1。

有紧后工作的工作,终点节点位置号等于其紧后工作的开始节点位置号的最小值。

无紧后工作的工作，终点节点位置号等于网络图中除无紧后工作的工作外，其他工作的终点节点位置号最大值加1。

（2）绘制步骤。

第一步：根据已知的紧前工作确定紧后工作。

第二步：确定出各工作的开始节点位置号和终点节点位置号，根据节点位置号和逻辑关系从左到右依次绘制网络计划的草图。

第三步：检查各工作之间的逻辑关系是否正确，网络图的绘制是否符合绘制规则。

第四步：整理并完善网络图，尽量减少不必要的箭线和节点，使网络图条理清楚、层次分明。

注意：在绘制时，若没有工作之间出现相同的紧后工作或者工作之间只有相同的紧后工作，则肯定没有虚箭线；若工作之间既有相同的紧后工作，又有不同的紧后工作，则肯定有虚箭线；到相同的紧后工作用虚箭线，到不同的紧后工作则无虚箭线。

3. 绘制实例

【例3-1】 已知某工程项目的各工作之间的逻辑关系见表3-1，画出网络图。

表3-1　　　　　　　　　　各工作之间的逻辑关系

工作	A	B	C	D	E	F
紧前工作	无	无	无	B	B	C、D

【解】（1）列出关系表，确定紧后工作和各工作的节点位置号，见表3-2。

表3-2　　　　　　　　　　各工作之间的关系表

工作	A	B	C	D	E	F
紧前工作	无	无	无	B	B	C、D
紧后工作	无	D、E	F	F	无	无
开始节点位置号	0	0	0	1	1	2
结束节点位置号	3	1	2	2	3	3

（2）根据逻辑关系和节点位置号，绘出网络图，如图3-13所示。

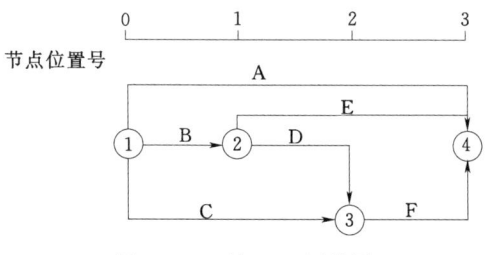

图3-13　例3-1网络图

由表3-2可知，工作C、D只有相同的紧后工作F，工作B和工作C、D没有相同的紧后工作,所以这个网络图中不存在虚箭线情况。

【例3-2】 已知某工程项目的各工作之间的逻辑关系见表3-3,画出网络图。

表3-3　　　　　　　　　　各工作之间的逻辑关系

工作	A	B	C	D	E	F	G	H	I
紧前工作	无	A	B	B	B	C、D	C、E	C	F、G、H

【解】(1)列出关系表,确定紧后工作和各工作的节点位置号,见表3-4。

表3-4　　　　　　　　　　各工作之间的关系表

工作	A	B	C	D	E	F	G	H	I
紧前工作	无	A	B	B	B	C、D	C、E	C	F、G、H
紧后工作	B	C、D、E	F、G、H	F	G	I	I	I	无
开始节点位置号	0	1	2	2	2	3	3	3	4
结束节点位置号	1	2	3	3	3	4	4	4	5

(2)根据逻辑关系和节点位置号,绘出网络图,如图3-14所示。

由表3-4可知,显然C和D有共同的紧后工作F和不同的紧后工作G、H,所以有虚箭线;C和E有共同的紧后工作G和不同的紧后工作F、H,所以也有虚箭线。其他均无虚箭线。

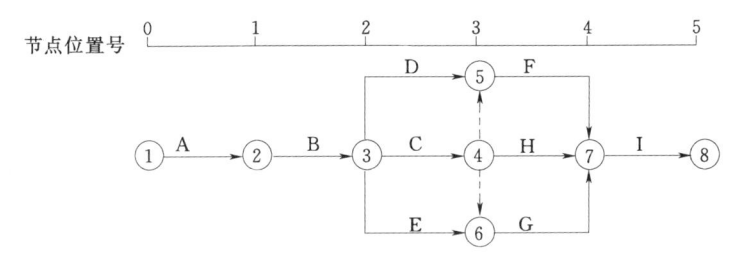

图3-14　例3-2网络图

模块三　双代号网络计划时间参数计算

正确绘制网络图是确定一项工程计划的定性指标,而网络图的时间参数的计算则是该计划的定量指标。在网络图中,最重要的是正确地计算双代号网络图的时间参数。

网络图的时间参数的计算目的在于确定网络图上各项工作和各个节点的时间参数,确定关键线路,进而确定总工期,为网络计划的优化、调整和执行提供准确的时间概念,使网络图具有实际应用价值。

1. 时间参数的概念及其符号

(1)工作持续时间(D_{i-j})。

工作持续时间是对一项工作规定的从开始到完成的时间。在双代号网络计划中,工作$i-j$的持续时间用D_{i-j}表示。

(2) 工期（T）。

工期泛指完成任务所需的时间，一般有以下三种：

1) 计算工期：根据网络计划时间参数计算出来的工期，用 T_C 表示。

2) 要求工期：任务委托人所要求的工期，用 T_R 表示。

3) 计划工期：在要求工期和计算工期的基础上综合考虑需要和可能确定的工期，用 T_P 表示。网络计划的计划工期 T_P 应按照下列情况分别确定。

当已规定了要求工期 T_R 时，$T_P \leqslant T_R$。

当未规定要求工期 T_R 时，可令计划工期等于计算工期，$T_P = T_C$。

(3) 节点最早时间和最迟时间。

节点最早时间 ET_i，表示以该节点为开始节点的各项工作的最早开始时间。

节点最迟时间 LT_i，表示以该节点为完成节点的各项工作的最迟完成时间。

(4) 工作的六个时间参数：

工作 $i-j$ 的最早开始时间（earliest start time）ES_{i-j}，指在紧前工作约束下，工作有可能开始的最早时刻，即工作 $i-j$ 之前的所有紧前工作全部完成后，工作 $i-j$ 有可能开始的最早时刻。

工作 $i-j$ 的最早完成时间（earliest finish time）EF_{i-j}，指在紧前工作约束下，工作有可能完成的最早时刻，即工作 $i-j$ 之前的所有紧前工作全部完成后，工作 $i-j$ 有可能完成的最早时刻。

工作 $i-j$ 的最迟开始时间（latest start time）LS_{i-j}，指在不影响整个任务按期完成的前提下，工作 $i-j$ 必须开始的最迟时刻。

工作 $i-j$ 的最迟完成时间（latest finish time）LF_{i-j}，指在不影响整个任务按期完成的前提下，工作必须完成的最迟时刻。

工作 $i-j$ 的总时差（total float）TF_{i-j}，指在不影响总工期的前提下，本工作可以利用的机动时间。

工作 $i-j$ 的自由时差（free float）FF_{i-j}，指在不影响其紧后工作最早开始时间的前提下，本工作可以利用的机动时间。

2. 时间参数的计算方法

时间参数的计算方法有图上作业法和表上作业法。通过例题来介绍双代号网络图时间参数图上作业的计算方法和步骤，并由时间参数确定出关键线路。计算如图 3-15 所示的时间参数。

(1) 计算 ET_i。

计算方法：从网络图的起点节点开始，顺着箭线方向相加，遇见箭头相碰的节点取最大值，直到终点节点为止，起点节点的 ET_i 假定为 0。

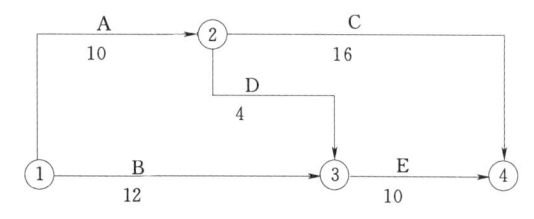

图 3-15 双代号网络图时间参数计算示例

计算公式：$\begin{cases} ET_i = 0 & (i=1) \\ ET_j = \max(ET_i + D_{i-j}) & (j>1) \end{cases}$

$ET_1=0$

$ET_2=ET_1+D_{1-2}=0+10=10$

$ET_3=\max\begin{Bmatrix}ET_2+D_{2-3}=10+4=14\\ET_1+D_{1-3}=0+12=12\end{Bmatrix}=14$

$ET_4=\max\begin{Bmatrix}ET_2+D_{2-4}=10+16=26\\ET_3+D_{3-4}=14+10=24\end{Bmatrix}=26$

（2）计算 LT_i。

计算方法：从网络图的终点节点开始，逆着箭头方向相减，遇见箭尾相碰的节点取最小值，直至起始节点。当工期有规定时，终点节点的最迟时间就等于规定工期；当工期没有规定时，最迟时间就等于终点节点的最早时间。

计算公式：$\begin{cases}LT_n=ET_n（或规定工期）（n 为结束节点）\\LT_i=\min(LT_j-D_{i-j})\end{cases}$

$LT_4=ET_4=26$

$LT_3=LT_4-D_{3-4}=26-10=16$

$LT_2=\min\begin{Bmatrix}LT_4-D_{2-4}=26-16=10\\LT_3-D_{2-3}=16-4=12\end{Bmatrix}=10$

$LT_1=\min\begin{Bmatrix}LT_3-D_{1-3}=26-16=10\\LT_2-D_{1-2}=10-10=0\end{Bmatrix}=0$

（3）计算 ES_{i-j}。

计算方法：各项工作的最早开始时间等于其开始节点的最早时间。

计算公式：$ES_{i-j}=ET_i$

$ES_{1-2}=ET_1=0$　　　　$ES_{1-3}=ET_1=0$　　　　$ES_{2-3}=ET_2=10$

$ES_{2-4}=ET_2=10$　　　　$ES_{3-4}=ET_3=14$

（4）计算 EF_{i-j}。

计算方法：各项工作的最早完成时间等于其开始节点的最早时间加上持续时间。

计算公式：$EF_{i-j}=ES_{i-j}+D_{i-j}=ET_i+D_{i-j}$

$EF_{1-2}=ES_{1-2}+D_{1-2}=0+10=10$

$EF_{1-3}=ES_{1-3}+D_{1-3}=0+12=12$

$EF_{2-3}=ES_{2-3}+D_{2-3}=10+4=14$

$EF_{2-4}=ES_{2-4}+D_{2-4}=10+16=26$

$EF_{3-4}=ES_{3-4}+D_{3-4}=14+10=24$

（5）计算 LF_{i-j}。

计算方法：各项工作的最迟完成时间等于其结束节点的最迟时间。

计算公式：$LF_{i-j}=LT_j$

$LF_{1-2}=LT_2=10$　　　　$LF_{1-3}=LT_3=16$　　　　$LF_{2-3}=LT_3=16$

$LF_{2-4}=LT_4=26$　　　　$LF_{3-4}=LT_4=26$

（6）计算 LS_{i-j}。

计算方法：各项工作的最迟开始时间等于其最迟完成时间减去工作持续时间。

计算公式：$LS_{i-j}=LF_{i-j}-D_{i-j}=LT_j-D_{i-j}$

$LS_{1-2}=LF_{1-2}-D_{1-2}=10-10=0$

$LS_{1-3}=LF_{1-3}-D_{1-3}=16-12=4$

$LS_{2-3}=LF_{2-3}-D_{2-3}=16-4=12$

$LS_{2-4}=LF_{2-4}-D_{2-4}=26-16=10$

$LS_{3-4}=LF_{3-4}-D_{3-4}=26-10=16$

（7）计算 TF_{i-j}。

计算方法：工作总时差等于其最迟开始时间减去最早开始时间，或等于工作最迟完成时间减去最早完成时间。

计算公式：$TF_{i-j}=LS_{i-j}-ES_{i-j}$

或者：$TF_{i-j}=LF_{i-j}-EF_{i-j}$

$TF_{1-2}=LS_{1-2}-ES_{1-2}=0-0=0$

$TF_{1-3}=LS_{1-3}-ES_{1-3}=4-0=4$

$TF_{2-3}=LS_{2-3}-ES_{2-3}=12-10=2$

$TF_{2-4}=LS_{2-4}-ES_{2-4}=10-10=0$

$TF_{3-4}=LS_{3-4}-ES_{3-4}=16-14=2$

（8）计算 FF_{i-j}。

计算方法：如果工作 $i-j$ 的紧后工作是 $j-k$ 时，其自由时差应为工作 $j-k$ 的最早开始时间减去工作 $i-j$ 的最早完成时间。

计算公式：$FF_{i-j}=ES_{j-k}-EF_{i-j}=ES_{j-k}-ES_{i-j}-D_{i-j}=ET_j-ET_i-D_{i-j}$

$FF_{1-2}=ET_2-ET_1-D_{1-2}=10-0-10=0$

$FF_{1-3}=ET_3-ET_1-D_{1-3}=14-0-12=2$

$FF_{2-3}=ET_3-ET_2-D_{2-3}=14-10-4=0$

$FF_{2-4}=ET_4-ET_2-D_{2-4}=26-10-16=0$

$FF_{3-4}=ET_4-ET_3-D_{3-4}=26-14-10=2$

工作的自由时差不会影响其紧后工作的最早开始时间，属于工作本身的机动时间，与后续工作无关；而总时差是属于某条线路上工作所共有的机动时间，不仅为本工作所有，也为经过该工作的线路所有，动用某工作的总时差超过该工作的自由时差就会影响后续工作的总时差。

把计算出的时间参数标在网络图上，如图 3-16 所示。

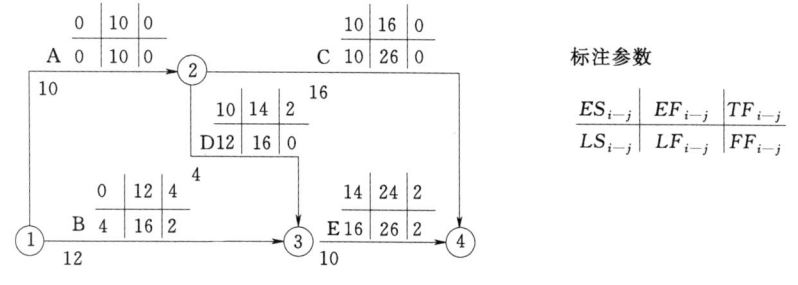

图 3-16 网络计划时间参数

模块四　双代号网络计划中关键线路确定

1. 总时差法确定关键线路

根据计算工期 T_C 和计划工期 T_P 的大小关系，关键工作的总时差可能出现三种情况：

当 $T_P=T_C$ 时，关键工作的 $TF_{i-j}=0$；

当 $T_P>T_C$ 时，关键工作的 $TF_{i-j}>0$；

当 $T_P<T_C$ 时，关键工作的 $TF_{i-j}<0$。

关键工作是施工过程中重点控制对象，根据 T_P 与 T_C 的大小关系及总时差的计算公式，总时差最小的工作为关键工作。在图 3-15 计算过程中，$T_P=T_C$，所以工作①—②、②—④是关键工作，关键工作的连线为关键线路。

2. 持续时间法确定关键线路

计算出各条线路的持续时间，其中持续时间最长的线路为关键线路。

用这种方法，计算出图 3-15 中关键线路为①—②—④，和第一种方法结果一样。

3. 标号法确定关键线路

标号法是一种快速确定双代号网络计划的计算工期和关键线路的方法。其具体运用步骤如下：

(1) 设双代号网络计划的起点节点标号值为零，即：$b_1=0$。

(2) 其他节点的标号值等于以该节点为完成节点的各工作的开始节点标号值加其持续时间之和的最大值，即：$b_j=\max(b_i+D_{i-j})$。

需注意的是，虚工作的持续时间为零。网络计划的起点节点从左向右顺着箭线方向，按节点编号从小到大的顺序逐次算出标号值，标注在节点上方，并用双标号法进行标注。所谓双标号法，是指用源节点（得出标号值的节点）作为第一标号，用标号值作为第二标号。需特别注意的是，如果源节点有多个，应将所有源节点标出。

(3) 网络计划终点节点的标号值即为计算工期。

(4) 将节点都标号后，从网络计划终点节点开始，从右向左逆着箭线方向按源节点寻求出关键线路。

【例 3-3】　已知网络计划如图 3-17 所示，试用标号法确定其关键线路。

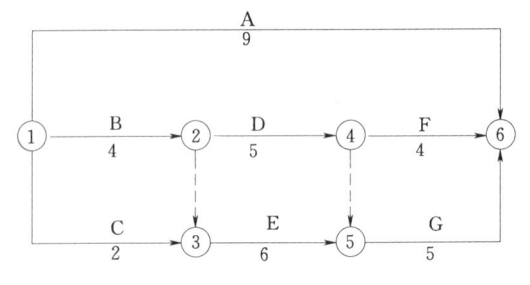

图 3-17　双代号网络计划

【解】（1）节点①的标号值为零，即 $b_1=0$。

（2）其他节点的标号值，按节点编号从小到大的顺序逐个进行计算，即

$b_2=b_1+D_{1-2}=0+4=4$

$b_3=\max\begin{Bmatrix}b_1+D_{1-3}=0+2=2\\b_2+D_{2-3}=4+0=4\end{Bmatrix}=4$

$b_4=b_2+D_{2-4}=4+5=9$

$b_5=\max\begin{Bmatrix}b_4+D_{4-5}=9+0=9\\b_3+D_{3-5}=4+6=10\end{Bmatrix}=10$

$b_6=\max\begin{Bmatrix}b_1+D_{1-6}=0+9=9\\b_4+D_{4-6}=9+4=13\\b_5+D_{5-6}=10+5=15\end{Bmatrix}=15$

（3）其计算工期就等于终点节点⑥的标号值15。

（4）关键线路应从网络计划的终点节点开始，逆着箭线方向按源节点确定。从终点节点⑥开始，逆着箭线方向从右向左，根据源节点（即节点的第一标号）可以寻求关键线路：①—②—③—⑤—⑥，如图3-18中的粗箭线。

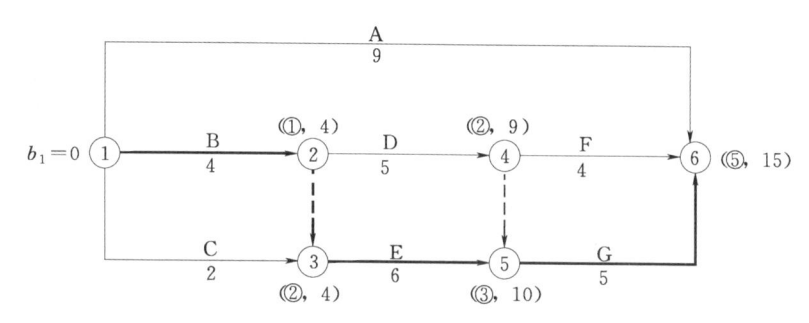

图3-18 标号法确定关键线路

任 务 训 练

1. 双代号网络图的三要素是指（　　）。
   A. 节点、箭杆、工作作业时间　　　　B. 紧前工作、紧后工作、关键线路
   C. 工作、节点、线路　　　　　　　　D. 工期、关键线路、非关键线路
2. 双代号网络计划中的节点表示（　　）。
   A. 工作　　　　　　　　　　　　　　B. 工作的开始
   C. 工作的结束　　　　　　　　　　　D. 工作的开始或结束的瞬间
3. 关于双代号网络图的叙述，说法错误的是（　　）。
   A. 双代号网络图由工作、节点、线路、持续时间4个基本要素组成
   B. 在双代号网络图中，节点不同于工作，不需要消耗时间或资源

C. 在双代号网络图中，总持续时间最长的线路称作"关键线路"

D. 关键线路可以有多条

4. 双代号网络图中的虚工作（　　）。

　　A. 既消耗时间，又消耗资源　　　B. 只消耗时间，不消耗资源

　　C. 既不消耗时间，又不消耗资源　D. 不消耗时间，又消耗资源

5. 下列有关虚工序的错误说法是（　　）。

　　A. 虚工序只表示工序之间的逻辑关系

　　B. 混凝土养护可用虚工序表示

　　C. 只有双代号网络图中才有虚工序

　　D. 虚工作一般用虚箭线表示

6. 已知双代号网络图如下图所示，其中（　　）。

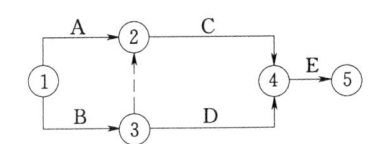

　　A. A、B结束后开始C　　　　　B. A结束后开始D

　　C. (②—③)结束后开始D　　　 D. (②—③)只耗用资源，不耗用时间

7. 由生产工艺上客观存在的各个工作之间存在的先后施工顺序称为（　　）。

　　A. 工艺关系　　　B. 组织关系　C. 搭接关系　D. 逻辑关系

8. 根据下列逻辑关系表，绘制下列双代号网络图，所绘图存在的错误是（　　）。

工作名称	A	B	C	D	E	G	H
紧前工作	—	—	A	A	A,B	C	E

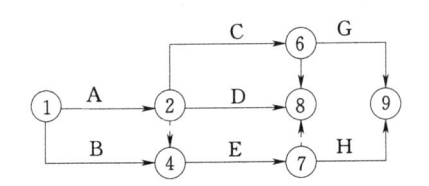

　　A. 节点编号不对　　　　　　　B. 逻辑关系不对

　　C. 有多个终点节点　　　　　　D. 有多个起点节点

9. 下列关于双代号网络图绘图规则的说法正确的是（　　）。

　　A. 箭线不能交叉　　　　　　　B. 关键工作必须安排在图面中心

　　C. 只有一个起点节点　　　　　D. 工作箭线只能使用水平线

10. 下列对双代号网络图绘制规则的描述不正确的是（　　）。

　　A. 不许出现循环回路

　　B. 节点之间可以出现带双箭头的连续

　　C. 不允许出现箭头或箭尾无节点的箭线

　　D. 箭线不宜交叉

任务二　双代号网络计划

11. 根据表中各工作的逻辑关系，绘制双代号网络图。

工作	A	B	C	D	E	F
紧前工作	无	无	无	A、B	B	C、D、E

12. 已知表中各工作的逻辑关系，绘制双代号网络图。

工作	A	B	C	D	E	F
紧后工作	D	D、E	D、E、F	K	H、K、I	I

13. 利用工作的自由时差，其结果是（　　）。

　　A. 不会影响紧后工作，也不会影响工期

　　B. 不会影响紧后工作，但会影响工期

　　C. 会影响紧后工作，但不会影响工期

　　D. 会影响紧后工作和工期

14. 下列说法错误的是（　　）。

　　A. 任何工程都有规定工期、计划工期和计算工期

　　B. 计划工期可以小于规定工期

　　C. 计划工期可以等于规定工期

　　D. 计划工期有时可等于计算工期

15. 网络计划中，工作最早开始时间应为（　　）。

　　A. 所有紧前工作最早完成时间的最大值

　　B. 所有紧前工作最早完成时间的最小值

　　C. 所有紧前工作最迟完成时间的最大值

　　D. 所有紧前工作最迟完成时间的最小值

16. 在某工程网络计划中，已知工作 M 没有自由时差，但总时差为 5 天，监理工程师检查实际进度时发现该工作的持续时间延长了 4 天，说明此时工作 M 的实际进度（　　）。

　　A. 既不影响总工期，也不影响其后续工作的正常进行

　　B. 不影响总工期，但将其紧后工作的开始时间推迟 4 天

　　C. 将使总工期延长 4 天，但不影响其后续工作的正常进行

　　D. 将其后续工作的开始时间推迟 4 天，并使总工期延长 1 天

17. 工作自由时差是指（　　）。

　　A. 在不影响总工期的前提下，该工作可以利用的机动时间

　　B. 在不影响其紧后工作最迟开始的前提下，该工作可以利用的机动时间

　　C. 在不影响其紧后工作最迟完成时间的前提下，该工作可以利用的机动时间

　　D. 在不影响其紧后工作最早开始时间的前提下，该工作可以利用的机动时间

18. 用图上作业法计算下图的六个时间参数。

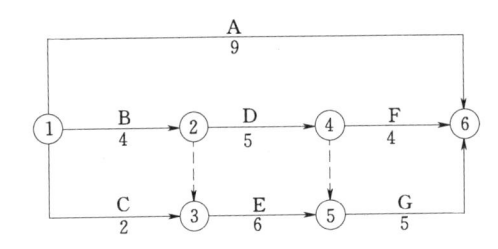

19. 在下图所示的双代号网络计划中，关键线路有（　　）条。

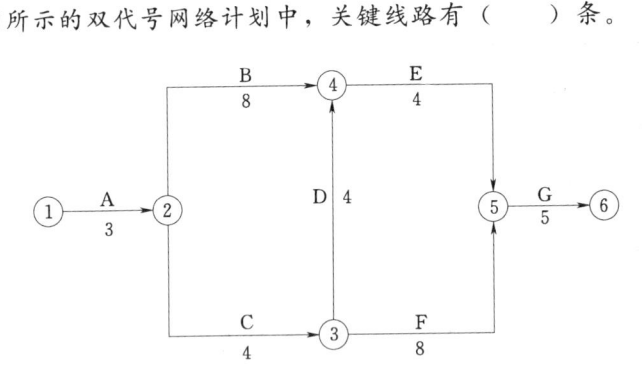

20. 案例分析：请用标号法确定出面网络图的关键工作和关键线路。

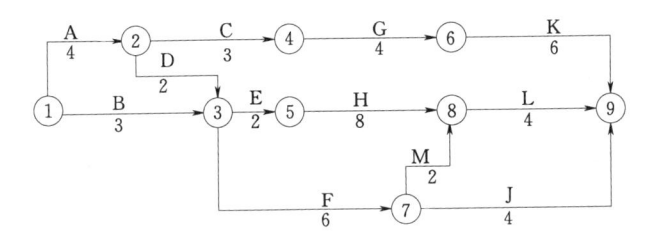

任务三　双代号时标网络计划技术

知识目标：掌握双代号时标网络计划的含义，理解时标网络计划的绘制方法，掌握时标网络计划的关键线路确定方法。

能力目标：能正确识别双代号时标网络计划图，能正确判别关键线路和时间参数。

模块一　双代号时标网络计划概述

1. 定义

一般网络计划不带时标，工作持续时间由箭线下方标注的数字说明，而与箭线本身长短无关，这种非时标网络计划看起来不太直观，不能一目了然地在网络图上直接反映各项工作的开始和完成时间，同时不能按天统计资源，编制资源需用量计划。

双代号时标网络计划简称时标网络计划，是以时间坐标为尺度编制的网络计划，该网络计划既有一般网络计划的优点，又具有横道图计划直观易懂的优点，清晰地把时间参数直观地表达出来，同时表明网络计划中各工作之间的逻辑关系，如图 3-19 所示。

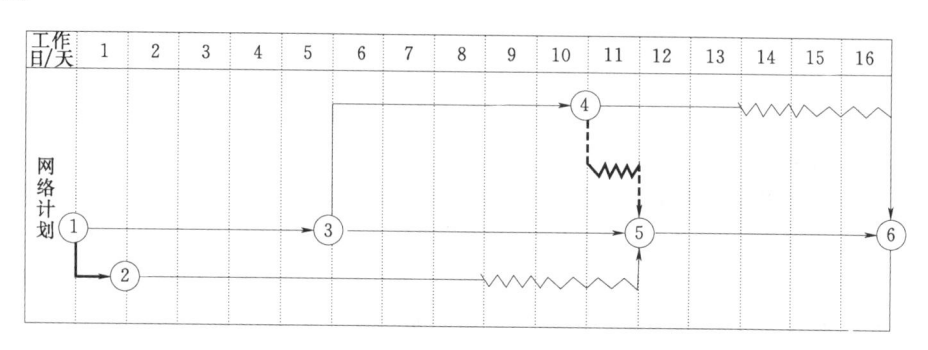

图 3-19　双代号时标网络图

双代号时标网络计划以水平时间坐标为尺度表示工作时间。时标的时间单位应根据需要在编制网络计划之前确定，可以是小时、天、周、月或季度等。

时标网络计划应以实箭线表示工作，以虚箭线表示虚工作，以波形线表示工作的自由时差或者与紧后工作之间的时间间隔。

时标网络计划中所有符号在时间坐标上的水平投影位置都必须与其时间参数相对应。节点中心必须对应相应的时标位置。虚工作必须以垂直方向的虚箭线表示，用自由时差加波形线表示。

时标网络计划宜按最早时间编制。

2. 坐标体系

时标网络计划的坐标体系包括：计算坐标体系、工作日坐标体系、日历坐标体系。

(1) 计算坐标体系：主要用作网络时间参数的计算。采用这种坐标体系计算时间参数较为简单，但不够明确。计算坐标体系中，工作从当天结束时刻开始，所以网络计划从零天开始，也就是从零天结束时刻开始，零天下班时刻开始，即为第一天开始。

(2) 工作日坐标体系：可明确示出工作开工后第几天开始，第几天完成。工作日坐标示出的开工时间和工作开始时间等于计算坐标示出的开工时间和工作开始时间加1，工作坐标示出的完工时间和工作完成时间等于计算坐标示出的完工时间和工作完工时间。

(3) 日历坐标体系：可以明确示出工程的开工日期和完工日期，以及工作的开始日期和完成日期。编制时要注意扣除节假日休息时间。时标网络计划坐标体系见表3-5。

表3-5　　　　　　　　　　　时标网络计划坐标体系

	计算坐标								
日历	24/4	25/4	26/4	27/4	30/4	2/5	3/5	4/5	7/5
周	二	三	四	五	一	三	四	五	一
工作日	1	2	3	4	5	6	7	8	9
网络计划									

模块二　时标网络计划的绘制方法

时标网络计划的绘制方法有间接绘制法和直接绘制法。

1. 间接绘制法

间接绘制法指先计算无时标网络计划草图的时间参数，然后再在时标网络计划表中进行绘制的方法。

用这种方法时，应先对无时标网络计划进行计算，算出其最早时间。然后再按每项工作的最早开始时间将其箭尾节点定位在时标表上，再用规定线型绘制出工作及其自由时差，形成网络计划。绘制时，一般先绘制出关键线路，再绘制非关键线路。

绘制步骤如下：

(1) 先绘制网络计划图，并计算工作最早时间标注在网络图上。

(2) 在时标表上，按最早开始时间确定每项工作的开始节点位置号，节点的中心线必须对准时标刻度线。

(3) 按工作的时间长度画出相应工作的实线部分，使其水平投影长度等于工作时间，由于虚工作不占用时间，所以应以垂直虚线表示。

(4) 用波形线把实线部分与其紧后工作的开始节点连接起来，以表示自由时差。

间接绘制法，也可以用标号法确定出双代号网络图的关键线路，绘制时按照工作时间长度，先绘出双代号网络图关键线路，再绘制非关键工作，完成时标网络计划的绘制。

【例3-4】　已知网络计划的有关资料见表3-6，试用间接绘制法绘制时标网络计划。

任务三 双代号时标网络计划技术

表 3-6　　　　　　　　　网 络 计 划 有 关 资 料

工作	A	B	C	D	E	F	G	H	I
紧前工作	无	A	A	B	B、C	B、C	D、E	D、E、F	G、H
持续时间/天	2	2	3	2	3	1	3	1	1

【解】（1）根据关系表绘制出双代号网络图。

（2）计算时间参数，确定关键线路，如图 3-20 所示。

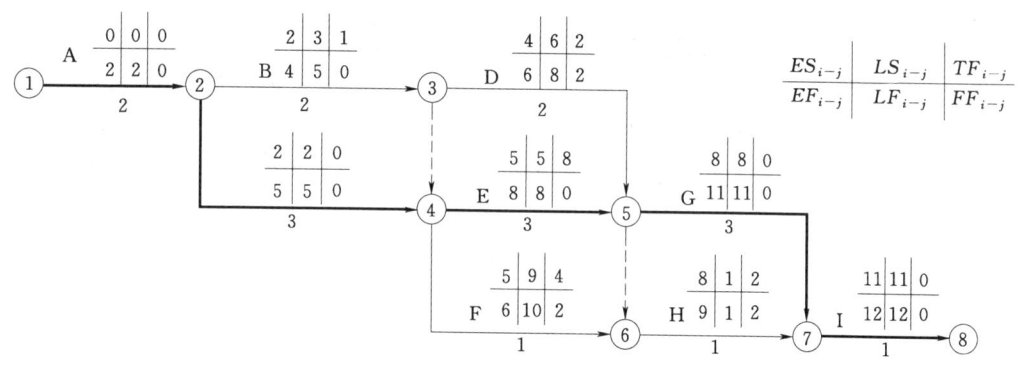

图 3-20　双代号网络计划

（3）在时间坐标上，绘制出双代号网络计划关键线路，如图 3-21 所示。

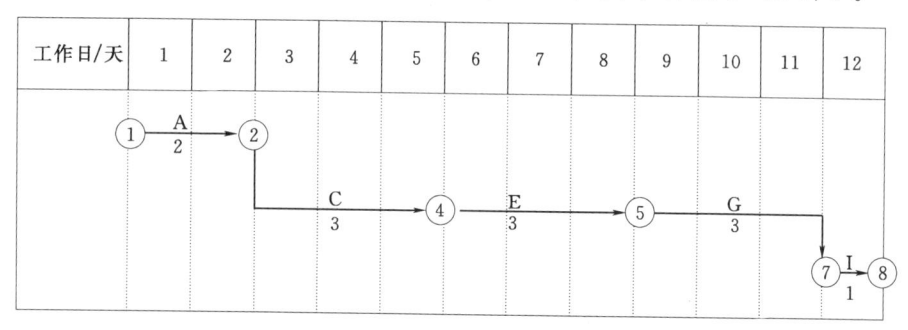

图 3-21　画出时标网络计划的关键线路

（4）绘出双代号网络计划非关键工作，完成时标网络计划绘制，如图 3-22 所示。

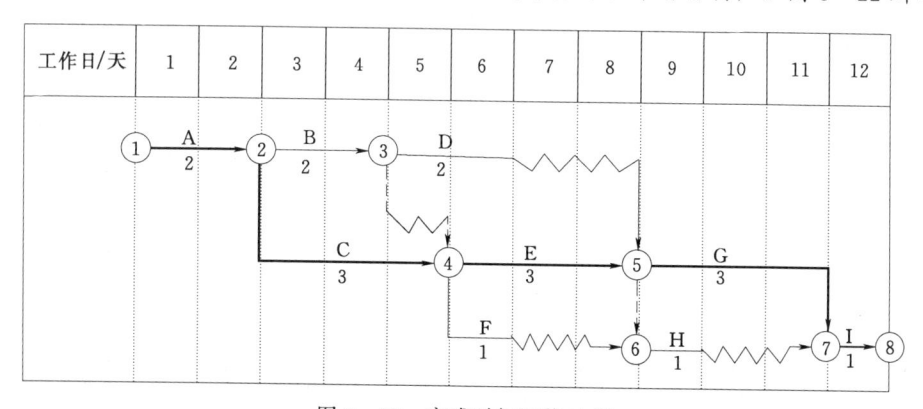

图 3-22　完成时标网络计划

同学们也可以根据标号法来确定出关键线路，再来绘制时标网络计划。

2. 直接绘制法

直接绘制法是不经时间参数计算而直接按无时标网络计划图绘制出时标网计划。绘制步骤如下：

（1）将起点节点定位在时标计划表的起始刻度上。

（2）按工作持续时间在时标计划表上绘制出以网络计划起始节点为开始节点的工作的箭线。

（3）其他工作的开始节点必须在其所有紧前工作都绘出以后，定位在这些紧前工作最早完成时间最大值的时间刻度上，某些工作的箭线长度不足以到达该节点时，用波形线补足，箭头画在波形线与节点连接处。

（4）用上述方法从左向右依次确定其他节点位置，直至网络计划终点节点定位，绘图完成。

【例 3-5】 用直接绘制法绘制图 3-20 的时标网络图。

【解】 绘图步骤如图 3-23～图 3-25 所示。

图 3-23 直接绘制法第一步

图 3-24 直接绘制法第二步

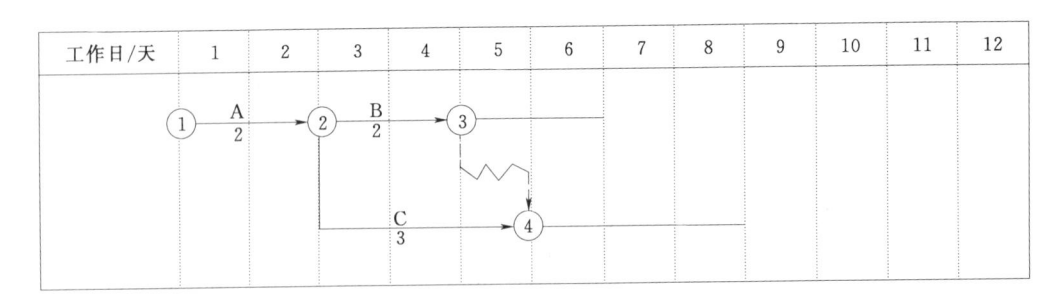

图 3-25 直接绘制法第三步

从左向右依次确定其他节点位置，直至网络计划终点节点定位，绘图完成。

模块三　时标网络计划关键线路和时间参数确定

1. 关键线路的判定

时标网络计划的关键线路，应从右至左，逆向进行观察，凡自始至终没有波形线的线路，即为关键线路。

判断是否是关键线路仍然是根据这条线路上各项工作是否有总时差。在这里，根据是否有自由时差来判断是否有总时差。因为有自由时差的线路必有总时差，而波形线即表示工作的自由时差。如图 2-19 中，关键线路为①—③—⑤—⑥。

2. 时间参数的确定

（1）最早开始时间：$ES_{i-j}=ET_i$。

每条实箭线左端箭尾节点中心所对应的时标值，即为该工作的最早开始时间。

（2）最早完成时间：$EF_{i-j}=ES_{i-j}+D_{i-j}$。

如果箭线右端无波形线，则该箭线右端节点中心所对应的时标值为该工作的最早完成时间；如箭线右端有波形线，则实箭线右端末所对应的时标值即为该工作的最早完成时间。

（3）计算工期：$T_C=ET_n$。

时标网络计划计算工期等于终点节点与起点节点所在位置的时标值之差。

（4）自由时差：FF_{i-j}。

该工作的箭线中波形线部分在坐标轴上的水平投影长度即为自由时差的数值。

（5）总时差：TF_{i-j}。

时标网络计划中的总时差的计算应自右向左进行，逆向进行，且符合下列规定。

以终点节点（$j=n$）为箭头节点的工作的总时差应按网络计划的计划工期计算确定。即：$TF_{i-n}=T_P-EF_{i-n}$。

其他工作的总时差应为：$TF_{i-j}=\min\{TF_{j-k}\}+FF_{i-j}$。

（6）最迟开始时间：$LS_{i-j}=ES_{i-j}+TF_{i-j}$。

（7）最迟完成时间：$LF_{i-j}=EF_{i-j}+TF_{i-j}=LS_{i-j}+D_{i-j}$。

同学们可以自己计算一下图 2-22 时标网络计划的时间参数，是否与图 2-20 标注的时间参数相符合。

任　务　训　练

1. 在双代号时标网络图中，以波形线表示工作的（　　）。
   A. 逻辑关系　　　　　　　　B. 关键线路
   C. 总时差　　　　　　　　　D. 自由时差

2. 双代号时标网络计划的特点之一是（　　）。
   A. 可以在图上直接显示工作开始与结束时间和自由时差，但不能显示关键线路
   B. 不能在图上直接显示工作开始与结束时间，但可以直接显示自由时差和关键线路

C. 可以在图上直接显示工作开始与结束时间，但不能显示自由时差和关键线路

D. 可以在图上直接显示工作开始与结束时间、自由时差和关键线路

3. 某工程双代号时标网络计划如下图所示（时间单位：周），工作 A 的总时差为（　　）周。

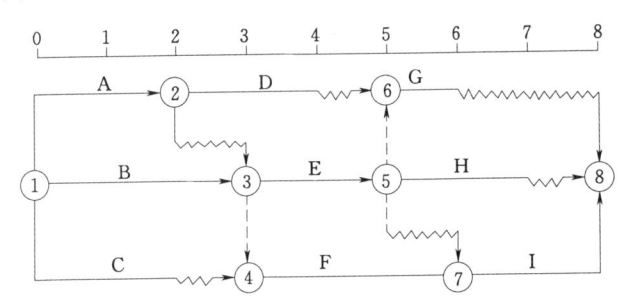

A. 1　　B. 0　　C. 2　　D. 3

4. 双代号时标网络图中箭线末端（箭头）对应的标值为（　　）。

　　A. 该工作的最早开始时间　　B. 该工作的最迟完成时间
　　C. 该工作的最早完成时间　　D. 紧后工作的最迟开始时间

5. 双代号时标网络计划中，当某工作之后有虚工作时，则该工作的自由时差为（　　）。

　　A. 该工作的波形的水平长度
　　B. 本工作于紧后工作间波形线水平长度和的最小值
　　C. 本工作于紧后工作间波形线水平长度和的最大值
　　D. 后续所有线路段中波形线中水平长度和的最小值

任务四 网络计划技术优化

知识目标：掌握网络计划技术优化的类型，理解每种网络计划技术优化的过程。
能力目标：会进行简单的工期优化、费用优化和资源优化。

编制网络进度计划时，先编制成一个初始方案，然后检查计划是否满足工期控制要求；是否满足人力、物力、财力等资源控制条件；以及能否以最小的消耗取得最大的经济效益。这就要对初始方案进行调整优化。

网络计划技术优化，就是在满足既定的约束条件下，按某一目标，通过不断调整寻求最优网络计划方案的过程，包括工期优化、费用优化和资源优化。

模块一 工 期 优 化

网络计划的计算工期与计划工期相差太大，为了满足计划工期，则需对计算工期进行调整。当计划工期大于计算工期时，应放缓关键线路上各项目的延续时间，以减少资源消耗强度；当计划工期小于计算工期时，应紧缩关键线路上各项目的延续时间。

工期优化的步骤如下：

（1）找出网络计划中的关键工作和关键线路（如采用标号法），并计算工期。

（2）按计划工期计算应压缩的时间 ΔT。

（3）选择被压缩的关键工作，在确定优先压缩的关键工作时，应考虑：缩短工作持续时间后，对质量和安全影响不大的关键工作；有充足资源的关键工作；缩短工作的持续时间所需增加的费用最少。

（4）将优先压缩的关键工作压缩到最短的工作持续时间，并找出关键线路和计算出网络计划的工期；如果被压缩的工作变成了非关键工作，则应将其工作持续时间延长，使之仍然是关键工作。

（5）若已达到工期要求，则优化完成。若计算工期仍超过计划工期，则按上述步骤依次压缩其他关键工作，直到满足工期要求或工期已不能再压缩为止。

（6）当所有关键工作的工作持续时间均已经达到最短工期仍不能满足要求时，应对计划的技术、组织方案进行调整，或对计划工期重新审定。

【例 3-6】 已知网络计划如图 3-26 所示，箭线下方括号外为正常持续时间，括号内为最短持续时间，箭线上方括号内数字表示压缩一天增加的费率（元/天）。假定工期是 120 天，对网络计划进行工期优化。

【解】（1）用标号法找出关键线路，如图 3-27 所示。网络计划的关键线路是①—③—④—⑥，计算工期是 160 天。

（2）计算应压缩的时间 ΔT。

要求工期是 120 天，而由网络计划计算出的工期是 160 天，所以需要缩短时间 $\Delta T = 160 - 120 = 40(\text{天})$。

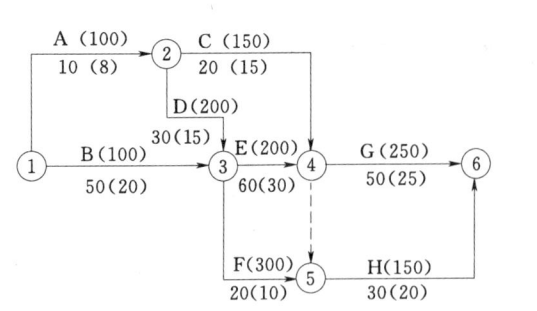

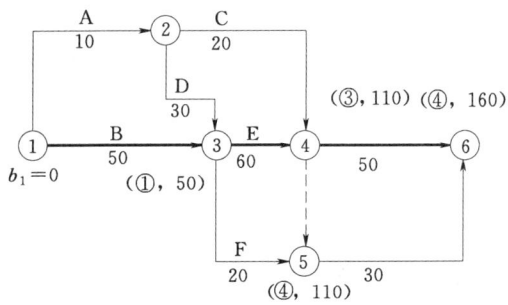

图 3-26 待优化的网络计划

图 3-27 网络计划关键线路

(3) 选择被压缩的关键工作。

网络计划只有一条关键线路，关键工作是 1—3、3—4、4—6，压缩这三个工作到最短时间所需费用分别为：100×30＝3000(元)，200×30＝6000(元)，250×25＝6250(元)，我们选择缩短工作的持续时间所需增加的费用最少的 1—3 工作作为压缩对象，如图 3-27 所示。

(4) 第一次压缩：将 1—3 工作的工作时间压缩到最短持续时间 20 天，用标号法确定关键线路后，发现 1—3 工作不再是关键工作。为了使 1—3 工作仍为关键工作，把 1—3 工作持续时间延长至 40 天，再用标号法确定关键线路，如图 2-28 所示。此时出现两条关键线路，工期为 150 天。

(5) 第二次压缩：对图 3-28 所示有四个压缩方案，分别是同时压缩工作 1—3 和 1—2、同时压缩工作 1—3 和 2—3、压缩工作 3—4 和压缩工作 4—6。对第一种方案，工作 1—3 和 1—2 分别压缩 2 天，则所需增加费用为 100×2＋100×2＝400(元)；对第二种方案，工作 1—3 和 2—3 分别压缩 15 天，则所需增加费用为 100×15＋200×15＝4500(元)；对第三种方案，工作 3—4 压缩至最短持续时间 30 天，所需增加费用为 30×200＝6000(元)；对第四种方案，工作 4—6 压缩至最短持续时间 25 天，所需增加费用为 25×250＝6250(元)。根据优先原则，选择压缩工作 1—3 和 1—2，分别压缩 2 天。压缩后可以再用标号法确定关键线路，并且此时工期为 148 天。

(6) 第三次压缩：对图 3-29，此时工作 1—2 不能再压缩，所以只有三个压缩方案。分别是同时压缩工作 1—3 和 2—3、压缩工作 3—4 和压缩工作 4—6。这三个方

图 3-28 第一次压缩后网络计划关键线路

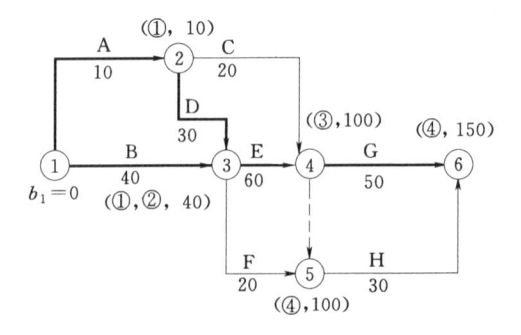

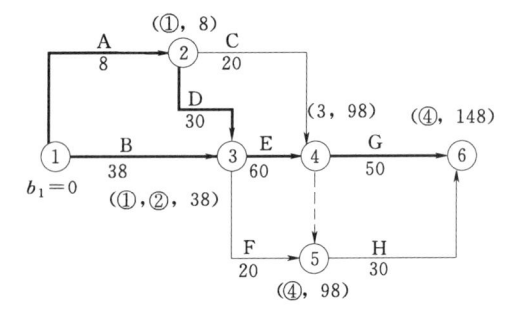

图 3-29 第二次压缩后网络计划关键线路

案中，通过计算压缩费用可知，优先选择同时压缩工作1—3和2—3，各压缩15天。压缩后可以再用标号法确定关键线路，并且此时工期为133天。

（7）第四次压缩：对图3-30，此时工作1—2和2—3不能再压缩，所以只有两个压缩方案。分别是压缩工作3—4和压缩工作4—6。这三个方案中，通过计算压缩费用可知，优先选择压缩工作3—4，对工作3—4持续时间压缩13天，即可达到工期为120天要求，如图3-31所示。至此，工期优化完成。

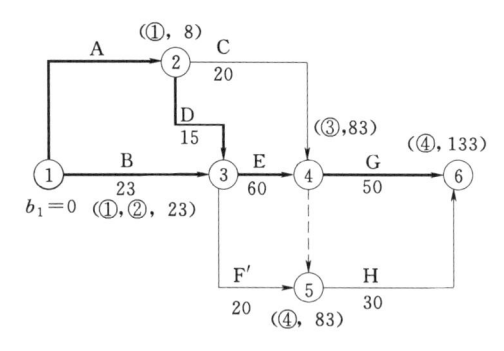

图3-30　第三次压缩后网络计划关键线路　　图3-31　压缩完成后的网络计划

模块二　费　用　优　化

费用优化又称工期成本优化，是指寻求工程费用最低时对应的总工期，或按要求工期寻求最低成本的计划安排过程。

1. 费用与工期的关系

工程总费用由直接费用和间接费用组成。直接费用由人工费、材料费、机械费、措施费等组成。直接费用一般与工作时间成反比关系，即增加直接费用，如采用技术先进的设备、增加设备和人员、提高材料质量等，都能缩短工作时间；相反，减少直接费用，则会使工作时间延长。间接费用包括与工程相关的管理费用，占用资金应付的利息，机动车辆费用等。间接费用一般与工作时间成正比，即工期越长，间接费用越高；工期越短，间接费用越低。

工程总费用与工期的关系如图3-32所示，由图可知，当确定一个合理工期，就能使总费用达到最小，这就是费用优化的目的。

对于一个施工项目而言，工期的长短与该项目的工程量、施工方案条件有关，并取决于关键线路上各项作业时间之和，关键线路又由许多持续时间和费用各不相同的作业组成。当工期缩短到某一极限时，无论费用增加多少，工期都不能再缩短，这个极限对应的时间称为强化工期，强化工期对应的费用称为极限费用，此时的费用最高。反之，若延长工期，则直接费用减少，但将时间延长至某极限时，无论怎样增加工期，直接费用也不会减少，此时的极限对应的时间称为正常工期，对应的费用称为正常费用。将正常工期对应的费用和强化工期对应的费用连成一条曲线，称为费用曲线或ATC曲线，如图3-33所示。在图中ATC曲线为一直线，这样单位时间内费用变化就是一常数，把这条直接的斜率（即缩短单位时间所需的直接费用）称为直接费率。不同作业的费率是不同的，费率大，意味着作业时间缩短一天所增加的费用越大；作业时间增加一天所减少的费用越多。

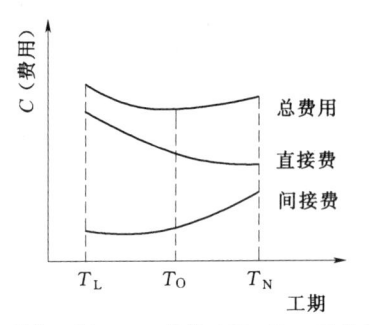

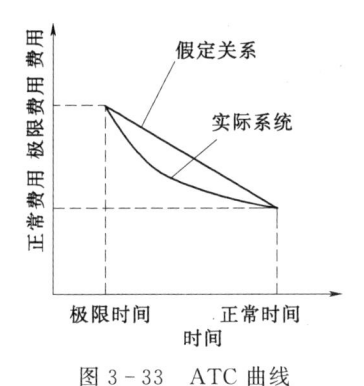

图 3-32 工期-费用曲线 T_L—最短工期；T_O—优化工期；T_N—正常工期

图 3-33 ATC 曲线

2. 费用优化方法

(1) 计算工程总直接费：它等于组成该工程的全部工作的直接费之和，用 $\sum C_{i-j}^{D}$ 表示。

(2) 计算各项工作直接费费用增加率（简称直接费率）：工作 $i—j$ 的直接费率为

$$\Delta C_{i-j} = \frac{CC_{i-j} - CN_{i-j}}{DN_{i-j} - DC_{i-j}}$$

式中 ΔC_{i-j}——工作 $i—j$ 的直接费率；

CC_{i-j}——将工作 $i—j$ 持续时间缩短为极限时间后，完成该工作所需的直接费用；

CN_{i-j}——在正常时间内完成 $i—j$ 所需的直接费用；

DN_{i-j}——工作 $i—j$ 的正常持续时间；

DC_{i-j}——工作 $i—j$ 的极限持续时间。

(3) 按工作的正常持续时间确定计算工期和关键线路。

(4) 选择优化对象：当只有一条关键线路时，应找出直接费率最小的一项关键工作作为缩短持续时间的对象；当有多条关键线路时，应找出组合直接费率最小的一组关键工作作为缩短持续时间的对象。对于压缩对象，缩短后工作的持续时间不能小于其极限时间，缩短持续时间的工作也不能变成非关键工作，如果变成了非关键工作，需要将其持续时间延长，使其仍为关键工作。

(5) 对于选定的压缩对象，首先要比较其直接费率或组合直接费率与工程间接费率的大小，然后再进行压缩。压缩方法如下：

如果被压缩对象的直接费率或组合费率大于工程间接费率，说明压缩关键工作的持续时间会使工程总费用增加，此时应停止缩短关键工作的持续时间，在此之前的方案即为优化方案。

如果被压缩对象的直接费率或组合费率等于工程间接费率，说明压缩关键工作的持续时间不会使工程总费用增加，故应缩短关键工作的持续时间。

如果被压缩对象的直接费率或组合费率小于工程间接费率，说明压缩关键工作的持续时间会使工程的总费用减少，故应缩短关键工作的持续时间。

（6）计算相应增加的总费用 C_i。

（7）计算优化后的总费用。

优化后工程总费用＝初始网络计划的费用＋直接费增加费－间接费减少费用。

（8）重复步骤（4）～（7），一直计算到总费用最低为止，即直到被压缩对象的直接费率或组合费率大于工程间接费率。

【例 3-7】 已知网络计划如图 3-34 所示，图中箭线上方为工作的正常费用和最短时间费用（千元），箭线下方为工作的正常持续时间和最短持续时间。已知间接费率为 0.12 千元/天，试对其进行费用优化。

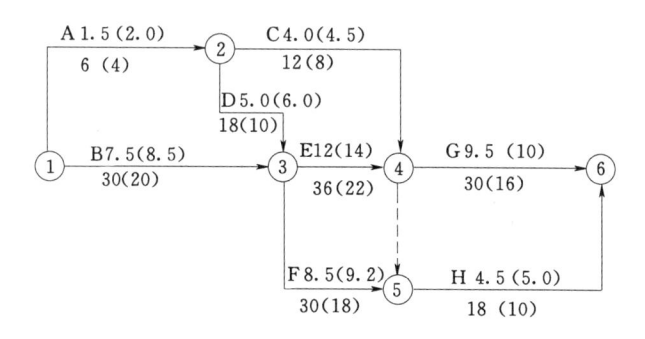

图 3-34 待优化的网络计划

【解】（1）计算总费用 $\sum C_{i-j}^D = 1.5 + 7.5 + 4.0 + 5.0 + 12 + 8.5 + 9.5 + 4.5 = 52.5$（千元）。

（2）计算各项工作直接费费用增加率（简称直接费率），见表 3-7。

表 3-7　　　　　　　　　　各项工作直接费率

工作	$(CC_{i-j} - CN_{i-j})$/千元	$(DN_{i-j} - DC_{i-j})$/天	ΔC_{i-j}/（千元/天）
1—2	2.0～1.5	6～4	0.25
1—3	8.5～7.5	30～20	0.10
2—3	6.0～5.0	18～10	0.125
2—4	4.5～4.0	12～8	0.125
3—4	14～12	36～22	0.143
3—5	9.2～8.5	30～18	0.058
4—6	10～9.5	30～16	0.036
5—6	5.0～4.5	18～10	0.062

（3）按正常工作时间，用标号法确定出关键线路并求出计算工期，如图 3-35 所示。计算工期为 96 天。

（4）第一次压缩：在图 3-35 中，关键线路是①—③—④—⑥，选择直接费率最小的工作 4—6 作为优化对象。工作 4—6 的直接费率为 0.036 千元/天，小于间接费率，所以压缩其工作时间至最短持续时间 16 天。压缩后用标号法找出关键线路，此

65

时工作 4—6 变为非关键工作。为了使工作 4—6 仍为关键工作，将工作 4—6 的工作历时延长 18 天，仍为关键工作，如图 3-36 所示。此时工期为 84 天。

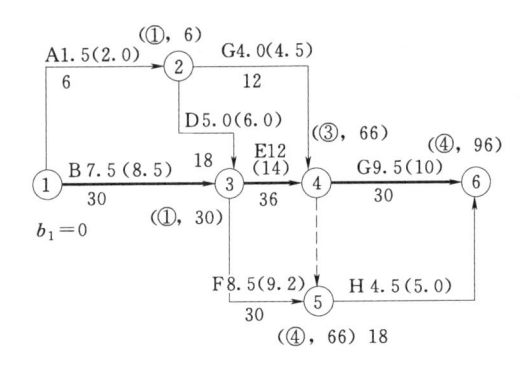

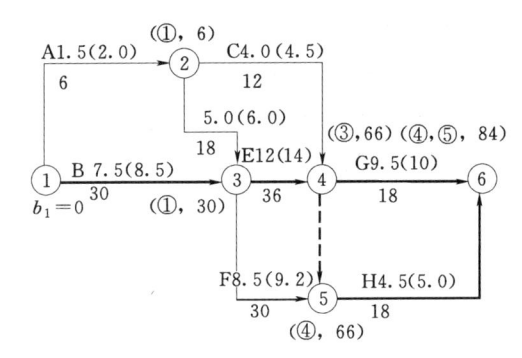

图 3-35 网络计划的关键线路

图 3-36 第一次压缩

第一次压缩工作 4—6 持续时间缩短 12 天，所以增加费用：
$$C_1 = 0.036 \times 12 = 0.432 \text{（千元）}$$

（5）第二次压缩：在图 3-36 中，有三个压缩方案，分别为压缩工作 1—3，压缩工作 3—4，同时压缩工作 4—6 和 5—6。三个方案对应的直接费率分别为：0.10 千元/天，0.143 千元/天，0.098 千元/天。故选择同时压缩工作 4—6 和 5—6，其组合费率 0.098 千元/天小于间接费率，分别压缩 2 天，如图 3-37 所示。工期为 82 天。

第二次压缩后增加的总费用：
$$C_2 = C_1 + (0.036 + 0.062) \times 2 = 0.628 \text{（千元）}$$

（6）第三次压缩：在图 3-37 中，工作 4—6 和 5—6 已经不能再压缩了，所以有两个压缩方案，分别为压缩工作 1—3，压缩工作 3—4。两个方案对应的直接费率分别为：0.10 千元/天，0.143 千元/天。故选择压缩工作 1—3，其直接费率 0.10 千元/天小于间接费率。压缩工作 1—3 至最短持续时间 20 天。压缩后用标号法找出关键线路，此时工作 1—3 变为非关键工作，为了使工作 1—3 仍为关键工作，将工作 1—3 的工作历时延长 24 天，仍为关键工作，如图 3-38 所示。工期为 76 天。

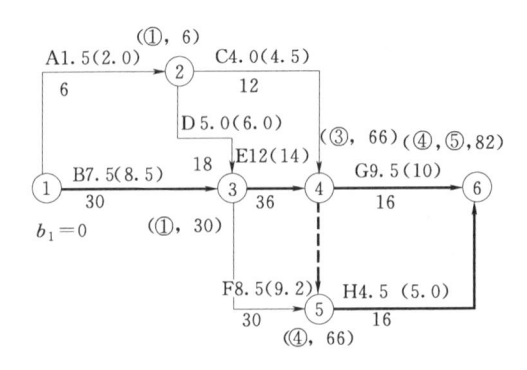

图 3-37 第二次压缩

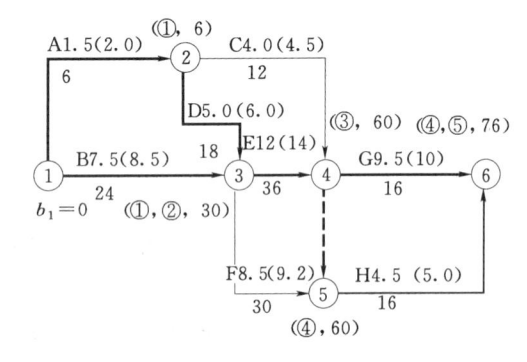

图 3-38 第三次压缩

第三次压缩后增加的总费用：
$$C_3 = C_2 + 0.1 \times 6 = 0.628 + 0.6 = 1.228（千元）$$

图 3-38 中，关键线路是三条。其中工作 4—6 和 5—6 已经不能再压缩，压缩方案有三个：压缩工作 1—2 和 1—3，压缩工作 1—3 和 2—3，压缩工作 3—4，三个方案的直接费率分别为：0.35 千元/天、0.225 千元/天、0.143 千元/天，三个方案中的最小直接费率 0.143 千元/天大于间接费率，因此图 3-38 即为最优网络计划，优化工期为 76 天。

（7）计算出优化后的总费用：

优化后工程总费用＝初始网络计划的费用＋直接费增加费－间接费减少费用
$$= 52.5 + 1.228 - 0.12 \times (96 - 76)$$
$$= 51.328（千元）$$

模块三　资　源　优　化

资源是完成任务所需的人力、材料、机械设备、资金等的统称。

资源优化问题可归结为两种类型：一是资源有限，寻求最短工期；二是规定工期，寻求资源消耗均衡。无论是哪一类的资源优化问题，都是通过重新调整、安排某些工作项目，使网络计划的工期和资源分配情况得到改善。资源优化中的几个常用术语如下。

资源强度：指一项工作在单位时间内所需的某种资源数量，工作 i—j 的资源强度用 q_{i-j} 表示。

资源需要量：指网络计划中各项工作在单位时间内所需某种资源数量之和，第 t 天资源需要量常用 Q_t 表示。

资源限量：指单位时间内可供使用的某种资源的最大数量，常用 Q_a 表示。

1. 资源有限-工期最短的优化

优化步骤如下：

（1）计算网络计划每天资源需要量 Q_t。

（2）从计划开始日期起，逐日检查每天资源需要量是否超过资源限量，如果在整个工期内每天资源需要量均不超过限量，则该方案即为优化方案，否则必须停止检查，对该计划进行调整。

（3）调整网络计划：在超过资源限量的时段进行分析，如果该区段内有几项平行工作，则应采取将一项工作安排在与之相平行的另一项工作之后进行，以减少该时段的每天资源需要量。平移一项工作后，工期延长的时间可按下式计算：
$$\Delta D_{m-n, i-j} = EF_{m-n} - LS_{i-j}$$

式中　$\Delta D_{m-n, i-j}$——在资源需要量超过资源限量的时段内的诸平行工作中，将工作 i—j 安排在 m—n 之后，工期延长的时间；

EF_{m-n}——工作 m—n 最早完成时间；

LS_{i-j}——工作 i—j 最迟开始时间。

对平行工作进行两两排序，即可得出若干个 $\Delta D_{m-n, i-j}$，选择其中最小的

$\Delta D_{m-n,i-j}$,及与其对应的调整方案。

(4) 重复以上步骤,直到网络计划整个工期范围内每个时间单位的资源需用量均满足资源量止。

【例 3-8】 某工程网络计划的原始网络图如图 3-39 所示,图中箭线上方的数字表示该工作每日所需资源数量,下方数字表示该工作历时。现在已知资源限制为工人数每日最多不超过 40 人。对该计划进行调整,使之在满足资源限制的条件下,工期最短。

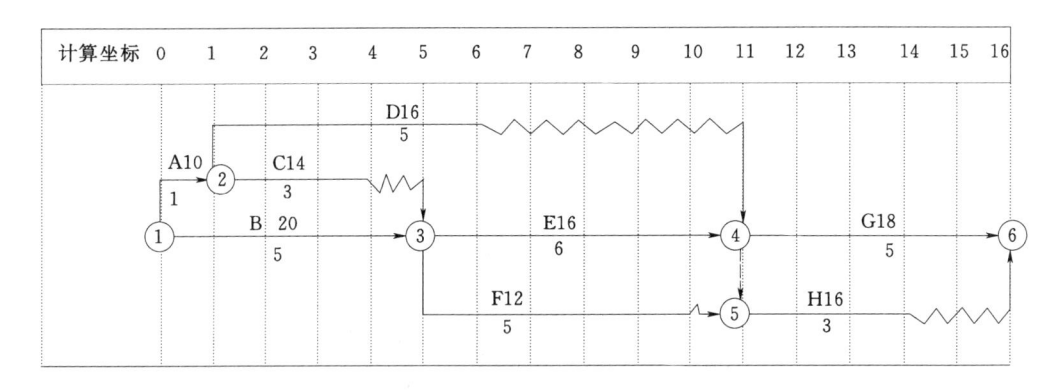

图 3-39 原始时标网络计划

【解】 (1) 计算每日资源需要量。

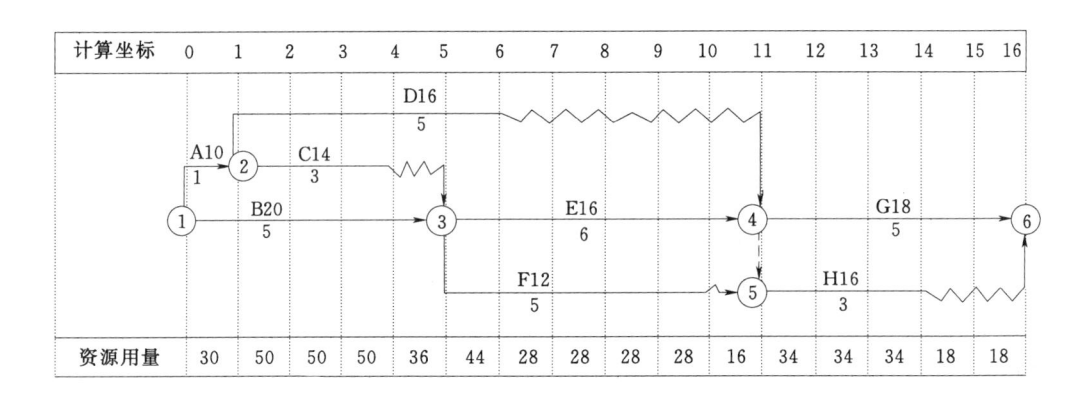

图 3-40 原始网络计划资源需用量

(2) 第一次调整:逐日检查,在第二、三、四个工作日内,资源用量大于资源限量 40 人,发生资源冲突,需要进行调整。

在第二、三、四个工作日内,有 B、C、D 三项工作,时间参数分别如下。

工作 B:$EF_{1-3}=5$,$LS_{1-3}=0$;工作 C:$EF_{2-3}=4$,$LS_{2-3}=2$;工作 D:$EF_{2-4}=6$,$LS_{2-4}=6$。

调整方案见表 3-8。

表 3-8　　　　　　　　　　网络计划调整方案

工作代号	方案编号	安排在后面的工作	工期延长时间 $\Delta D_{m-n,i-j}$	工期
1—3	a	2—3	3	19
	b	2—4	−1	16
2—3	c	1—3	4	20
	d	2—4	−2	16
2—4	e	1—3	6	22
	f	2—3	4	20

工期延长值为负值，说明调整后还未到原工期，故工期为原工期不变。选择 d 方案进行调整，即把工作 2—4 移到工作 2—3 后进行，调整后重新计算资源用量，如图 3-41 所示。

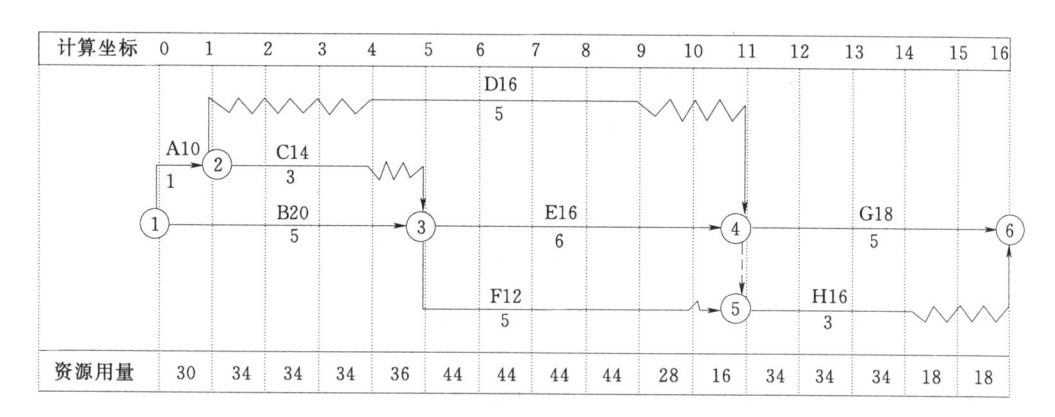

图 3-41　第一次调整后网络计划

（3）第二次调整：由图 3-41 可知，在第六、七、八、九个工作日内，资源需要量大于资源限量，需要再次进行调整。在第六、七、八、九个工作日内，有三项工作，时间参数分别如下。

工作 2—4：$EF_{2-4}=9$，$LS_{2-4}=6$；工作 3—4：$EF_{3-4}=11$，$LS_{3-4}=5$；工作 3—5：$EF_{3-5}=10$，$LS_{3-5}=8$。

调整方案见表 3-9，通过比较，h 方案延长时间最小，选择 h 方案进行调整，即把工作 3—5 移到工作 2—4 后进行，调整后重新计算资源用量，如图 3-42 所示。

表 3-9　　　　　　　　　　网络计划第二次调整方案

工作代号	方案编号	安排在后面的工作	工期延长时间 $\Delta D_{m-n,i-j}$	工期
2—4	g	3—4	4	20
	h	3—5	1	17
3—4	i	2—4	5	21
	j	3—5	3	19

续表

工作代号	方案编号	安排在后面的工作	工期延长时间 $\Delta D_{m-n,i-j}$	工期
3—5	k	2—4	4	20
	l	3—4	5	21

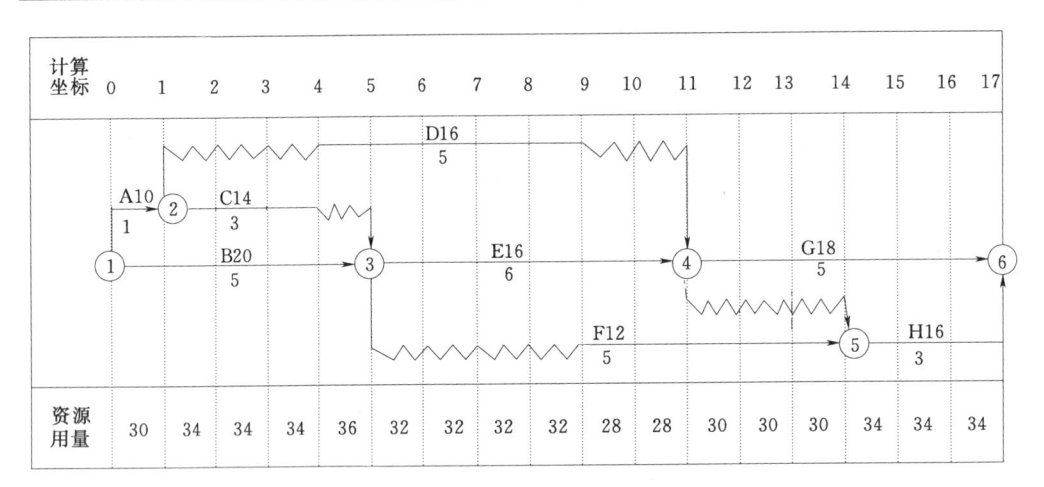

图 3-42 第二次调整后网络计划

在图 3-42 中，各日的资源需用量都没有超过资源限量，调整结束，但是工期延长一天，为 17 天。

2. 工期固定-资源均衡的优化

工期固定-资源均衡的优化，指在工期不变的情况下，使资源分布尽量均衡，这样不仅有利于工程建设的组织与管理，而且可以降低工程费用。

工期固定-资源均衡的优化，可用削高峰法（利用时差降低资源高峰值），获得资源消耗量尽可能均衡的优化方案。削高峰法应按下列步骤进行：

（1）计算网络计划每时间单位的资源需要量。

（2）确定削峰目标，其值等于每时间单位资源需要量的最大值减一个单位量。

（3）找出高峰时段的最后时间点 T_h，及有关工作的最早开始时间 ES_{i-j} 和总时差 TF_{i-j}。

（4）计算有关工作的时间差值 $\Delta T_{i-j} = TF_{i-j} - (T_h - ES_{i-j})$，优先以时间差值最大的工作 $i-j$ 为调整对象，令：$ES_{i-j} = T_h$。

（5）当峰值不能再减小时，即得到优化方案。否则，重复以上步骤。

【例 3-9】 已知待优化的网络计划如图 3-43 所示。图中箭线上方为资源强度，箭线下方为工作持续时间，

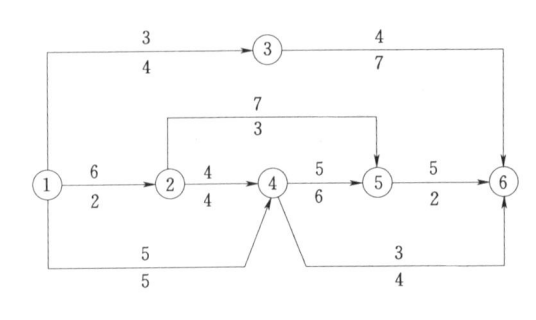

图 3-43 待优化的网络计划

试对其进行资源优化。

【解】 (1) 绘制时标网络计划,并计算网络计划的时间单位资源需要量,如图 3-44 所示。

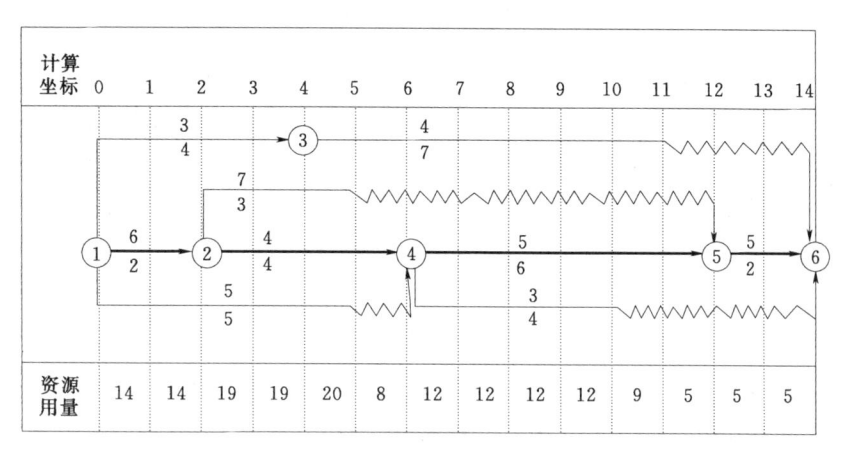

图 3-44 时标网络计划

(2) 确定削峰目标:在图 3-44 中,资源需要量最大值减去一个单位量,即 20-1=19。

(3) 找出高峰时段最后时间点 $T_h=5$。在第五天有四项工作,分别是工作 1—4、2—4、2—5、3—6。最早开始时间 ES_{i-j} 和总时差 TF_{i-j} 分别为:$ES_{1-4}=0$,$ES_{2-4}=2$,$ES_{2-5}=2$,$ES_{3-6}=4$;$TF_{1-4}=1$,$TF_{2-4}=0$,$TF_{2-5}=7$,$TF_{3-6}=3$。

(4) 有关工作的时间差值。

$$\Delta T_{1-4}=TF_{1-4}-(T_h-ES_{1-4})=1-(5-0)=-4$$
$$\Delta T_{2-4}=TF_{2-4}-(T_h-ES_{2-4})=0-(5-2)=-3$$
$$\Delta T_{2-5}=TF_{2-5}-(T_h-ES_{2-5})=7-(5-2)=4$$
$$\Delta T_{3-6}=TF_{3-6}-(T_h-ES_{3-6})=3-(5-4)=2$$

其中工作 2—5 的时间差值最大,故优先将该工作向右移动 3 天,即第 5 天以后开始工作,然后计算每日资源数量,看峰值是否小于或等于削峰目标 (19)。

(5) 从图 3-45 得知,经过第一次调整,资源数量最大值为 19,故削峰目标为 18。逐日检查至第 7 天,资源数量超过削峰目标。下界时间点 $T_h=8$,在第 8 天中有工作 3—6,2—5,4—5,4—6,最早开始时间 ES_{i-j} 和总时差 TF_{i-j} 分别为:$ES_{3-6}=4$,$ES_{2-5}=5$,$ES_{4-5}=6$,$ES_{4-6}=6$;$TF_{3-6}=3$,$TF_{4-5}=0$,$TF_{2-5}=7$,$TF_{4-6}=4$。

有关工作时间差值:

$$\Delta T_{3-6}=TF_{3-6}-(T_h-ES_{3-6})=3-(8-4)=-1$$
$$\Delta T_{2-5}=TF_{2-5}-(T_h-ES_{2-5})=7-(8-5)=4$$
$$\Delta T_{4-5}=TF_{4-5}-(T_h-ES_{4-5})=0-(8-6)=-2$$
$$\Delta T_{4-6}=TF_{4-6}-(T_h-ES_{4-6})=4-(8-6)=2$$

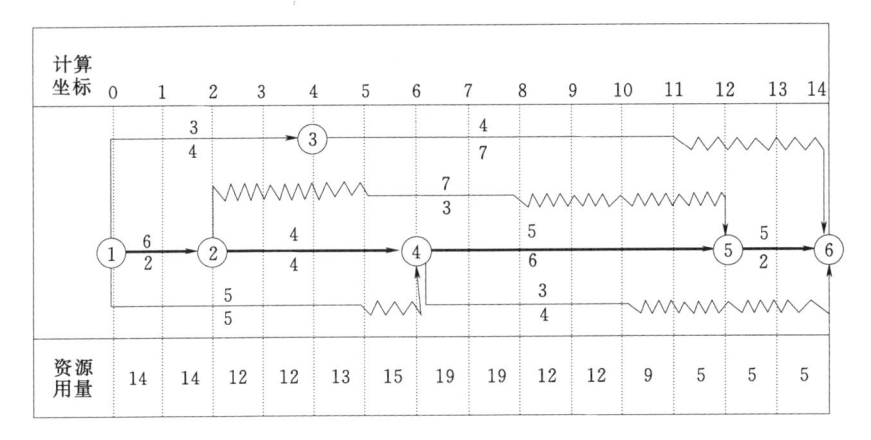

图 3-45 第一次调整

按理应该调整工作 2—5，但是工作 2—5 的资源需要量是 7，持续时间是 3 天，移动后还是不能满足削峰目标，所以我们移动工作 4—6，向右移动 2 天，第 8 天以后开始工作，再计算资源需要量，如图 3-46 所示。

（6）从图 3-46 中可知，经过第二次调整，资源需要量最大值为 16，削峰目标为 15。下界时间点为 $T_h=8$。在第 8 天中，有工作 4—5、2—5、3—6，最早开始时间 ES_{i-j} 和总时差 TF_{i-j} 分别为：$ES_{4-5}=6$，$ES_{3-6}=4$，$ES_{2-5}=5$；$TF_{4-5}=0$，$TF_{3-6}=3$，$TF_{2-5}=7$。

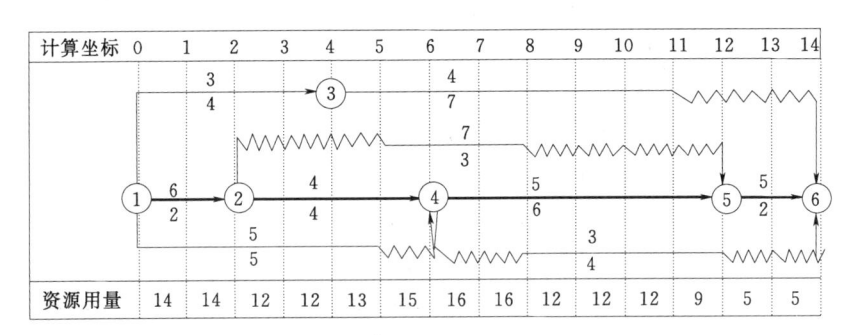

图 3-46 第二次调整

有关工作时间差值：

$$\Delta T_{3-6}=TF_{3-6}-(T_h-ES_{3-6})=3-(8-4)=-1$$
$$\Delta T_{2-5}=TF_{2-5}-(T_h-ES_{2-5})=7-(8-5)=4$$
$$\Delta T_{4-5}=TF_{4-5}-(T_h-ES_{4-5})=0-(8-6)=-2$$

按理应该调整工作 2—5，但是工作 2—5 的资源需要量是 7，持续时间是 3 天，移动后还是不能满足削峰目标，所以我们移动工作 3—6，向右移动 4 天，第 8 天以后开始工作。但是，工作 3—6 持续时间是 7 天，所以最多只能移到第 7 天以后开始工作，而且这次调整后，峰值不能再减少，因为不论再怎么移动工作，每日资源需要量的高峰值都会大于或等于 16。所以，优化结果如图 3-47 所示。

任务四　网络计划技术优化

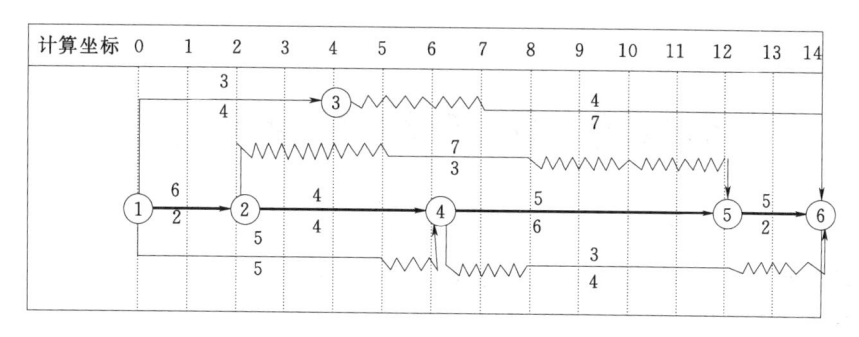

图 3-47　网络计划优化结果

任 务 训 练

已知网络计划如下图所示，箭线下方括号外为正常持续时间，括号内为最短工作历时，假定计划工期为100天，根据实际情况和考虑被压缩工作选择的因素，缩短顺序依次为 B、C、D、E、G、H、I、A，试对该网络计划进行工期优化。

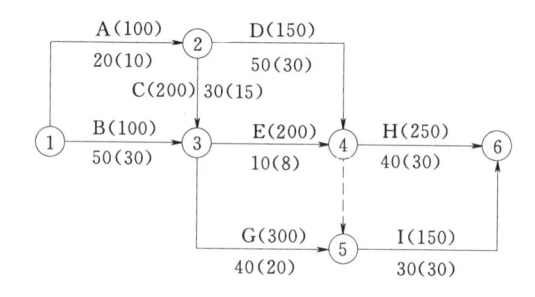

项目四　施工组织总设计

项目重点：施工组织总设计编制内容，施工程序的拟定，施工总进度计划的编制步骤，施工总布置的步骤和主要内容。

教学目标：熟悉施工组织总设计的编制原则和依据，能读懂施工组织总设计的编写内容；掌握施工程序的拟定过程方法，能读懂施工组织中的施工方案内容；掌握施工总进度的编制步骤，熟悉施工总进度计划的表示方法；掌握施工总布置的主要因素，掌握施工总布置的主要内容，熟悉施工总布置的原则和基本资料，了解施工总布置的步骤。

项目引入：党的二十大报告指出，以国家战略需求为导向，积聚力量进行原创性引领性科技攻关，坚决打赢关键核心技术攻坚战。白鹤滩水电站是党的十八大以来开工建设、党的二十大以后全面建成的大型水电工程，是实施"西电东送"的国家重大工程。为了建设好这一举世瞩目的大国重器，在白鹤滩工程建设部的带领下，数十家主要参建单位、数万名建设者集聚中国水电全产业链力量，勇攀科技新高峰，大力开展关键核心技术研发，创造了6项世界第一，实现中国水电领跑全球。2021年6月，习近平总书记致信祝贺白鹤滩水电站首批机组投产发电；2022年12月31日，习近平主席在2023年新年贺词中点赞白鹤滩水电站全面投产。

任务一　施工组织总设计的编写内容和原则

知识目标：熟悉施工组织总设计的编制原则和依据，掌握施工组织总设计的编写内容。

能力目标：知道每项内容所包含的主要内容。

模块一　施工组织总设计的编制原则与依据

1. 施工组织设计的编制原则
(1) 贯彻执行国家有关法律、法规、标准和技术经济政策。
(2) 结合实际，因地、因时制宜。
(3) 统筹安排、综合平衡、妥善协调枢纽工程各部位的施工。
(4) 结合国情推广新技术、新材料、新工艺和新设备，凡经实践证明技术经济效益显著的科研成果，应尽量采用。

2. 施工组织设计的编制依据
(1) 有关法律、法规、规章和技术标准。
(2) 可行性研究报告及审批意见、上级单位对本工程建设的要求或批件。

（3）工程所在地区有关基本建设的法规或条例，地方政府、业主对本工程建设的要求。

（4）国民经济各有关部门对本工程建设期间有关要求及协议。

（5）当前水利水电工程建设的施工装备、管理水平和技术特点。

（6）工程所在地区和河流的自然条件（地形、地质、水文、气象特性和当地建材情况等）、施工电源、水源及水质、交通、环保、旅游、防洪、灌溉、航运、过木、供水等现状和近期发展规划。

（7）当地城镇现有修配、加工能力，生活、生产物资和劳动力供应条件，居民生活、卫生习惯等。

（8）施工导流及通航等水工模型试验、各种原材料试验、混凝土配合比试验、重要结构模型试验、岩土物理力学试验等成果。

（9）工程有关工艺试验或生产性试验成果。

（10）勘测、设计各专业有关成果。

模块二　施工组织总设计的编写内容

初步设计阶段，水利水电工程施工组织设计内容一般包括：施工条件、施工导流、料场的选择与开采、主体工程施工、施工交通运输、施工工厂设施、施工总布置、施工总进度、主要技术供应以及附图10个方面。

1. 施工条件

施工条件包括坝址的地形地质条件、水文气象条件、对外交通及物资供应条件、主要建筑材料的储量、分布及开采运输条件、当地水电供应情况、施工用地、库区淹没及移民安置条件等。

施工条件分析的主要目的是判断它们对工程施工可能造成的影响，以充分利用有利条件，回避或削弱不利影响。

2. 施工导流

施工导流是枢纽总体设计的重要组成部分；是选定枢纽布置、永久建筑物形式、施工程序和施工总进度的重要因素。设计中应充分掌握基本资料，全面分析各种因素，做好方案比较，从中选择最优方案，使工程建设达到缩短工期、节省投资的目的。施工导流贯穿工程施工全过程，导流设计要妥善解决从初期导流到后期导流（包括围堰挡水、坝体临时挡水、封堵导流泄水建筑物和水库蓄水）施工全过程的挡、泄水问题。各期导流特点和相互关系宜进行系统分析、全面规划、统筹安排，运用风险度分析的方法处理洪水与施工的矛盾，务求导流方案经济合理、安全可靠。

导流泄水建筑物的泄水能力要通过水力计算，以确定断面尺寸和围堰高度。有关的技术问题，应通过水工模型试验分析验证。导流建筑物能与永久建筑物结合的应尽可能结合。导流底孔布置与水工建筑物关系密切，有时为了考虑导流需要，选择永久泄水建筑物的断面尺寸、布置高程时，需结合研究导流要求，以获得经济合理的方案。

选择导流方式时，应优先研究分期导流的可能性和合理性，大、中型水利枢纽因枢纽工程量大、工程较长，分期导流有利于提前受益，且对施工期通航影响较小。对于山区性河流，洪枯水位变幅大，可采取过水围堰配合其他泄水建筑物的导流方式。

围堰型式的选择要安全可靠，结构简单，并能充分利用当地材料。

截流是水电工程施工的一个重要环节，设计方案必须稳妥可靠，保证截流成功。选择截流方式应充分分析水力学参数、施工条件和难度、抛投物数量和性质，并进行经济比较。截流时段应根据河流水文特征、围堰施工以及通航等因素综合分析选定。

3. 料场的选择与开采

（1）料场选择。

根据详查要求分析混凝土骨料、石料、土料等各料场的分布、储量、质量、开采运输及加工条件、开采获得率和开挖弃渣利用率及其主要技术参数，进行混凝土和填筑料的设计和试验研究，通过技术经济比较选定料场。

（2）料场规划。

料场规划原则：根据建筑物各部位不同高程用料的数量和技术要求、各料场的分布高程、数量和质量、开采运输和加工条件、受洪水和冰冻等影响的情况；拦洪蓄水和环境保护、占地及迁建赔偿以及施工机械化程度、施工强度、施工方法、施工进度及造价等条件，对选定料场的综合平衡开采规划。

（3）料场开采。

经方案比较，提出选定料场的料物开采、运输、堆存、设备选择、加工工艺、废料处理、环境保护等设计；说明掺和料的料源选择，并附试验成果，提出选定的运输、储存和加工系统。

4. 主体工程施工

研究主体工程施工是为了正确选择水工枢纽布置和建筑物形式，保证工程质量与施工安全，论证施工总进度的合理性和可行性，并为编制工程概算提供资料。其主要内容如下：

（1）确定主要单项工程施工方案及其施工程序、施工方法、施工布置和施工工艺。

（2）根据总进度要求，安排主要单项工程施工进度及相应的施工强度。

（3）计算所需的主要材料、劳动力数量、编制需用计划。

（4）确定所需的大型施工辅助企业规模、布置和形式。

（5）协同施工总布置和总进度，平衡整个工程的土石方、施工强度、材料、设备和劳动力。

5. 施工交通运输

施工交通运输分对外交通运输和场内交通运输两部分。

（1）对外交通运输是根据对外运输总量、运输强度和重大部件的运输要求，确定对外运输方式，选择运输线路和标准，安排场外交通工程的设计与施工。

（2）场内交通运输是根据施工场地的地形条件和分区规划，选定场内交通主要线路及各种设施布置、标准和规模，保证主体工程施工运输要求，避免交通干扰。场内交通线路应尽量顺直、视线开阔，并远离生活区。

选择交通运输路线时应将场内交通与场外统一考虑，使内外交通顺畅连接。

6. 施工工厂设施

为施工服务的施工工厂设施主要有：砂石加工、混凝土生产、压气、供水、供电、通信、机械修配及加工等。其任务是制备施工所需的建筑材料，供水、供电和压气，建立工地内外通信联系，维修和保养施工设备，加工制造少量的非标准件和金属结构，使工程施工能顺利进行。施工生产设施，如砂石加工系统，混凝土生产系统，风、水、电及通信系统，机械修配、加工厂等。

7. 施工总布置

施工总布置的主要任务是根据施工场区的地形地貌、各类建筑物的施工方案和布置要求，对施工场地进行分期分区和分标段规划，确定分期分区布置方案和承包单位的占地范围，绘制施工总平面布置图，估计施工用地面积，提出占地计划。

施工总布置一般将施工场地分为以下几个区域：主体工程施工区；土石材料生产区；施工辅助企业区；仓库、堆料场；各个施工工区；生活福利区。

分区规划布置原则如下：

（1）以混凝土建筑物为主的枢纽工程，施工区布置宜以砂石料开采、加工、混凝土搅拌、运输、浇筑系统为主；以当地材料坝为主的枢纽工程，施工区布置宜以土石料采挖、加工、堆料场和上坝运输线路为主。施工区布置应使枢纽工程施工形成最优工艺流程。

（2）机电设备、金属结构安装场地宜靠近主要安装地点。

（3）施工管理中心设在主体工程、施工工厂和仓库区的适中地段；各施工区应靠近其施工对象。

（4）生活福利设施应考虑风向、日照、噪声、绿化、水源、水质等因素，生产、生活设施应有明显界限。

（5）主要施工物资仓库、转运站等储运系统一般布置在场内外交通衔接处。

（6）特种材料仓库（炸药、雷管、油料等）应根据有关安全规程的要求布置。

8. 施工总进度

施工总进度是对施工期间的各项工作所作的时间规划，它以可行性研究报告批准的竣工投产日期为目标，规定了各个项目施工的起止时间、施工顺序和施工速度。

编制施工总进度的原则如下：

（1）严格执行基本建设程序，遵守国家政策、法令和有关规程规范。

（2）力求缩短工程建设周期，对控制工程总工期或受洪水威胁的工程和关键项目应重点研究，采取有准备的技术和安全措施。

（3）各项目施工程序前后兼顾、衔接合理、减少干扰、均衡施工。

（4）采用平均先进指标，对复杂地基或受洪水制约的工程宜适当留有余地。

在水工、施工导流方案选定后，分析某些项目工期提前或推后对总工期的影响，编制施工总进度的比较方案。确定各方案的工程量；施工强度；分年度投资、物资、劳动力、分期移民情况和实现各方案所必须具备的其他条件等，优选出工期短、投资省、效益高、技术先进、资源需求较平衡的施工总进度方案。

施工总进度的表示形式可根据工程情况绘制横道图和网络图。横道图具有简单、直观等优点；网络图可从大量工程项目中标出控制总工期的关键路线，便于反馈、优化。

9. 主要技术供应

(1) 主要建筑材料。

对主体工程和临建工程，按分项列出所需钢材、钢筋、木材、水泥、油料、炸药等主要建筑材料需要总量和分年度供应期限及数量。

(2) 主要施工机械设备。

施工所需的主要及特殊机械和设备，按名称、规格、数量列出汇总表，并提出分年度供应期限及数量。

10. 附图

附图包括上述各项内容的图纸文件及其必要的说明。

工程投标和施工阶段，施工单位编制的施工组织设计应当包括下列主要内容：

(1) 工程任务情况及施工条件分析。

(2) 施工总方案、主要施工方法、工程施工进度计划、主要单位工程综合进度计划和施工力量、机具及部署。

(3) 施工组织技术措施，包括工程质量、施工进度、安全防护、文明施工以及环境污染防治等各种措施。

(4) 施工总平面布置图。

(5) 总包和分包的分工范围及交叉施工部署等。

任 务 训 练

1. 施工组织总设计的作用和编制依据是什么？
2. 水利水电施工组织设计的主要内容是什么？
3. 在施工组织设计中施工交通运输问题，其主要任务是什么？

任务二 施 工 方 案

知识目标：掌握施工程序的拟定过程方法，了解施工方法和施工机械选择依据和内容。

能力目标：能读懂施工组织中的施工方案内容。

施工方案是对整个建设项目全局做出统筹规划和全面安排，其主要是解决影响建设项目全局的重大战略问题。它是施工组织设计的中心环节，是对整个建设项目带有全局性的总体规划。

模块一 拟定施工程序

1. 在保证工期要求的前提下，尽量实行分期分批施工

为了充分发挥工程建设投资的效果，对于总工期较长的工程建设项目，一般应当在保证总工期的前提下，实行分期分批建设，既可以使各具体项目迅速建成，及早发挥效益，又可以在全局上实现施工的连续性和均衡性，减少临时工程数量，降低工程成本。

2. 统筹安排各项工程施工

既要保证重点，又要兼顾其他。在安排施工项目的先后顺序时，应按照工程项目的重要程度，优先安排以下工程：

（1）先期投入生产或起主导性作用的工程项目。

（2）施工难度大、施工工期长、工程量大的工程项目。

（3）生产需先期使用的机修、车床、办公楼及宿舍等。

（4）施工工厂设施，如钢筋加工厂、木材加工厂、预制构件加工厂、混凝土搅拌站、采砂场等附属企业及其他为施工服务的相关设施。

3. 合理安排施工顺序

施工顺序是指互相制约、必须加以明确而又不能调整的工序，在单位工程中，也是各分部工程、单元工程之间进行施工的先后次序。水利工程施工活动由于建筑产品的固定性，必须在同一场地上进行，如果没有前一阶段的工作，后一阶段就不能进行。在施工过程中，即使它们之间交错搭接地进行，也必须遵守一定的顺序。

（1）满足施工工艺的要求。

不能违背各施工顺序间存在的工艺顺序关系，如坝面作业施工程序为铺料、整平、洒水、压实、质检。

（2）满足施工组织的要求。

有的施工顺序可能有多种方式，但必须按照对施工组织有利和方便的原则确定，如水闸的施工应以闸室为中心，按照"先深后浅、先重后轻、先高后矮、先主后次"的原则进行。

（3）满足施工质量的要求。

如现浇混凝土的拆模，必须等混凝土强度达到规范规定的强度后方可拆模。

施工顺序一般的要求如下：

(1) 先下后上。

主要指应先完成土方工程、基础工程等下部工程，后进行上部工程施工，即使单纯的地下工程也应该先深后浅。

(2) 先主后次。

先主体部位，后次要部位，既是基于施工安全考虑，亦从节省投资、缩短工期着眼。

(3) 先建筑后安装。

先进行建筑工程的施工，后进行机电金属结构等的安装施工。

4. 合理安排施工时间

季节对施工有很大影响，它不仅影响施工进度，而且还影响工程质量和投资效益，在确定施工计划时，应合理安排施工时间。如在雨季施工，最好不要安排大规模的土方工程和深基础工程施工；在冬季施工，最好安排室内作业和设备安装。

模块二 施工方法和施工机械的选择

1. 施工方案编制的主要依据

施工方案编制的主要依据有：施工图纸；施工现场的勘察资料和信息；施工验收规范；质量检查验收标准；安全与技术操作规程；施工机械性能手册；新技术、新设备、新工艺等的资料。

2. 施工方案编制的主要内容

施工方案编制的主要内容有：确定主要的施工方法、施工工艺流程、施工机械设备等。

施工方法的确定，要兼顾技术工艺的先进性和经济的合理性；施工工艺流程的确定，要符合施工的技术规律；施工机械的选择，应使主要施工机械的性能满足工程的需要，辅助配套机械的性能应与主导施工机械相适应，并能充分发挥主导施工机械的工作效率。

3. 施工机械的选择

施工方法与施工机械关系极为密切，只要确定了施工方法，施工机械也就随之确定。施工方法的选择随工种的不同而不同，如土石方工程中，确定土石方开挖方法或爆破方法；土石坝工程中，确定坝体铺筑方法和碾压方法；混凝土工程中，确定模板类型及支撑方法，选择混凝土的拌和、运输和浇筑方法等。总之，选择的机械化施工总方案，不仅在技术上先进、适用，而且在经济上是合理的。

模块三 评价施工方案

施工方案评价的目的在于对单位工程各可行的施工方案进行比较，选择出工期短、质量佳、成本低的最佳方案。

评价施工方案的方法主要有两种：

(1) 定性分析评价。

定性分析评价指结合施工经验，对多个施工方案的优缺点进行分析比较，最后选定较优方案的评价方法。

（2）定量分析评价。

定量是通过计算各方案的一些主要技术经济指标，进行综合比较分析，从中选出综合指标较佳方案的一种方法。主要技术经济指标包括：工期指标、劳动量指标、主要材料消耗指标和成本指标。

水利水电工程施工组织设计的编制十分复杂，且作用突出，因此只有结合实际的施工组织设计才能保证工程的顺利进行。

任 务 训 练

1. 施工顺序一般要求（　　）。
   A. 先地下后地上　　　　　　　　B. 先主体后次要
   C. 先难后易　　　　　　　　　　D. 先土建后设备安装
2. 写出施工方案编制的主要内容。
3. 请查阅资料，编制一个施工方案。

任务三 施工总进度计划

知识目标：了解施工总进度计划的编制原则，掌握施工总进度的编制步骤，熟悉施工总进度计划的表示方法。

能力目标：能编制小型工程的施工总进度计划。

施工总进度计划是根据工程项目竣工日期的要求，对各个活动在时间上做的统一计划安排。通过规定各项目施工的开工时间、完成时间、施工顺序等，综合平衡人力、资金、技术、时间等施工资源，在保证施工质量和安全的前提下，使施工活动均衡、有序、连续地进行。

在项目各个不同阶段，需要编制不同的进度计划。在初步设计批准之后，要做施工总进度计划，以确定整个工程中各扩大单位工程的主要单位工程及分部工程与主要临时工程的施工顺序和速度；当工期较长时，还需根据工程分期编制分期工程进度计划。在技术设计阶段要做扩大单位工程进度计划，以确定各单项工程中各单位工程及分部工程的施工顺序和工期。

施工总进度计划是施工组织设计的主要组成部分，并与其他部分关系密切，它们相互影响，互为基础。一方面，施工进度安排制约着其他部分的设计，如选择施工导流方案、研究主体工程施工方法、确定现场总体布置，规划场内外交通运输以及组织技术供应等都要依据进度安排；另一方面，进度计划的安排，也受以上条件的制约。如安排施工总进度计划，必须与导流程序相适应，要考虑导流、截流、拦洪、度汛、蓄水、发电等控制环节的施工顺序和速度；要与施工场地布置相协调；要考虑技术供应的可能性与现实性；必须按照选定的施工方法、施工方案所提供的生产能力来决定施工强度。总之，只有处理好施工进度计划和施工组织设计各组成部分的关系，才能使计划建立在可靠的基础上。

模块一 施工总进度计划的编制原则

（1）严格按照竣工投产时间为控制目标，确保工程按期或提前完成。

（2）统筹兼顾，全面安排，主次分明。集中力量，优先保证关键性工程按期完成，并以关键性工程的施工分期和施工程序为主导，协调安排其他单项工程的施工进度，使工程各部分前后兼顾、顺利衔接。

（3）总体先进，又留有余地。从实际出发，在现有的施工力量和技术供应条件下，尽可能选用新技术、新材料、新工艺，优化生产组织和生产工艺流程，力争优质高速施工；同时，又要充分认识到水利水电工程施工过程是极其复杂的，其间可能会出现一些不利因素对施工计划的执行造成干扰，因此，进度的安排要适当留有余地。尤其对控制性工程的施工，工期安排不能太紧。

（4）重视各项准备工程的施工进度安排，在主体工程开工前，准备工作应基本完成，及时为主体工程开工创造条件。

（5）把工程质量、工程投资与进度计划的编制结合起来，统一考虑。不能为追求较高的速度而降低施工质量,也不能拖延工期而影响工程及时发挥效益。

模块二　施工总进度的各设计阶段及编制深度

(1)可行性研究阶段。

根据工程具体条件和施工特性,对拟定的各坝址、坝型和水工枢纽布置方案,分别进行施工进度的分析研究,提出施工进度资料,参与方案选择和评价水工枢纽布置方案。在既定方案的基础上,配合拟定并选择导流方案,研究确定主体工程施工分期和施工程序,提出控制性进度表及主要工程的施工强度,初算劳动力高峰时人数和总工日数。

(2)初步设计阶段。

根据主管部门对可行性研究报告的审批意见、设计任务书和实际情况的变化,在参与选择和评价枢纽布置方案、施工导流方案的过程中,提出并修改施工控制性进度;对导流建筑物施工、工程截流、基坑抽水、拦洪、后期导流和下闸蓄水等工期要认真分析;对枢纽主体工程的土建、机电、金属结构安装等的施工进度要求其程序合理、平行流水、均衡施工。

在编制单项工程施工进度的基础上,经综合平衡,进一步调整、完善,确定施工控制性进度,并提出施工总进度表及施工强度、劳动力需要量和总工日数等资料。

(3)技术设计(招标设计)阶段。

其施工总进度应在初步设计施工总进度计划的基础上,根据本工程设计的最新成果及上级主管部门的最新指示,进一步落实。

在当前主体建设机制改革的情况下,大中型水利水电工程建设是通过一系列合同(主体工程施工合同、辅助工程施工合同、物资设备采购合同和各种服务性合同等)实施的。本阶段的特点是提出一个工序衔接合理、责任划分清楚、合同管理方便、经济效益显著的进度安排,其时段应从第一个合同准备工程开始到最终一个合同期满,全部工程竣工为止。

本阶段施工总进度仍应按工程筹建期、工程准备期、工程施工期和工程完建期四个阶段进行整体优化,编制网络进度工程项目的总工期,各单项合同的控制工期和相应的施工天数,提出施工强度,劳动力、机械设备需用量曲线和土石方平衡,并根据主要关键控制点编制简明的施工进度表。

模块三　编制施工总进度的具体步骤

在分析研究原始资料的基础上,通常可按下列步骤进行施工总进度的编制。

1. 列出工程项目

列出工程项目,就是将整个工程中的各单项工程、分部分项工程、各项准备工作、辅助设施、结束工作以及工程建设所必需的其他施工项目等一一列出。对一些次要的工程项目,也可以做必要的归并。然后根据这些项目施工的先后顺序和相互联系的密切程度,进行适当的综合排队,依次填入总进度表中。总进度表中工程项目的填写顺序一般是:准备工作列第一项,随后列出导流工程(包括基坑排水)、大坝工程及其他各单项工程,最好列出机电安装、水库清理及结尾工作。

各单项工程中的分部分项工程,一般都按它们的施工顺序列出。如大坝工程中可列出基坑开挖、坝基处理、坝身填筑、坝顶工程、金属结构安装等。在列工程项目时,最重要的是不能漏项。

2. 计算工程量

在列出工程项目后,即依据列出的项目,计算主要建筑物、次要建筑物、准备工作和辅助设施等的工程量。由于设计阶段基本资料详细程度不同,工程量计算的精确程度也不一样。当没有做出各种建筑物详细设计时,可以根据类似工程或概算指标估算工程量。待有了建筑物设计图纸后,应根据图纸和工程性质,考虑工程分期、施工顺序等因素,分别算出工程量。有时根据施工需要,还要算出不同高程、不同桩号的工程量,做出累积曲线,以便分期、分段组织施工。计算工程量通常采用列表方式进行。

3. 初拟各项工程的施工进度

这一步骤是编制施工总进度的主要工作。在初拟各项进度时,一定要抓住关键,合理安排,分清主次,互相配合。要特别注意把与洪水有关、受季节性限制较强的或施工技术复杂的控制性工程的施工进度优先安排好。

对于堤坝式水电枢纽工程,其关键工程一般均位于河床,故施工总进度安排应以导流程序为主线,先将导流工程、围堰截流、基坑排水、坝基开挖、基础处理、施工度汛、坝体拦洪、水库蓄水和机组发电等关键性控制进度安排好,其中还应包括相应的准备工作、结尾工作和辅助工程的进度安排。这样构成整个工程进度计划的轮廓,再将不直接受水文条件控制的其他工程项目配合安排,即可拟成整个枢纽工程的施工总进度计划草案。

在初拟控制性进度时,对于围堰截流、蓄水发电等一些关键项目,一定要进行认真的分析论证,在技术措施、组织措施等方面都应该得到可靠的保证。不然延误了截流时机,或者影响了发电计划,将会对整个工期产生巨大的影响,最终造成巨大的国民经济损失。

4. 论证施工强度

在初拟各项工程的进度时,必须根据工程的施工条件和施工方法,对各项工程的施工强度特别是起控制作用的关键性工程的施工强度,进行充分论证,使编制的施工总进度有比较可靠的依据。

论证施工强度一般采用工程类比法,即参考已建的类似工程所达到的施工水平,对比本工程的施工条件,论证进度计划中所拟定施工强度是否合理可靠。

如果没有类似工程可供对比,则应通过施工设计,从施工方法、施工机械的生产能力、施工的现场布置、施工措施等方面进行论证。

在进行论证时不仅要研究各项工程施工期间所要求达到的平均施工强度,而且还要估计到施工期间可能出现的不均衡性。因为水利工程施工,常受到各种自然条件的影响,如水文、气象等条件,在整个施工期间,要保持均衡施工是比较困难的。

5.编制劳动力、材料、机械设备等需要量

根据拟定的施工总进度和定额指标,计算劳动力、材料、机械设备等的需要量,并提出相应的计划。这些计划应与器材调配、材料供应、厂家加工制造的交货日期相协调。所有材料、设备尽量均衡供应,这是衡量施工总进度是否完善的一个重要标志。

6.调整和修改

在完成初拟施工进度后,根据对施工强度的论证和劳动力、材料、机械设备等的平衡,就可以对初拟的总进度作出评价:它是否切合实际、各项工程之间是否协调、施工强度是否大体均衡,特别是主体工程要大体均衡。如果有不尽完善的地方,及时进行调整和修改。

以上总进度的编制具体步骤,在实际工作中往往不能机械地划分,而是要相互联系,多次反复修正,才能最后完成。在施工过程中,随着施工条件的变化,施工总进度还会不断地调整和修正,用以指导现场施工。

模块四 施工总进度计划的表示方法

工程设计和施工阶段常采用的施工总进度计划的表示方法包括:横道图、工程进度曲线、施工进度管理控制曲线、形象进度图、网络进度计划等。

1.横道图

横道图是传统的进度计划表述形式,一般包括两个基本部分,即左侧的工作名称及工作的持续时间等基本数据部分和右侧的横道线部分。图4-1即为用横道图表示的施工进度计划。该计划明确表示出各项工作的划分、工作的开始时间和完成时间、工作的持续时间、工作之间的相互搭接关系,以及整个工程项目的开工时间、完工时间等。

项次	作业名称	持续时间/天	第一年 9	10	11	12	第二年 1	2	3	4	5	6	7	8
1	基坑土方开挖	30	—											
2	C10混凝土垫层	20		—										
3	C25混凝土闸底板	30			—									
4	C25混凝土闸墩	55				—	—							
5	C40混凝土闸上公路桥板	30							—					
6	二期混凝土	25												
7	闸门安装	15							—					
8	底槛、导轨等埋件安装	20					—							

图4-1 某水闸工程横道图

横道图的优点是形象、直观,且易于编制和理解,因而长期以来被广泛应用于建设工程进度控制中。但是横道图也存在下列缺点:

(1) 不能明确反映出各项工作之间错综复杂的相互关系,在计划执行的过程中,当某些工作的进度由于某种原因提前或拖延时,不便于分析其对其他工作及总工期的影响程度,不利于建设工程进度的动态控制。

(2) 不能明确地反映出影响工期的关键工作和关键线路,无法反映出整个工程项目的关键所在,不便于进度控制人员抓住主要矛盾。

(3) 不能反映出工作所具有的机动时间,看不到计划的潜力所在,无法进行最合理的组织和指挥。

(4) 不能反映工程费用与工期之间的关系,不便于缩短工期和降低成本。

2. 工程进度曲线

该方法是以时间为横轴,以完成累计工作量为纵轴,按计划时间累计完成任务量的曲线作为预定的进度计划。从整个项目的实施进度来看,由于项目的初期和后期进度比较慢,因而进度曲线大体呈 S 形。以进度曲线形式表示的进度计划如图 4-2 所示。

按计划时间累计完成任务量的曲线作为预定的进度计划,将工程项目实施过程中各检查时间实际累计完成任务量 S 曲线也绘制于同一坐标系中,对实际进度与计划进度进行比较,如图 4-3 所示。

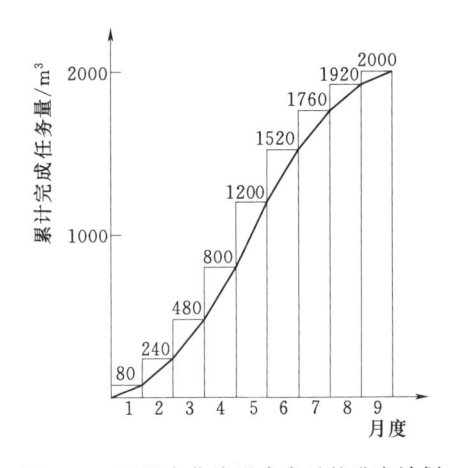

图 4-2 以进度曲线形式表示的进度计划

图 4-3 S 形曲线比较图

通过比较可以获得如下信息:①实际工程进展速度;②进度超前或拖延的时间;③工程量的完成情况;④后续工程进度预测。

3. 工程形象进度图

工程形象进度图是把工程进度计划以建筑物的形象升程来表达的一种方法。这种方法直接将工程项目的进度目标和控制工期标注在工程形象图的相应部位,直观明了,特别适合在施工阶段使用。此法修改调整进度计划也极为方便,只需修改相应项目的日期、升程,而形象图并不改变。

4. 网络进度计划

网络进度计划表示方法有双代号网络图、双代号时标网络图和单代号网络图,具体见项目二中的相关内容。

任 务 训 练

1. 下列关于编制施工总进度计划说法正确的是（　　）。
   A. 安排施工进度要用横道图表达
   B. 工程量按施工图纸和预算定额进行计算
   C. 各单位工程施工期限要根据施工单位的具体情况确定
   D. 工程项目一览表中项目划分应尽量细化
2. 请写出施工总进度计划的编制步骤。
3. 请写出施工总进度计划的表示方法，并查阅资料，练习用其中的一种方法编写施工总进度计划。
4. 工程设计和施工阶段常采用的施工总进度计划的表示方法包括（　　）等。
   A. 横道图　　　　　　　　　　B. 工程进度曲线
   C. 网络进度计划　　　　　　　D. 形象进度图

任务四　施工总布置

知识目标：掌握施工总布置的主要因素，掌握施工总布置的主要内容，熟悉施工总布置的原则和基本资料，了解施工总布置的步骤。

能力目标：能叙述出施工总布置的内容和步骤。

施工总布置是施工组织设计的主要组成部分，它以施工总布置图的形式反映拟建的永久建筑物、施工设施及临时设施的布局。施工总布置应充分掌握和综合分析枢纽工程布置，主体建筑物规模、形式、特点、施工条件和工程所在地区社会、自然条件等因素，合理确定并统筹规划布置施工设施和临时建筑，妥善处理施工场地内外关系，以保证施工质量、加快施工进度、提高经济效益。

将施工布置成果标绘在施工地区的地形图上，就构成施工总布置图。一般来说，施工总布置图应包含：一切地上和地下已有的建筑物和房屋；一切地上和地下拟建的建筑物和房屋；一切为施工服务的临时建筑和临时设施。

模块一　施工总布置的原则和基本资料

1．施工总布置的原则

（1）施工临时设施与永久性建筑，应考虑相互结合、统一规划的可能性。

（2）确定施工临时设施及其规模时，应研究利用已有企业为施工服务的可能性与合理性。

（3）主要施工设施和主要辅助企业的防洪标准应根据工程规模、工期长短、水文特性和损失大小进行分析论证。

（4）场地交通规划必须满足施工需要，适应施工程序、工艺流程。全面协调单项工程、施工企业、地区间交通的连接和配合。力求使交通联系简便，运输组织合理，节省工程投资，减少运营费用。

（5）施工总布置应紧凑、合理，节约用地，并尽量利用荒地、滩地、坡地，不占或少占良田。

（6）施工场地布置应避开不良地质区域、文物保护区域。

2．编制施工总布置所需基本资料

（1）当地国民经济现状及其发展规划。

（2）可为施工服务的建筑、修配、运输、加工制造等企业的规模、生产能力及其发展规划。

（3）现有水陆交通运输条件和通过能力及其远、近期发展规划。

（4）水、电以及其他动力供应条件。

（5）邻近居民点、市政建设状况和规划。

（6）当地建筑材料及生活物资供应情况。

（7）施工现场土地状况和征地有关的问题。

（8）工程所在地区行政区划图、施工现场地形图、主要临时工程剖面图。

(9) 施工现场范围内的工程地质与水文地质资料。

(10) 河流水文资料、当地气象资料。

(11) 规划、设计各有关专业的设计成果及中间资料。

(12) 主要工程项目定额、指标、单价、运杂费率等资料。

(13) 当地有关部门对工程施工的要求。

(14) 施工场地范围内的环境保护和文物保护要求。

模块二　影响施工总布置的主要因素

影响施工总布置的因素很多，处理好这些因素的影响，是做好施工总布置的基本保证。

1. 枢纽组成和布置

枢纽组成和布置，直接影响到施工场地的选择、施工工厂组成和布置。坝式水电站枢纽的电站厂房靠近大坝，工程比较集中，所以常在枢纽轴线下游的一岸或两岸建立施工场地。主要的施工场地设在哪一岸，常受电站厂房位置和对外交通道路的影响。引水式水电站枢纽的电站厂房通常离取水枢纽较远，所以施工场地多分设在厂房和首部取水枢纽两处。如果引水建筑物较长，有时还在中间设立辅助的施工场地。工程的组成不同，施工工厂与辅助设施的组成和布置也不同。以混凝土建筑物为主体的枢纽，在施工总布置中应以混凝土系统为重，围绕它来规划布置其他施工工厂和临时建筑物。以土石建筑物为主体的枢纽，在施工总布置中则应把重点放在土石料场的组织和材料的运输、上坝及堆放上。

2. 施工的自然条件

施工当地的自然条件对施工总布置的影响也是很大的，主要包括地形条件、水文条件、地质和水文地质条件、气候条件等。

(1) 地形条件。

水利枢纽工程的布置和地形条件，直接影响到施工场地的布置。如果坝址处地形平坦而开阔，常将施工工厂和临时房屋靠近大坝集中布置，运输线路短，相互联系便利。如果工程位于偏僻的峡谷地区，两岸的地形陡峻，则常沿河流一岸或两岸绵延布置，建筑物和其他设施比较分散，有时为了缩短交通线路，往往不得不利用人工平整场地来布置各种临时建筑物。

(2) 水文条件。

水文条件直接影响着水利枢纽工程的施工，自然也与总布置密切相关。一切临时建筑物，都应该根据其使用期限和河流水文特性等情况，分析不同标准洪水对其危害程度后，来确定其布置和高程。施工场地多设在枢纽轴线下游。某些必须布置在上游淹没区的施工工厂或临时设施，应考虑洪水淹没对生产的影响及其对策，并应在水库蓄水水位抬高造成场地淹没前，能够全部拆除与转移。当施工场地分别布置在河流两岸时，还应考虑水文条件对两岸交通联系的影响。

(3) 地质和水文地质条件。

它对施工总布置的影响，常反映在施工导流建筑物的布置、骨料或土石料厂的选择、运输线路的定线、施工工厂和临时建筑物的布置以及工地临时供水系统的设计等方面。应根据地基的承载能力、地下水水位和建筑物的荷载大小来决定施工工厂和其他临时建筑物的布置。当以地下水作为工地供水的水源时，对地下水的水位、水量、水质等均应进行专门研究。

（4）气候条件。

施工地气候条件对总布置的影响，主要反映在与主体工程施工有关的附属设施上。如混凝土工程夏季施工是否需要制冷，冬季施工是否需要保温防寒，土石坝在雨季施工时土料含水量的控制等。风向、风速对施工工厂与居住区布置的相对位置有重大影响。此外，雨季会使没有硬化的道路湿滑，造成运输材料的困难；其他施工工厂和仓库能否采用露天式，也取决于当地的气候条件。

3. 交通运输条件及当地社会经济状况

施工总布置的主要内容之一，就是要解决运输联系问题。运输条件影响着施工场地的选择和临时建筑物的布置。一般常以运输线路引入的一岸，作为主要的施工场地，以便于场内外运输线路的衔接。运输费用多少是衡量施工总布置合理与否的重要指标。至于当地的社会经济状况，主要影响到总布置的项目组成及其规模，也会影响到各种临时房屋建筑。为了当地的社会经济发展，还要适当结合当地的城镇规划方案设置各种临时生活福利设施，以便后期使用。

4. 导流程序和施工进度安排

施工总布置的主要任务虽然是解决空间组织问题，但是这一任务的解决与导流程序和施工的时间安排是分不开的。施工总布置必须反映分期施工的特点；施工工厂的生产规模应与施工进度相适应；施工人员的数量则影响着各类房屋面积的确定。

5. 施工方法和生产工艺要求

不同的施工方法和生产工艺，要求不同的大型设备和临时设施，当然，其布置也就不同。施工方法和生产工艺水平的高低，不仅影响着施工场地与施工工厂占地面积的大小，而且也影响着它们之间的相互布置关系及场内运输费用的大小。

6. 安全防火与环境保护要求

施工布置时各建筑物间的最小间隔由火灾的危险程度和建筑物的耐火性所决定。危险品仓库远离施工现场和生活区，并应规定安全警戒范围。各施工工厂的废气、污水、粉尘、噪声等均应符合专门的环保规定，否则必须采取相应的处理措施。

模块三　施工总布置的步骤

施工总布置步骤如下：

（1）收集分析整理资料。

（2）编制临时建筑工程项目单及规模确定。

（3）施工总布置规划。

（4）分区布置。

（5）场内交通规划布置。

（6）方案比较。

（7）修正完善施工总布置并编写文字说明。

模块四　施工总布置的主要内容

1. 施工交通运输

施工交通运输方案的选择，是场内临时建筑物和工程设施布置的基础条件，正确解决施工运输问题，对保证工程顺利实施和节约工程投资都具有重要意义。

在施工组织设计中施工交通运输主要任务是：选定场内外交通运输方案；确定场内交通与对外交通的衔接方式，确定转运站场、码头等设施的规模和布置；选定重大件设备的运输方式；布置场内主要交通运输道路；确定场内外交通运输的技术标准及主要建筑物的布置和结构形式；委托铁路运输专业设计的有关工作；选择施工期间的过坝交通运输方案；各方案的技术经济指标和主要运输设备需要量；各选定方案施工工期、工程量及所需设备、材料和劳动力。

施工交通运输分场内交通与对外交通两部分。对外交通是指从工地车站、码头沿专用交通线路与场外交通干线相连接的交通运输，主要负担施工期外来物资的运输任务；场内交通是指工地范围内各施工各分区或单位之间的交通运输，主要负责将材料半成品等物资送到建筑安装地点。

（1）对外交通。

对外运输方式的选择，主要依赖于施工地原有的交通运输条件、建筑器材运输量、运输强度和重型器材的重量等因素。对外运输最常见的方式是铁路、水路和公路。当施工地同时存在公路、铁路、水路等多种运输方式时，应从运输距离、综合运费、安全等方面加以选择，最终选定相对最为经济安全的运输方式。由于公路运输方便、灵活、可靠、适应性强，可以单独解决施工期的高峰运输强度及重大件运输任务，而且基建工程量小，工期短，因而在枢纽工程施工中使用最多。现行规范建议，在其他条件相同时，对外交通一般宜优先采用公路运输方式。当铁路网距工地较近、运输量较大、施工场地较为平坦或梯级开发能够综合利用时，经技术经济比较论证后也可采用铁路运输方式。

水利工程在河道上修建，如果该河段水量较大，水位相对比较稳定，可优先考虑水路运输；如果为山区河流，流量水位受季节性影响较大，则应首先考虑公路运输方式。

统计资料表明，当地材料坝枢纽工程的对外交通采用公路方式较多，而大中型混凝土坝枢纽工程采用标准轨铁路方式较为适宜。

（2）场内交通。

场内交通运输也是总体布置的重要组成部分。它主要解决外来器材、物资的转运以及场内施工材料或者构件、成品及半成品在工地范围内各单位之间的运输，如将砂石骨料从筛分厂运到混凝土工厂，将混凝土从拌和楼送到大坝或电站厂房工区等就属于典型的场内运输。

场内运输方式多种多样，通常有自卸汽车、皮带传送机和架子车等。场内交通运输线路的选择主要决定于物料的运输量、运输强度、运输材料特点和施工工艺流程。

如混凝土运输，当拌和楼距浇筑点远时，采用自卸汽车运输方式；当距离近且具有较好的场地条件时，可采用皮带传送机或混凝土泵运输。

除了选择适当的运输方式外，合理规划场内交通线路也是非常重要的。因为场内交通线路的布置，不仅影响到施工运输是否存在交叉干扰，是否会造成施工效率下降，而且直接影响到场内所有临时设施的布置。水利工程施工场内运输线路比较复杂，在进行场内运输线路布置时，应注意以下几点：

1）尽量减少物料的转运次数，将对外运输专用线运到工地的物料直接送到需用地点。

2）尽量减少物料的提升次数，充分利用有利地形使物料自行降落。适于一次提升的，不要分级提升。

3）根据地形、地质条件，尽可能缩短运输线路长度，避免采用工程量大或费用高的附属工程，避免主要交通干线平面交叉等。

4）重视道路施工质量，确保施工运输畅通安全。要合理选择线路，避免坡度过陡、转弯过急的路段，路面必须要有足够的宽度和足够的平整度。只有这样才能保证运输能力上升和运输设备消耗减小。

2. 施工辅助设施

施工辅助企业是指所有在施工现场为主体工程的施工生产提供服务的工厂设施。水利工程施工辅助企业包括：骨料加工厂；砂石料厂；混凝土拌和厂；钢筋加工厂；预制构件厂；机械修配厂；风、水、电系统；通信系统等。

建立施工辅助企业的任务是供应主体工程施工所需的各种建筑材料，供应施工所需的水、电、风建立工地内外通信联系，维修和保养施工设备，加工制作金属结构，使工程施工能顺利进行。

施工辅助企业设计的方法是，根据主体工程对材料设备的需求，定出辅助企业的设计生产能力；拟定生产工艺流程，选择设备并进行平面及立面布置；最后定出厂房的占地面积和建筑面积。

辅助企业是为了主体工程施工服务的，其布置必须有利于主体工程的施工，且符合经济生产的要求。凡与施工项目关系密切的辅助企业，宜集中布置在场内运输干线两侧，并尽量靠近使用地点，以缩短运距。生产线布置应符合流水作业要求，避免设备器材的逆流、迂回现象。施工工厂的占地面积及生产规模应能满足主体工程施工的需要，并注意与施工总进度安排相协调。应尽量减少工厂占地面积和建筑工程量。各企业的位置及间距、生产区与生活区之间的距离应满足防火、安全、卫生和环保要求。为了有效降低施工辅助企业的建设成本和运行费用，确定施工企业组成及生产规模时，应充分研究利用当地工矿企业进行生产和技术协作的可能性和合理性。

3. 施工仓库

为了保存和供应工程施工所需的各种物资器材和设备，必须设立临时仓库。按其作用和位置的不同，施工仓库可分为：设在车站码头起临时保管作用的转运仓库；设在工地为整个工程服务的中心仓库；仅服务于一个工区的工区仓库；用来存放某企业的原材料和成品或半成品的辅助企业仓库。

按物资存放要求的不同，仓库可分为露天式、敞篷式和库房；凡不怕风吹雨淋的材料，均可存放在露天仓库；钢筋、木材、机械设备等，宜存放在敞篷内；对易受天气影响的物品，应放在库房内；对易燃易爆危险品一般存放于远离施工中心区域的地下仓库内。

组织施工时，应尽可能按照施工进度计划采购有关材料，尽可能减少材料的库存量，减少资金长期积压和浪费，并减少仓库建筑面积。

4. 临时房屋建筑

水利工程一般都建在偏僻的山区，需用的劳动力较多，工期也较长，为了方便工作和生活，必须修建一些工地临时办公与生活用房。

规划修建临时房屋时，应尽可能减少临时房屋的建筑面积和造价。有条件时应利用施工地附近城镇的房屋和生活福利设施；若有配套的永久性房屋，可提前建成并作为施工管理用的办公室或生活用房；也可采用装配式的活动房屋，工程完工后可转到其他地点或其他工程继续使用；对于不能拆卸的临时房屋应尽量采用当地材料修建。

5. 施工用水、电、风供应系统

（1）工地供水。

施工用水的主要任务在于保证生产、生活、消防等方面对水质水量和水压要求。生产用水是指完成混凝土工程、土石方工程等所需要的用水量，以及施工机械、施工工程设施和动力设备等所消耗的水量。生活用水是指工地职工和家属在生活饮用、食堂、浴室和医疗机构等方面的需水量。生产和生活用水量可由供水工程规范中单位消耗水量标准计算。消防用水包括施工现场消防用水和居住区消防用水，施工现场消防用水的需水量与施工现场面积大小有关。工地供水量应满足不同时期日高峰生产用水与生活用水的需要，并按消防用水量进行校核。

施工水源有两类：地表水和地下水。前者是指江河、湖泊、池塘及水库的水，水的硬度低，水体较为浑浊，有机物和细菌含量比较多；后者则相反。地表水水质较差，但水量充沛，多用作生产用水，地下水则一般用于生活用水。

根据水质、水量及工地布置情况，供水系统可采用集中供水和分区供水两种方式。水利工程施工用水点分散布置，因此常采用分区供水方式。供水系统包括取水构筑物、输水管道和水塔、高位水池等调节建筑物。布置供水系统时，应尽量缩短管线长度，降低水头损失。水利工程中，一般均利用有利地形在两岸山头平坦处布置若干高位水池来满足用户水管出口压力要求。

（2）工地供电。

工地用电包括室内外照明、机械用电和特殊用电等。

施工用电一般在工地设临时发电站供电。当工地附近有高压线路通过时，也可利用电网供电。

工地内的供电网与变电站的布置应通过技术经济比较确定。经常移动的大型机械，可用移动式变压站，供电网一般成树状布置。在特别重要的位置布置成网状，以提高供电的可靠性。

(3)工地供风。

工地供风包括风动工具用风、风力输送用风和其他用风等。

供风系统由空压机和供风管道组成。为了控制风压损失,输风管道不宜过长,空压机离用风点距离不能太远大,一般应控制在700m以内。

任 务 训 练

1. 判断题:施工布置就是对施工全过程中整个施工现场的空间和时间进行安排。( )

2. 施工总平面布置图中应包括( )。

    A. 已有和拟建的建筑物与构筑物

    B. 为施工服务的生活、生产、办公、材料机具仓库临设用房与堆场

    C. 建设及监理单位的办公场所

    D. 施工水、电平面布置图

3. 施工总平面布置图包括( )。

    A. 场外交通道路的引入   B. 仓库布置

    C. 混凝土搅拌站   D. 外部运输道路

4. 施工组织总设计内容中施工部署的主要工作应包括( )。

    A. 确定工程开展程序   B. 组织各种资源

    C. 拟定主要项目施工方案   D. 明确施工任务划分与组织安排

5. 请叙述施工总布置的主要内容有哪些。

任务五　施工组织总设计编写实例

知识目标：掌握施工组织总设计的书写格式和内容。
能力目标：能读懂工程施工组织总设计。

一、施工条件

1. 地理位置及对外交通

甲河一级水电站地处乙省丙自治州丁县戊镇，电站取水坝位于甲河上游河段，距厂房约 6.0km，厂区位于甲河右岸甲村附近，距戊镇 20km，距丁县城 52km，距州府 238km，距省会 880km。

该工程对外交通以公路为主。根据现场及现有公路状况，电站对外交通路线主要有两条线路：第一条为省会—楚雄—大理—剑川—石鼓—塔城—白济汛—燕门—甲河一级水电站厂址，公路里程约 880km；第二条为省会—楚雄—大理—剑川—州府—丁—戊—甲河一级水电站厂址，公路里程约 878km，对外交通条件较好。

2. 水文、气象条件

甲河是澜沧江右岸的一级支流，地处丙州丁县戊乡境内，戊至燕门澜沧江干流河段，南部为燕门境内的澜沧江支流普坚龙巴河，西部为怒山山脉南段（碧罗雪山），北部为戊乡境内的雨崩河。

甲河发源于怒山山脉太子雪山南侧的群山之间，河流在海拔 2650m 以上分为南北两支，其中北支发源于太子雪山南侧，向南流经德康格底、莫理通、永塞通，至海拔 2650m 处与南支汇合；南支发源于海拔 5158m 的包丁，流经茨纳后在海拔 3250m 处与发源于竹子坡（海拔 4785m）的另一支流汇合，而后大致沿西北方向流至海拔 2650m 处与北支汇合。南北二支流汇合后称为奇子统溪，流向改为由东至西，在甲村口纳入支流永纳溪后称为甲河，直达河口汇入澜沧江。丁县甲河全长 23.3km，落差 2434m，平均比降 10.4%。

丁县的气候属寒温带山地季风性气候。气候受海拔的影响较大，纬度影响不甚明显，由于岭谷高差较大，立体气候非常明显，随着海拔的升高，气温降低，降水增大。大部分地区四季不分明，冬季长夏季短，正常年干湿两季分明。丁气象站位于丁县城区，海拔 3485m，据丁气象站观测资料统计，多年平均降雨量 662.2mm，5—10 月雨季的降水量占全年降水量的 65%，降水的年际变化较小，最大年降水量约为最小年降水量的 1.7 倍。多年平均气温 4.7℃。极端最高气温 26.9℃（1983 年 7 月 25 日），极端最低气温 -13.3℃（1983 年 1 月 5 日）。日照时数为 1980.7h，多年平均相对湿度 71%。平均初霜日在 9 月 30 日，终霜日在 5 月 23 日，最早初霜日为 8 月 28 日，最晚终霜日为 6 月 12 日。有霜期每年一般为 236 天，无霜期仅 129 天左右。多年平均风速 3.3m/s，最大风速 20.0m/s。

3. 地形地质条件

工程区地处青藏高原南延部分，横断山脉高山峡谷地带，地势北高南低，地形山高谷深。

澜沧江由北向南纵贯工程区，其右岸一级支流甲河由西向东流经甲进入澜沧江，二级支流永纳溪由南向北流经甲进入澜沧江，形成西高东低、错综复杂的地形，工程区内最高海拔6740m，最低海拔1840m，地貌类型属构造侵蚀的高中山峡谷区。地形切割强烈，山脉、水系走向受构造控制，由于澜沧江及其支流纵贯区内高山，形成崇山峻岭、峡谷、深渊，高峰多为嶙峋的山峦，江河两岸常为悬崖峭壁。

工程区地层主要有：古生界的石炭系及二叠系地层；中生界的三叠系及侏罗系地层；新生界的第四系地层等。工程枢纽区主要地层为：侏罗系的花开左组（J_2h）、二叠系上统、三叠系上统［$T_3(1)$］、石炭系下统莫得群上亚群［$C_{1md}(3)$］等。新生界多分布于山麓、山间盆地、缓坡地带以及近代河床，以松散堆积层为主，厚度不一。

区内岩浆岩受纵贯南北的区域性构造的控制十分明显。岩浆活动频繁、强烈，岩石类型复杂，具有多期、多阶段、多旋回等特点，以前泥盆纪、华力西期和印支期的火山喷发活动为主。较大的岩浆岩（岩株、岩墙、岩基、岩芝、岩床、岩脉等）40多个。工程枢纽区主要有燕山期石英闪长岩、石英二长闪长岩、斜长花岗岩［$\delta_{o53}(1)$］；燕山期黑云钾长花岗岩、黑云二长花岗岩［$\gamma_{53}(2)$］；燕山期花岗闪长岩、二长花岗岩［$\gamma\delta_{53}(1)$］等。

工程区所处大地构造部位为三江印支褶皱系弧形转弯受急剧挤压而变窄的部分，二级构造单元为中甸褶断束。区内地质构造复杂，岩浆活动频繁，变质作用较强烈，除侏罗纪及其以后的沉积物和晚期侵入岩，火山岩未被卷入外，其他各时代的岩石均遭受了不同程度的中、浅变质作用。区内构造线方向与区域主构造线基本一致，为近南北向为主，多为短轴紧密褶皱。与工程有关的主要断裂有澜沧江断裂、梅里雪山断裂、怒江断裂、维西—乔后断裂、丁—中甸断裂、金沙江断裂等。

4. 工程枢纽布置

甲河一级水电站为径流引水式电站，无调节性能，额定水头465m，设计引用流量11.2m³/s，装机2×21.0MW。

电站枢纽建筑物主要包括：重力坝、泄洪冲沙闸、取水闸、有压引水隧洞、调压井、压力钢管、地面厂房、升压站及尾水建筑物等。

（1）首部枢纽。

根据各项功能的要求，拦河坝布置分四个坝段：河床中央布置主要泄洪建筑物—泄洪冲沙闸，长18.5m，分两孔布置，每孔宽5.0m，高5.5m，为潜孔；紧靠泄洪冲沙闸左岸为溢流坝，由工作桥的桥墩将其分为两孔，每孔净宽11.5m；紧靠溢流坝左侧布置非溢流坝；紧靠泄洪冲沙闸右侧布置溢流坝，坝顶全长60.0m，最大坝高28.0m。坝段之间设置横缝，并设止水。

溢流坝段坝剖面采用基本的三角形剖面，坝顶高程为2652.10m，上游坝面铅直，下游坝面为1:0.8的斜坡，每孔净宽11.5m；上游开挖至2650～2630m，为C20混凝土，浆砌石在地表清除覆盖层后开始砌筑，以下利用原有岩体作为坝体一部分。

溢流坝顶以上设工作桥，桥面高程与非溢流坝齐平，交通桥梁高1.0m，梁底比校核洪水高0.4m，桥面宽为21.6m。

非溢流坝段坝剖面采用基本的三角形剖面，即基本上以坝轴线处坝顶高程为顶点，上游坝面铅直，下游坝面为1:0.8的斜坡。左岸坝顶宽度为4.0m，右岸非溢流坝顶要满足交通要求，坝顶宽度为21.6m。

根据闸门的布置和操作要求，闸体长度为18.5m，布置两扇5.0m×5.5m（宽×高）平板检修闸门和两扇5.0m×5.5m（宽×高）平板工作闸门，闸底高程为2635.00m，闸顶高程为2654.60m，闸体高度为28.0m，底板厚度为8.5m（包括齿墙），由基础开挖确定，两边墩厚3.0m，中墩厚2.5m。

(2) 引水枢纽。

引水建筑物由取水口、有压隧洞、调压井和压力钢管道组成，压力钢管道采用一管两机布置形式。

取水口布置于拦河坝右侧，孔口中心线与坝轴线成20°，采用有压取水，取口底板高程为2642.00m，与冲沙闸相邻，闸体长10.0m、宽7.0m、高16.9m，顶高程2656.40m，上部设有启闭机室。取水闸孔口尺寸3.0m×3.0m（宽×高），闸前设拦污栅孔口，尺寸为3.5m×14.4m（宽×高），采用清污机清污形式。

取水闸后接有压接引水隧洞，隧洞起点底板高程2642.00m，采用4‰的纵坡，隧洞总长3932.714m，采用马蹄形断面，为有压隧洞。衬砌后断面内径3.0m，衬砌厚度0.3m或0.4m，最大开挖洞径4.1m，最小开挖洞径3.2m，喷设混凝土厚度0.1m，底板混凝土衬砌厚0.2m。

引水隧洞末端接调压井。调压井采用露顶式。底板高程确定为2624.50m。根据调压井结构型式及围岩条件，初步确定调压井底板及井壁厚1.0m，采用钢筋混凝土衬砌，调压井内径8m，阻抗孔内径1.3m，调压井高41.5m，顶部高程为2665.00m。

调压井正常水位2649.00m；按坝前最高水位，机组甩去全负荷时，调压井内最高涌波水位2658.00m，调压井内最低涌波水位2633.00m。

调压井后接压力钢管道，压力管道采用联合供水方式，对称Y型分岔向两台机组供水，额定流量$Q=10.602m^3/s$。管道采用暗、明压力钢管布置，主钢管内径1.9m，支管内径1.0m，管壁厚度$\delta=12\sim34mm$。钢管均采用Q345-C级钢板，进口中心线高程2627.50m，末端（岔管中心）管中心高程2175.55m，主管总长835.683m。在主管转弯处设C15混凝土镇墩，管道采用支承环支承，支墩间距8m，在所有镇墩的下游侧设伸缩节。

(3) 厂区枢纽。

厂区枢纽主要由主厂房、副厂房、升压站、尾水建筑物及其他附属建筑物组成，布置在甲河右岸。

厂区建筑物沿河布置，由上游至下游分别为主副厂房、安装间、升压站。主厂房尺寸为45.03m×16.0m×24.6m（长×宽×高），内装两台单机容量21MW的冲击式水轮发电机组，机组间距12.0m，机组安装高程2175.55m。发电机层高程2183.25m，水轮机层高程2176.75m，球阀层高程2173.25m。安装间位于主机间右端。

升压站为地面式，长57.0m，宽31.0m，站内高程为2176.75m。

5. 建材及水、电供应条件

甲河一级水电站工程建设所需的主要建筑材料有水泥、钢筋、钢管、机电设备、闸门和启闭设备、油料、火工材料、当地建筑材料等。根据当地的实际情况和地质勘察情况，主要材料的来源情况如下。

(1) 水泥：由当地水泥厂供应或由丁县建材市场供应，质量必须符合国家标准，可通过公路运至工地，运距约为52km。

(2) 钢材：工程所需钢材拟由省会钢铁公司供应，至工程区公路运距约为880km。

(3) 油料：油料包括施工生产用的汽油和柴油，由丁县城供应，至施工区公路运距约为52km。

(4) 火工材料：火工材料拟由丁县公安部门或当地民爆器材厂专门供应，至施工区公路运距约为52km。

(5) 板枋材：板枋材经丁县林业局办理采购手续后，在施工地附近就近采购。

(6) 钢管：到专业的生产厂家定制，然后运到施工区进行安装。

(7) 机电设备：到专业的生产厂家定制，然后运到施工场地按厂家的安装说明和设计安装技术要求进行安装。

(8) 闸门和启闭设备：闸门和启闭设备到专门的生产厂家定制，然后运到施工工场进行安装。

(9) 当地建筑材料：当地建筑材料含块石料、碎石、砂料等，当地建材在工程区附近勘察规划的料场中开采。

(10) 生活物资：生活物资在丁县城采购，至工程区公路运距为52km。

(11) 机械修配：由于电站工程的施工机械不多，多为一般的土石方施工机械，在施工现场只设简单的机械修配设施，较大的机械维修送至丁县县城进行，满足施工要求。

(12) 水：该工程施工期的施工用水可就近从河道抽取，完全可以满足施工用水的需要。生活用水需先修建过滤池经净化消毒处理，然后进行检验，达到饮用标准后方可使用。

(13) 电：电站施工用电由甲河上的小水电站供应，小水电站位于电站厂址下游约3.5km处，施工用电从小水电站引至大坝、1号施工支洞、调压井及厂区，初步估计新架输电线路约6.0km。

(14) 通信：工程区附近村庄已开通程控电话和移动电话，故坝区、厂区通信线路经协商可并入就近村庄程控电话网上，已经满足施工通信的需求。

6. 天然建筑材料

根据水工建筑物结构及布置，工程所需天然建筑材料有块石料1.4万 m^3，混凝土骨料8.07万 m^3。

本阶段对工程区范围内的天然建材料源进行调查的基础上，对选定的坝址下游石料场及上游土料场进行了详查。

石料场：位于厂址下游右岸约0.5km处，石料岩性为燕山期的花岗闪长岩、二长花岗岩，块状～次块状，至坝区公路运距 5.5～6.0km，至厂区公路运距 0.5～1.0km，料场分布高程为 2295.00～2425.00m，料场附近无村庄地下水位低于开采底界，剥离层厚 1.5～6.0m，剥离量为 4.5 万 m³，无用料 6 万 m³，剥采比为 1：9.2，有用层存量 87 万 m³，满足要求。

粗细骨料：工程区库尾分布天然砂砾料，储量较大，但该料场岩性较杂，云母含量及含泥量较高，级配较差，不宜作为施工用料，工程所需砂料及碎石料，可用石料加工机制砂和骨料供使用，质量好，储量也满足要求。

土料：坝址区上下游围堰所需土料，可就近就地取材，分布于坝址左岸上游，甲河干流左岸山坡，为褐黄、黄色含碎石黏土及砂质黏土，黏粒含量可达 30% 以上，抗渗性基本可满足防渗要求。场地自然坡度为 20°～30°。料场分布高程为 2800.00～2810.00m，面积约 5000m²，料场有用层平均厚度 2m，储量约 10000m³。上覆剥离层较薄，厚约 0.5m，剥采比为 1：4，距坝址约 500m，需修建运输道路。

工程开挖料：据设计专业可研阶段成果，大坝、引水系统及厂房开挖的土石方开挖量约 10.0 万 m³。大坝主要为覆盖层及强弱风化闪长岩，可以加工为粗细骨料，厂区分布的砂泥岩不能用作混凝土粗骨料。

枢纽区引水隧洞分布岩性为花岗岩、板岩、灰岩、砂砾岩等，岩性较杂，强度软硬不一，但花岗岩、灰岩开挖料强度较高应予以充分利用。引水隧道洞挖量为 5.5 万 m³，除去较软的分布的砂砾岩、板岩外，大部分为微风化～新鲜的花岗岩、灰岩，约 2.0 万 m³ 可以作为混凝土骨料使用，开挖后可直接作为人工砂砾料原料，或送堆料区堆放，待需要时进行回采。

二、施工导流

1. 首部施工导流

流域内山势陡峻，坝址处河谷宽约 20m，施工导流选用围堰一次性拦断河床的导流方式。围堰一次性拦断河床的导流按挡水建筑物挡水时段不同分为全年挡水围堰（简称全年围堰）和枯水期挡水汛期过水围堰（简称过水围堰）两种方式；按导流泄水建筑物的不同可采用明渠导流与隧洞导流。

本工程所在的甲河系山区性河流，洪水暴涨暴落，洪枯流量变幅较大。根据坝址处地形地质条件和重力坝的施工特点，首部导流拟定全年断流围堰隧洞导流方案。

工程规模为小（1）型，等别为Ⅳ等，主要建筑物为 4 级，次要建筑物、临时性水工建筑物级别均为 5 级。根据《水电工程施工组织设计规范》（DL/T 5397—2007）规定，导流建筑物级别为 5 级，导流围堰采用土石围堰，导流洪水标准为 5～10 年，导流标准选用 5 年一遇洪水，枯期导流时段为 11 月至次年 3 月，相应的设计流量为 49.9m³/s；度汛设计流量为 68m³/s；全年导流设计流量为 68m³/s。

采用上下游围堰挡水，导流隧洞导全年洪水，第 1 年 9 月进行导流隧洞进出口临时施工围堰及导流隧洞施工，第 1 年 10 月进行上游围堰填筑，第 2 年 3 月导流隧洞进口封堵闸门下闸、出口封堵围堰填筑、隧洞封堵施工。

导流隧洞进口底板高程 2634.000m，全长 120m，纵坡为 1%，出口底板高程 2632.800m，采用圆形断面，衬砌内径 4.0m，枯期导流为无压，洪水期为有压流，坝前最大水深 6.5m，导洞 0+00.000~0+13.577 及导洞 0+90.457~0+120.000 为混凝土衬砌段，衬砌厚度 0.4m，导洞 0+13.577~0+90.457 为支护段，顶拱 210°范围内进行锚杆及挂网喷 10cm 厚 C20 混凝土支护。

上游围堰为黏土心墙围堰，长度为 32m，堰顶高程 2641.00m，最大围堰高 7.0m，为满足交通运输要求，堰顶宽度为 5.0m，引水面边坡为 1:1.2，背水面边坡为 1:1.5。下游围堰为黏土心墙围堰，长度为 34m，堰顶高程 2636.00m，最大围堰高 3.2m，为满足基坑排水及布置要求，堰顶宽度为 2.0m，引水面边坡为 1:1.2，背水面边坡为 1:1.5，具体布置见首部导流布置图。

2. 厂区施工导流

由于电站厂房位于甲河右岸岸边，厂房基础稍低于河床高程，距河道约 80m 河滩布置有尾水渠，厂房开挖回填作为厂区平台，沿河道砌防洪挡墙。施工时先完成防洪挡墙施工，后施工厂房和尾水渠，故不存在施工期施工导流和度汛问题，但需做好基坑抽水排水。

3. 导流工程施工

根据导流施工程序安排，施工先完成导流隧洞施工，利用隧洞及左岸岸坡开挖料进行截流戗堤，截流成功后黏土心墙填筑进行闭气，后进行围堰上下游护坡及围堰填筑至设计高程。

黏土心墙围堰施工，石渣料由左岸岸坡开挖及导流隧洞开挖料进行填筑，黏土料由黏土料料场自卸车运输至施工点装载机配合人工分层填筑。

围堰拆除采用 1.0m³ 挖掘机挖装，使用 10~15t 自卸汽车将开挖料运至坝区弃渣场，运距 0.5km。

4. 截流设计

该工程为一次性拦断河床围堰隧洞导流，根据《水电工程施工组织设计规范》(DL/T 5397—2007) 规定，并结合进度安排，围堰截流选择在第 1 年 12 月下旬进行，设计流量采用 5 年一遇的流量，相应的设计流量为 25.9m³/s，采用单戗立堵法截流，由左岸向右岸进占，水流由导流隧洞进行分流，河床过水宽度较小流速增大，上下游水位落差增大，选用龙口宽度为 8m 时向龙口抛大石块使之合龙。

5. 基坑排水

基坑排水一般包括初期基坑排水和经常性排水两部分。初期排水主要排除基坑积水和围堰渗水，根据基坑规模，计划 1 天排干；经常性排水阶段按一般时段与暴雨时段分别计算排水量，暴雨时段按 1 天内将积水抽干配备排水机械设备。基坑排水设备采用 3 台 QS10-48/2-3 型潜水泵抽水，抽水量 30m³/h，暴雨时段增设 2 台同一型号排水泵。

6. 下闸蓄水

该工程为径流引水式开发水电站，无调节库容，根据施工总进度安排，导流隧洞于第 3 年 3 月初下闸封堵，4 月初下闸蓄水，第 3 年 7 月第一台机组开始发电，第 3 年 10 月底全部机组发电，发电水位 2652.10m。蓄水发电期间可利用生态流量孔泄流，满足下游供水要求。

三、料场的选择和开采

根据坝址区的地形地质情况及当地天然建筑材料的分布情况，水工设计中取水坝为重力坝，隧洞主要采用混凝土衬砌，厂区枢纽的主要建筑材料为混凝土、浆砌石，工程建设所需的天然建筑材料有块石料、混凝土粗细骨料。

1. 料场选择

据设计专业可研阶段成果，大坝、厂房开挖的土石方开挖量约 10.0 万 m^3。大坝主要为覆盖层及强弱风化花岗岩，可以加工为粗细骨料，厂区分布的砂泥岩，不能用作混凝土粗骨料。粗细骨料：工程区库尾分布天然砂砾料，储量较大，但该料场岩性较杂，云母含量及含泥量较高，级配较差，不宜作为施工用料，工程所需砂料及碎石料，可用石料加工机制砂和骨料供使用，质量好，储量满足要求。

石料场：位于厂址下游右岸约 0.5km 处，石料岩性为燕山期的花岗闪长岩、二长花岗岩，块状～次块状，至坝区公路运距为 5.5～6.0km，至厂区公路运距为 0.5～1.0km，料场分布高程为 2295.00～2425.00m，料场附近无村庄地下水位低于开采底界，剥离层厚 1.5～6.0m，剥离量 4.5 万 m^3，无用料 6 万 m^3，剥采比 1：9.2，有用层存量 87 万 m^3，满足要求。

2. 料场开采规划

石料场位于德贡公路附近，施工时需修筑临时公路。开采时石料场植被用人工砍伐清除，覆盖层用机械配合人工剥离，开挖的渣料在开采场附近弃渣场堆放。开采时采用梯段开采，为增加岩石的成材率，选用松动爆破、顺层剥离，经过松动爆破后，块径较大用人工无法解小的部分进行小药量爆破解小，然后加工成块石；强度满足要求但块径较小或难以加工成块石料的石料，用颚式破碎机和砂料加工系统加工成混凝土粗细骨料。开采加工后的块石料、混凝土粗骨料、混凝土细骨料应分开堆放，并设置相应的保护措施防止杂物掺入，使用时用小型装载机配合人工上料，5t 或 8t 自卸汽车翻斗车运输到施工点附近支砌和浇筑，在开采过程中遇有软弱夹层强度达不到设计要求的部分应剔除，弃料运至弃渣场。

四、主体工程施工

1. 拦洪坝施工

拦河坝工程主要工程量：土石方开挖 17762m^3，土石方回填 1599m^3，M7.5 浆砌石 9568m^3，各种混凝土浇筑 11351m^3，钢筋制安 272t。

大坝采用全年挡水隧洞导流方式，导流隧洞施工时，同时开挖场水位以上边坡，河床截流后进行基坑开挖、基础处理及混凝土浇筑等。

导流隧洞施工选择在第 1 年 11 月，施工前先填筑进出口围堰，导流隧洞施工完后拆除进出口围堰，导流隧洞导流，第 3 年 3 月进口封堵闸门下闸，修筑出口封堵围堰，完成导流隧洞封堵施工。

坝肩开挖采用自上而下梯段爆破开挖方式进行，分层开挖台阶高度控制在 2～4m，采用手风钻钻孔爆破，周边要求预裂爆破，推土机集渣至集渣平台，1.0m^3 装载机配 8t 自卸汽车出渣，运至就近的弃渣场。对于坝基覆盖层采用 1.0m^3 反铲挖掘机直接挖装，8t 自卸汽车出渣，对于河床基础岩石视其厚度采用手风钻钻孔爆破，接近建基面遵循"浅眼、小炮、分层"的原则进行开挖。

坝体混凝土浇筑采用溜槽入仓为主,上部结构混凝土采用搭设栈桥,人工推运手推车运送混凝土直接入仓,人工平仓振捣;两岸坝段、河床坝段下部采用翻斗车直接入仓,人工平仓振捣。

M7.5浆砌石施工:块石料采用1.0m³挖掘机装5t自卸汽车运至使用点附近,0.25m³砂浆搅拌机制备砂浆,人工砌筑。

2. 引水隧洞施工

引水隧洞总长3932.714m,采用马蹄形断面,为有压隧洞。衬砌后断面内径3.0m,衬砌厚度0.3m或0.4m,最大开挖洞径4.1m,最小开挖洞径3.2m,喷设混凝土厚度0.1m,底板混凝土衬砌厚0.2m。

引水隧洞主要工程量:石方洞挖54825m³,混凝土浇筑14463m³,锚杆2384根,喷混凝土5428m³。

根据地形地质条件及施工总进度安排,确保第一台机组发电工期,考虑在引水隧洞"引1+519.04"附近布置1号施工支洞,并以引水隧洞进口及调压井作为施工工作面,将引水隧洞划分为2段4个工作面进行施工。每段两个工作面相向施工,已经满足施工要求。

施工支洞长约78m,起点高程2635.000m,终点高程2635.852m,纵坡为1‰,为城门洞型,底宽2.6m,高3.0m,采用喷锚支护。

石方洞挖采用气腿手风钻钻孔,人工装药爆破,全断面一次开挖。为满足隧洞开挖出渣强度要求,一次开挖成型,人工或扒渣机装渣,手扶拖拉机运至弃渣场或骨料场。

施工时在围岩较差的洞段及断层破碎带洞段须按设计要求,进行喷锚临时支护,锚杆用手风钻造孔,人工安装锚杆,注浆机注浆。混凝土喷射机喷混凝土。

混凝土衬砌:引水隧洞全面贯通后,进行混凝土衬砌。由厂区混凝土拌和系统或坝区、调压井混凝土搅拌站拌制,HB30型混凝土泵泵送入仓,钢模浇筑,插入式振捣器振捣,分段跳仓浇筑。所需混凝土骨料预存料场,由1.5m³装载机装5t自卸汽车运输。

施工时应先浇筑边、顶拱,后浇底板。边、顶拱使用定型组合钢模(渐变段可使用部分木模),人工立模,混凝土衬砌宜采用分洞段浇筑。混凝土用自卸汽车或罐车从混凝土拌和站运至施工洞口附近或洞内,混凝土泵送入仓,人工平仓,插入式振捣器进行振捣,底板混凝土浇筑可人工抹平。

回填灌浆:顶拱回填灌浆分段进行,其分段同混凝土浇筑分段。按设计要求,在隧洞顶拱预埋2根铁管,砂浆泵实施灌浆。

固结灌浆:对Ⅳ、Ⅴ类围岩进行固结灌浆,灌浆压力为0.7MPa。

3. 调压井施工

调压井主要工程量为:土石方明挖18965m³,石方井挖3228m³,混凝土浇筑1164m³。

土石方明挖:覆盖层采用1.0m³反铲挖掘机直接开挖,开挖料就近堆放,经平整作为施工场地。

石方井挖：调压井施工需调压井顶支洞开挖支护衬砌全部完成后方可开始石方井挖。

本调压井开挖洞径较小，且井身不高，综合考虑不开挖导井，采用手风钻自上而下开挖，周边进行光面爆破，开挖石渣由人工装手推车，卷扬机吊至洞顶，人工运输至洞口附近集渣，装5t自卸汽车出渣，井身开挖自上而下，上层支护完成方可进行下层开挖。

混凝土施工：混凝土施工采用定型组合钢模板，人工架设立模安装。钢筋在附近施工区钢筋加工厂制作，从调压上室吊入调压井，人工绑扎安装。混凝土由混凝土拌和站拌制，5t自卸汽车运至洞口混凝土泵送入仓，人工平仓、振捣。施工顺序为先浇底板，再浇井筒，自下而上浇筑，井筒浇筑分段长度为2.0m，下层浇筑混凝土达到设计强度方可进行上层混凝土浇筑。

4. 压力钢管施工

钢管道主要工程量：土方明挖4015m³，石方槽挖29011m³，石方洞挖427m³，混凝土浇筑5103m³，钢管安装892t。

钢管道布置较为陡峻，施工采用分段进行，分段开挖出渣、分段浇筑。

土石方开挖：钢管道明管段土方开挖由1.0m³挖掘机开挖，石方则由风钻爆破开挖，自上而下分层进行，开挖石渣扒落至下部集渣平台集渣，用1.0m³挖掘机挖装，5t自卸汽车运至弃渣场。

石方洞挖：施工方法同引水隧洞施工方法。

混凝土浇筑：混凝土由搅拌站拌制，胶轮车转运至斗车，再由卷扬道运输，人工入仓，插入式振捣器振捣，钢模浇筑。

浆砌石：水泥砂浆拌制及运输同混凝土浇筑，块石料采用5t自卸汽车运至堆料场，再人工装斗车，卷扬道运输，人工砌筑。

钢管安装：钢管制作要在场外钢管加工厂将钢板制作加工成管节，再用汽车将加工好的管节运至调压井，再由卷扬机自上而下运输至安装点，人工抬运就位，自下而上进行安装。

5. 厂房及升压站施工

厂房及升压站主要工程量为：土石方开挖26641m³，土石方回填29314m³，混凝土浇筑19466m³，M7.5浆砌石2552m³。

厂区施工先完成外围防洪挡墙施工，逐步填筑形成上坝公路，后开挖厂房基础、混凝土浇筑并分层进行回填。

土石方开挖：覆盖层采用1.0m³反铲挖掘机直接挖装，8t自卸汽车运输，对于基础岩石视其厚度分别采用100型潜孔钻或手持式风钻机钻孔爆破，接近建基面应遵循"浅眼、小炮、分层"的原则进行，基岩开挖保护层厚0.3m，开挖渣料就近回填弃渣。

土石方回填：主要为升压站基础回填、各临建设施基础回填及防洪挡墙内平台回填。回填分层进行，压实度、回填料应满足相关要求。

混凝土浇筑：混凝土由设置于厂区的混凝土拌和站拌制。混凝土所需砂石骨料由砂石料加工厂采用 1.5m³ 装载机装 5t 自卸汽车运至混凝土拌和系统。混凝土由自卸汽车或罐车从混凝土拌和站运至浇筑点附近，下部混凝土采用溜槽配合 HBT30 混凝土泵入仓，上部混凝土采用垂直运输入仓，组合钢模施工，插入式振捣器振捣密实。

混凝土温控措施：混凝土施工过程中，应对工程的关键部位等采取必要的温控措施。

（1）优化配合比设计，提高混凝土自身的抗裂能力。具体措施如选择碱含量满足设计要求、水化热较低的水泥；选用适宜的外加剂，有利于降低混凝土绝热温升，提高耐久性及抗裂能力；控制骨料含水率，对成品料仓设置凉棚，尽量使骨料温度不受日气温变化的影响。

（2）严格控制混凝土温度：如控制混凝土入仓温度，减少混凝土浇筑过程中的温度回升，快速入仓、平仓、振捣；对运输混凝土的工具采取隔热遮阳措施；尽量避免在高温时段浇筑混凝土，充分利用早晚及夜间气温低的时段浇筑；混凝土终凝后采取表面流水或加盖持水保湿材料，降低混凝土最高温度。

（3）冬季混凝土施工：由于该区多年平均气温较低，极端最低气温为 −13.3℃，混凝土施工应严格按《水工混凝土钢筋施工规范》（DL/T 5169—2013）执行，气温低于 5℃ 需采取防护措施。

浆砌石砌筑：块石料采用由挖掘机装 5t 自卸汽车运至使用点附近，0.25m³ 砂浆搅拌机制备砂浆，人工砌筑。

厂房砌砖采用手推车运输，垂直运输用井架式提升机吊运，砂浆由搅拌机拌制，在搭设的钢管脚手架上人工砌砖。

钢筋由厂区钢筋加工厂制作加工，载重汽车运至施工现场，人工绑扎安装。模板用定型组合钢模，部分采用木模，人工立模安装。厂房混凝土由厂区拌和站拌制。安装间地坪以下混凝土采用翻斗车运送，卸入溜槽（筒）入仓，人工平仓、振捣。安装间地坪以上考虑采用混凝土泵送入仓，人工振捣，视浇筑部位，采用插入式或平板式振捣器进行振捣。

升压站电气设备基础为混凝土，采用人工推双胶轮车直接入仓浇筑。电气设备的安装采用汽车吊将较大的电气设备吊至基坑位置，小的电气设备通过人工运到现场，进行安装。

6. 金属结构及机电设备安装

金属结构主要包括闸门及埋件制作安装，制安量不大，采用工厂制作，8t 东风汽车运至工地进行组装。闸门利用 10t 汽车吊、人工辅助送入孔中。闸门埋件安装是闸门的重要组成部分，安装时应与水工建筑密切配合，安装偏差应控制在 ±2mm 范围之内。

机电设备主要有水轮机、发电机、变压器等，机电设备安装按照生产厂家的安装说明和设计施工技术要求进行。主要机电设备安装按电力建设施工及验收规范施工，主厂房内的重型设备采用行车吊装就位，升压站设备采用汽车运输进行吊装。

7. 帷幕灌浆施工

大坝帷幕灌浆坝基部位在混凝土垫层浇筑完成后施工，坝肩两侧随大坝浇筑的抬高同时施工。

帷幕灌浆采用自上而下分段、孔内循环方式实施。

施工采用地质岩芯回转钻钻孔，灌浆机灌浆，灌浆自动记录仪与之配套使用，灌浆压力根据现场灌浆试验确定，浆液材料采用强度等级不低于32.5普通硅酸盐水泥或硅酸盐大坝水泥。

五、施工交通运输

1. 对外交通运输

甲河一级水电站工程施工所需的建筑材料及机械设备等，主要包括以下几种：水泥、木材、钢材（包括钢筋、钢板、型钢及金属结构闸门及启闭设备等）、施工机械设备、永久机电设备、爆破材料（包括炸药、导爆管、导火线、雷管等）、油料、房建材料、生活物资、其他（包括化工、劳保、医药、五金、交电、工器具等）。

根据工程规模及各建筑物设计和施工要求，以及运输损耗等，甲河一级水电站对外交通运输总量为2.8万t，其中水泥17726t，钢材3800t，占总运量的76.9%。

工程所需混凝土骨料由砂石加工场通过场内公路运至施工区。

水泥由当地水泥厂或丁县建材市场供应，通过公路运至工地。

火工材料拟由丁县公安部门或当地民爆器材厂专门供应，工程所需木材在当地采购，汽（柴）油在县城采购，可通过公路运至工地。

工程所需钢材拟由省会钢铁公司供应，可通过公路运至工地。

机电设备等可从厂家经铁路运输至大理，转公路运至施工区。

铁路转公路运输方案的线路为：通过昆大铁路运输至大理，再转公路至剑川，经塔城、燕门至工程施工区。其中省会至大理铁路运输里程379km。

该工程对外交通以公路为主。工程区距戊镇20km，距丁县52km，距州府238km，距省会880km。根据现场及现有公路状况，电站对外交通条件较好：以省会为起点主要有两条线路，第一条为省会—楚雄—大理—剑川—石鼓—塔城—白济汛—燕门—甲河一级水电站厂址，公路里程约880km；第二条为省会—楚雄—大理—剑川—州府—丁—戊—甲河一级水电站厂址，公路里程约878km。

两条线路高速公路里程相差不大，主要差别为第一条线路沿澜沧江走，道路较平整，待澜沧江公路修建完成后，可由永平沿澜沧江走，交通便利。第二条线路需翻过雪山。

甲河一级水电站施工期运输的主要重大件为：电气设备单件最大运输部件为主变压器；机械设备单件最重运输部件为转子带轴，机械设备单件直径最大运输单元为定子，机械设备单件最长运输部件为桥机大梁。

根据重大件的以上特点，可先采用铁路运输至大理，再从大理转公路运输至电站厂房；根据机电设备的厂家不同，或采用铁路运输至省会，再从省会转公路运输至电站厂房的方案。

根据甲河一级水电站的对外交通运输条件，对外交通运输推荐采用以公路为主结合铁路的运输方式。对于大宗件杂货、散货物资推荐采用公路运输。以经国道G56杭瑞高速至大理，由大理经公路到达工地的线路为对外物资运输的主要线路。该工程沿线永久桥基本可满足重大件运输要求。

2. 场内交通运输

场内交通运输主要为工程施工连接各工区、生产和生活区而设置。需新建的永久主干线公路约6.2km，路面宽5.0m，路基宽6.5m，临时道路约5.8km，新建公路桥1座。

（1）厂区施工道路。

1号公路（进厂公路）：接德贡公路，高程2186.00m，终点至厂房上游侧，高程2183.00m，道路全长0.3km，纵坡降1.0%，路面宽5.0m，路基宽6.5m。

（2）坝区施工道路。

2号公路（上坝公路）：接1号公路，高程2183.00m，沿甲河至新建公路桥右岸桥头，高程为2320.00m，道路全长2.3km，纵坡降6.0%，路面宽5.0m，路基宽6.5m。

3号公路（上坝公路）：接新建公路桥左岸桥头，高程2320.00m，终点为左岸坝顶，高程约2656.40m，道路全长3.6km，纵坡降9.3%，路面宽5.0m，路基宽6.5m。

4号公路（基坑施工便道）：起左岸坝顶，高程2656.40m，经上游围堰堰顶，高程2641.00m，终点至坝基坑，高程2628.00m，道路全长0.3km，纵坡降9.5%，路面宽4.0m，路基宽5.5m。

水库淹没区人畜便道：由于水库淹没部分原有人畜便道，需重修道路与原有道路连接，宽1.5m，长约200m。

新建公路桥以连接2号、3号上坝公路，高程2320.00m，长约30m，宽5m，设计载荷为50t，混凝土桥。

（3）调压井施工道路。

5号公路（至调压井施工便道）：起自2号公路（高程2320.00m），经压力钢管道集渣平台（高程2430.00m），终点至调压井底（高程2625.00m），道路全长3.3km，纵坡降9.3%，路面宽4.0m，路基宽5.5m。

6号公路（至调压井顶施工便道）：起自5号公路（高程2625.00m），终点至调压井顶口（高程2663.00m），道路全长0.4km，纵坡降9.5%，路面宽4.0m，路基宽5.5m。

（4）引水隧洞施工道路。

7号公路（1号施工支洞施工便道）：接5号公路（高程2520.00m），终点1号施工支洞洞口（高程2635.00m），道路全长1.8km，纵坡降6.4%，路面宽4.0m，路基宽5.5m。

六、施工工厂设施

1. 砂石加工系统

该工程混凝土总量51277m³，共需成品混凝土骨料80700m³，细骨料约26000m³，粗骨料约54700m³，工程区附近缺乏可用天然砂砾料，混凝土粗细骨料由人工加工获得。主石料场选在位于厂址下游3.0km右岸、高程2120.00m的花岗闪长岩、二长花岗岩地层中，质量、储量满足工程需要，石料开采条件良好。

引水洞开挖料大部分为燕山期的闪长岩及花岗岩，强度较高，引水隧道洞挖量为5.5万m^3，大部分为微风化～新鲜闪长岩、花岗岩，约2.0万m^3可以作为块石料及混凝土骨料使用。

在石料场附近空地建砂石加工系统，根据施工进度安排，砂石加工系统规模满足混凝土月高峰强度4750m^3/月的要求，砂石加工系统按二班制生产，日有效工作小时数12h，生产三级配混凝土骨料，骨料最大粒径80mm，系统设计处理能力为30t/h，成品粗骨料生产能力21t/h，成品砂生产能力9t/h。石料采用8t自卸汽车运输至砂石加工系统，成品骨料采用装载机或汽车运输至各混凝土生产系统，至厂区拌和系统运距约3km，至坝区搅拌站运距约9km，至调压井搅拌站运距约7.5km，工程所需成品骨料统一由本砂石加工系统供应。

根据料源的岩性和混凝土骨料性能要求，砂石加工系统采用开、闭路结合的生产工艺，砂石系统主要由粗碎、中碎、筛分、制砂等工艺环节组成，粗碎选用颚式破碎机，中碎设备选用圆锥破碎机，制砂选用"石打石"立式破碎机，成品骨料由装载机运至混凝土生产系统。系统工艺见混凝土工艺流程图纸。

2．混凝土拌和系统

主体工程混凝土总量51277m^3，其中大坝混凝土浇筑量11351m^3，引水隧洞混凝土浇筑量为14463m^3，调压井混凝土浇筑量1164m^3，钢管道混凝土浇筑量5103m^3，厂房混凝土浇筑量17256m^3，升压站混凝土浇筑量2210m^3。

混凝土浇筑主要集中在大坝、1号施工支洞、调压井、钢管道、主副厂房工作面。各工作面的混凝土月高峰浇筑强度为：大坝1540m^3，1号施工支洞650m^3，调压井1100m^3，厂区4500m^3。根据混凝土浇筑部位，在厂区设置一座拌和站，供厂区、钢管道、调压井及部分引水隧洞混凝土浇筑，在坝区及调压井各1台4m^3搅拌机，共2台。

厂区混凝土拌和站按一天三班24h工作制，系统规模按照混凝土高峰月浇筑强度为0.45万m^3/月的强度设计。根据月浇筑强度计算出的混凝土生产系统的生产规模为12m^3/h，考虑到设备实际生产能力和设计生产能力的差别，以及仓号最大浇筑强度的要求，选用HZS25强制混凝土拌和站，额定生产能力为25m^3/h，在该拌和站未建成时期的混凝土应由现场根据实际情况采用搅拌机拌制。

混凝土最高月强度生产时段水泥日平均用量58t/d，水泥储存量为200t，可满足高峰月3天用量；粉煤灰日平均用量26.5t/d，选择一台100t粉煤灰储罐，可满足混凝土生产高峰月3天用量；成品骨料日均用量530t，采用露天骨料仓4×40m^2储备，并将其分割成大石、中石、小石、砂共四个料仓，堆高5m，可储存1600t骨料，满足高峰月3天用料量，成品骨料由自卸车从砂石厂运至成品料仓，成品料仓仓顶部搭设防雨棚，防止阳光直射骨料和雨水进入料仓，有利于砂石骨料的降温和含水率保持稳定，拌和站骨料由装载机上料；同时建有外加剂调制池、储存室、水池、实验室及系统照明。

拌和系统整个布置在厂房进厂公路附近，布置高程为2183.00m平台上，在高程2183.00m平台上布置本系统成品料仓，胶带机，4个6m×7m的成品骨料堆等；有场内施工道路通往受料斗及厂区各处，以便临建及运行期通行；在拌和站平台下游设置了粉料罐、外加剂系统、拌和站调度室、实验室、生活设施、配电系统等；为了保证和检测混凝土质量，在拌和站旁建一试验室，试验室主要由：压力间、养护间、成型间、办公室、资料室等构成。主要用于砂石骨料、水泥、砂浆、外加剂及混凝土等的试验。

混凝土拌和站附近均设有骨料仓和水泥库。混凝土系统的建筑面积为1210m², 占地面积3000m²。

电站所需的浆砌石总量为12120m³，其中：拦河闸坝9568m³、主副厂房1462m³、升压站1090m³。由于浆砌石使用地点相对集中于坝区和厂区，所以采用0.25m³移动砂浆搅拌机在使用地点附近拌制，共需0.25m³移动砂浆搅拌机2台，大坝、厂房各1台。

3. 综合工厂及机械修配厂

根据工地条件，钢管制作拟在厂家进行，机械大修尽可能利用戊镇现有机械修理设备。工地仅设修钎站、钢筋加工厂、木材加工厂、机械修配站和车辆保养站等施工辅助企业。

（1）综合加工厂。

综合加工厂包括钢筋加工厂、木材加工厂、混凝土预制件厂。根据工程实际情况，综合加工厂采用集中布置方式，在坝区、调压井、厂区3个位置分别布置综合加工厂。

其生产规模：钢筋加工厂按8t/台班，木工厂按4m³/台班，机械修配站设机床2台，车辆保养站按拥有5辆考虑。

混凝土预制件厂主要承担相应施工区主体及临时工程的结构件的预制任务，并同时兼顾房建所需预制件的生产，一班制作业。

（2）机械修配厂。

机械停放（含修配、保养场地，下同）场按条带布置于厂区进场公路旁，距厂址约300m处，场地布置高程2183.00m，占地面积约750m²。

4. 压缩空气、供水、供电和通信系统

（1）施工供风。

施工供风用户主要为石方开挖以及喷锚支护及隧洞施工等。根据工程施工用风部位及负荷分布特点，采用分区集中供风方式，可缩短供风系统临建项目工程量和减少输气管网的风压损耗，提高产风设备的利用率。供风量较小处可采用移动式空压机供风。

压风站分别设引水隧洞进口、1号施工支洞口、调压井处，建筑面积60m²，占地面积120m²。

（2）施工供水。

大坝、1号施工支洞、调压井及厂区施工及生活供水水源为甲河，生活供水经净化消毒处理达饮用水标准时方能饮用。

各供水系统用水规模：大坝施工用水量800m³/d，生活用水量250m³/d，调压井施工用水量470m³/d，生活用水量200m³/d。厂区施工用水量640m³/d，生活用水量300m³/d。

由于施工区各用水点分散，考虑布置经济合理，宜分别设置供水系统，具体布置如下：

1) 大坝供水系统。取水泵站建在甲河左岸坝址下游，水泵选用潜水泵，一用一备，输水管线顺山坡至施工工厂及生活区水池，水池有效容积200m³，满足施工及生活用水，同时利用潜水泵引水至引水隧洞洞口，满足隧洞开挖用水。

2) 1号施工支洞供水系统。取水泵站建在甲河左岸坝址上游，水泵选用潜水泵，一用一备，输水管线顺山坡至引水隧洞进口，满足隧洞开挖用水。

3) 调压井供水系统。取水泵站建在甲河支流永纳溪河畔，水池位于调压井附近，供调压井和隧洞开挖、混凝土拌和及浆砌石用水。配水厂水池，水池有效容积200m³，水池出水由输水管引至施工区及混凝土系统。水池布置高程2640.00m，占地约150m²。

4) 厂区供水系统。取水泵站建在甲河右岸河畔，水池位于厂区混凝土搅拌系统附近，供厂区混凝土拌和及厂区生活用水。配水厂水池，水池有效容积300m³，水池出水由输水管引至生活区及混凝土系统。水池布置高程2183.00m，占地约250m²。

(3) 施工供电。

电站施工期施工用电由甲河上的小水电站供应，小水电站位于电站厂址下游约3.5km处，砂石加工系统附近。施工用电从小水电站引至大坝、1号施工支洞洞口、调压井及厂区。

工程主要施工用电为：土石方工程施工、混凝土浇筑施工、砂石加工系统、混凝土拌和系统、供水系统用电、供风系统用电、机修系统、施工工厂、基坑排水及施工照明等。

工程施工高峰用电负荷为750kW，其中坝区容量250kW、1号施工支洞容量100kW、调压井容量100kW、厂区容量300kW，初步估计新架输电线路约6.0km。

(4) 通信系统。

施工通信是保证工程施工期工程调度、工程管理及水情预报等信息的迅速、准确、可靠地传递，保持与上级主管部门、全国各地的通信联系。

工程区通信线路均需并入就近村庄程控电话网上，在办公及生活营地、生产调度值班室、砂石加工系统、混凝土拌和系统、施工机械厂、综合加工厂等处装固定电话，共需架设通信线路约4km。

另工程区有中国移动信号覆盖，通信条件较好，拟以移动通信为主。同时配置无线对讲机和移动电话，便于施工区流动人员之间的通信联系，构成点对点的通信，以加强生产调度联络。

七、施工总布置

1. 施工总布置原则

施工总布置的基本原则为因地制宜、因时制宜和有利于生产、方便生活、快速安全、经济可靠、易于管理，并注意以上各点的前提下兼顾：

(1) 施工场地选择应综合考虑地形、地质条件，场内外交通布置，给水、供电、防洪排水等要求，尽量选择地形平坦宽阔、靠近水工枢纽、地质条件好的场地。

(2) 场地划分和布置应符合国家有关安全、防火、卫生、环境保护等规定。

(3) 各种施工设施的布置应能满足主体工程施工工艺要求，避免干扰，避免和减少场料的重复、往返运输，为均衡生产创造条件。

(4) 分期布置应适应各施工期的特点，注意各施工期之间工艺布置的衔接和施工的连续性，避免迁建、改建和重建。

(5) 选择合适的防洪、排水标准，其系统布置应能保证施工场地和施工设施的安全。

(6) 场地布置既要方便工程各标段的工程施工，又要不影响通过施工区域的供水、供电、通信等公共设施的正常运行。

2. 施工分区规划布置方案

根据工程区地形条件和枢纽布置格局，施工分区主要划分为四个区，即坝区施工区、引水隧洞施工区、调压井施工区和厂区施工区。

坝区施工区主要承担首部枢纽、导流工程及引水隧洞洞口段的施工。该区布置有混凝土搅拌站、堆料场、综合加工厂、综合仓库、弃渣场、生活区、压气站、水池等。

引水隧洞施工区，布置于1号施工支洞洞口，主要承担绝大部分引水隧洞开挖、支护及混凝土衬砌，该区仅布置有压气站、水泵站、临时仓库及临时值班室等。

调压井施工区主要承担调压井、部分引水隧洞及部分钢管道的施工，布置于调压井附近相对平坦地段，由于该处较为陡峻，考虑充分利用场地，施工开挖阶段进行弃渣堆放，同时砌筑挡土墙，堆渣达到设计高程后平整，作为材料堆放、混凝土搅拌及布置施工辅助设施场地，主要布置有混凝土搅拌站、堆料场、综合加工厂、综合仓库、生活区、钢筋钢管临时堆放场、施工机械设备停放场、水池等。

厂区施工区主要承担压力钢管道、主副厂房及升压站的施工。该区布置有油库、炸药库、金结及机电拼装场、混凝土拌和系统、综合加工厂、弃渣场、中心仓库、生活区等。初步估算各施工区上述设施总共需要建筑面积4707m^2，占地面积42145m^2。

3. 施工工厂和生活设施布置

坝区施工区布置有混凝土搅拌站、综合加工厂、配电所、压风站及机械停放场等；引水隧洞施工区布置有配电所、压风站、水泵站等；调压井施工区布置有混凝土搅拌站、压风站、施工水厂、配电所及机械设备停放场等；厂区施工区布置有油库、炸药库、混凝土拌和系统、砂石加工系统、钢筋加工厂、木材加工厂、施工水厂、配电所、机械修配停放场、金结及机电设备拼装场等，其建筑面积为2697m^2，占地面积为11915m^2。

本工程如钢筋材料库、施工机械库、油料库、爆破材料库、生活物资库、综合仓库等各类仓库的面积根据总进度安排的施工强度估算，其建筑总面积930m^2，占地总面积2700m^2。

根据施工总进度安排，施工时所需的办公、生活建筑面积为1080m^2，占地总面积 2030m²。

4. 土石方平衡

该工程位于高山峡谷区，坝址地形陡峻，结合工程枢纽布置特点与坝址区地形条件分析，施工布置难度较大。土石方平衡及弃渣场规划需结合施工企业、生活营地等的布置进行合理调配。

根据施工总进度及施工总布置的安排，土石方的利用调配原则是按照首先满足主体工程及导流工程的利用要求，然后用于场地平整，最后进行弃渣的顺序，尽可能直接弃渣，避免转运。结合施工进度及料源规划，土石方平衡利用要求如下：

（1）围堰填筑所需的石渣料利用导流洞、大坝岸坡开挖料。

（2）工程块石、浆砌石部分采自明挖及隧洞开挖的块径较好的石料。

（3）大坝及引水隧洞、调压井、钢管道及厂区混凝土骨料充分利用引水隧洞开挖可用料加工。

（4）开挖料除部分用于混凝土骨料加工外，其余用作场地平整和运至各区弃渣场。

（5）石料场提供除开挖可利用料以外全部所需石料。

该工程土石方明挖总量约 67383m³，石方洞挖约 55252m³，石方井（槽）挖约 32239m³，石料场开挖弃渣 6600m³，土石方回填 29913m³。引水隧洞开挖出的渣料中约 2.0 万 m³ 可以作为混凝土粗细骨料。初步规划施工弃渣总量约 10.6 万 m³，渣场总容量 17.8 万 m³。弃渣分散堆放在坝区左岸（1号渣场）、厂址上游右岸（2号渣场）、厂区内（3号渣场）、砂石料场附近（4号渣场）的弃渣场内。各弃渣场建有挡渣和排水设施，以防止水土流失，部分弃渣场地经平整后可作为施工场地使用。

5. 渣场规划

（1）规划原则：①选用运距短、对现有居民区影响较小、运输方便的天然冲沟、谷地作为堆（存、转）弃渣场，必要时设置挡渣墙；②存弃渣场不得占用永久建筑物位置和施工场地，避免二次倒运；③存弃渣场容量满足开挖出渣量要求，其中存料场考虑施工围堰填筑和骨料加工取料方便；④充分利用弃渣形成的场地作为施工用地，场地形成时间满足施工使用要求。

（2）存弃渣场规划：该工程位于高山峡谷区，坝址地形陡峻，结合工程枢纽布置特点与坝址区地形条件分析，施工布置难度较大。根据本工程的以上特点，现有弃渣场容量有限，拟充分利用施工企业、生活营地等的场地平整（填方）进行存弃渣。该工程主要存弃渣场情况介绍如下：

1）1号渣场（坝区存弃渣场）。1号渣场位于坝址下游甲河左岸，利用该处相对平缓坡地存渣，占地面积 4000m²，堆渣高程 2671.00～2685.00m，存料容量 2.8 万 m³，容纳来自导流工程、大坝工程及部分引水隧洞开挖弃渣。

2）2号渣场（引水隧洞存弃渣场）。2号渣场位于坝址下游甲河右岸，利用该处相对开阔的缓坡存料，占地面积 8000m²，规划弃渣高程 2290.00～2320.00m；存弃渣容量 11 万 m³，容纳来自1号施工支洞、调压井及部分钢管道开挖弃渣。

3）3号渣场（厂区存弃渣场）。3号渣场位于厂房外侧，利用该处滩地存渣，施工时砌筑外侧防洪挡墙,并利用弃渣修筑道路和厂区回填,占地面积4000m²,规划弃渣高程2173.00～2183.25m;存弃渣容量约3万m³,容纳来自主副厂房及部分钢管道开挖弃渣。

4) 4号渣场（石料场存渣场）。4号渣场位于石料场附近,利用该处滩地存渣,占地面积1500m²,规划弃渣高程2040.00～2052.00m;存弃渣容量约1万m³,容纳来自主石料场开采弃渣。

6. 施工占地

枢纽工程建设区用地性质按最终用途确定,分为临时用地与永久占地。临时用地主要指工程建设临时使用,工程完工后可退还地方的土地;工程建设和电站运行管理永久使用的土地为永久占地。工程建设处于水库淹没区的土地为库区用地。

(1) 主体工程施工区：主体工程施工区内混凝土低坝、厂房等均为永久建筑物,该区用地性质均为永久占地（其中处于水库淹没区内的部分用地性质为库区用地,下同）。

(2) 施工布置分区：砂石加工、混凝土系统、其他施工工厂、施工营地（含仓库）等均为临时建筑物,用地性质为临时占地；施工水厂、施工营地等部分场地可作为电站建成后的运行管理用地,用地性质为永久占地。

(3) 场内施工交通：场内施工道路的布置满足工程施工和后期电站运行的交通需要,其中连接施工配电所、大坝、业主永久营地等处的道路用地性质为永久占地,其余道路用地性质为临时占地。

该工程建设区征地红线范围分为坝区、引水发电系统施工区征地红线范围。根据施工场地布置规划和征地红线范围拟定原则,综合施工、地质、移民等因素考虑,初步拟定征地红线范围：

甲河一级水电站施工占地为82401m²,合123.6亩,其中永久占地26.3亩、临时占地97.3亩（1亩≈666.67m²）。

根据施工总布置规划,本着少占地的原则,对场内施工场地进行重复利用。

机械修配停放场、综合加工厂、综合仓库、厂区综合加工厂、金结及机电设备拼装场等场地均考虑前期弃渣,待场地达到场平要求后再作为相关施工场地。

筹建期工程施工场地尽量利用主体工程施工期的施工营地。主体工程完工后,坝区施工营地将改建为业主永久营地,厂区生活营地将改建为厂区业主永久营地。

八、施工总进度

1. 编制依据

(1) 工程枢纽布置情况、设计图件及相应工程量。

(2) 工程区所处的自然地理条件,施工场地的地形条件,当地建筑材料分布情况,交通运输条件。

(3) 施工难易程度。

(4) 有关水利水电施工的相关规程规范。

(5) 主体工程施工方法,以机械施工为主,辅以人工完成。

(6) 施工主导设备生产率现行定额,结合施工经验和工程施工特点进行调整,同时留有一定富余。

2. 施工总体安排

引水系统工程是控制整个工程进度的关键项目，为使工程尽早发挥发电效益，施工总进度根据引水隧洞施工方法，参照国内工程的施工情况，按国内平均先进水平进行编排。初拟本工程于第1年7月初进场施工，至第3年12月底完工，总工期为30个月，第1台机组发电工期为第27个月底。

为了保证本工程施工的顺利实施，需业主单位在筹建期完成部分准备工程项目，筹建期安排在第1年3—6月，施工准备期在第1年7—10月。

(1) 筹建期：工程筹建期主要完成坝区进场道路、厂区进场道路和业主营地施工，为主体工程施工创造条件。

(2) 施工准备期：施工准备期内关键项目为引水隧洞施工道路和明钢管施工道路施工，以及引水隧洞施工支洞和施工临建设施项目施工。

(3) 主体工程施工期：主体工程施工期从第1年11月引水隧洞土石方开始开挖，到第3年8月底，引水隧洞衬砌完毕，具备通水条件，2台机组也安装调试完毕，具备投产发电条件，主体工程施工期为26个月。主体工程施工期的关键项目为：引水隧洞开挖和衬砌—厂房机组安装及调试，挡水坝施工和明钢管安装为次关键项目。

(4) 工程完建期：因引水隧洞衬砌完毕、具备通水条件的同时，电站2台机组也安装完毕，可以投产发电，所以本工程完建期3个月，主要完成2号机组及电气设备的安装、调试与发电和本工程其他收尾工作。

3. 施工进度计划

(1) 筹建期、施工准备期。

筹建期4个月、施工准备期4个月，共8个月时间。进行征地、场地平整及场外、场内交通，施工风、水、电及通信，仓库系统，生活设施、砂石系统、混凝土系统等项目。

(2) 首部枢纽工程施工。

首部枢纽工程包括导流工程、拦河坝。

该工程拦河坝采用全年隧洞导流的方式。导流截流工程能否按时完成，将直接影响大坝的施工进度。导流隧洞工程拟定第1年11月底完成，截流工程拟定第1年12月底完成。

大坝工程土石方开挖分两岸和基坑进行，左岸边坡同导流隧洞同时进行开挖，待截流完成后，进行右岸边坡、取水闸及大坝基坑开挖。到第2年5月完成大坝所有开挖项目。混凝土浇筑自第2年4月大坝基础开挖面出来后开始浇筑，至第2年11月底完成大坝混凝土浇筑。第2年5—8月共4个月相继完成大坝基础处理、混凝土防渗墙及帷幕灌浆施工。

(3) 引水枢纽工程施工期。

引水系统由引水隧洞、调压井和钢管道等组成。其中引水隧洞为本工程的关键项目。

引水隧洞石方洞挖从第1年11月初开始施工，至第2年10月底完成。混凝土衬砌安排在第 2 年 4 月初开始，到第 3 年 7 月底结束。

调压井石方井挖从第 2 年 11 月初开始施工，至第 3 年 2 月底完成。混凝土衬砌安排在第 3 年 3 月初开始，到第 3 年 5 月底结束。

钢管道土石方明挖安排在第 1 年 11 月至第 2 年 7 月，石方洞挖安排在第 1 年 12 月，混凝土浇筑安排在第 2 年 6—11 月，第 3 年 3 月钢管道完成全部施工项目。

（4）厂区工程施工期。

厂房基础土石方开挖从第 2 年 6 月初开始，到第 2 年 9 月完成。第 2 年 8 月逐步开始厂房混凝土浇筑，到第 3 年 3 月底完成所有厂房混凝土浇筑，第 3 年 4 月初开始机组安装，第 3 年 9 月底第一台机组发电，第二台机组于第 3 年 12 月底投产发电。升压站施工安排在第 2 年 10 月初开始，第 3 年 4 月底完成。

（5）关键线路主体工程施工期。

本工程关键线路为：引水隧洞开挖及局部支护—混凝土衬砌—1 号机组安装调试发电—2 号机组调试发电。

第 1 年 11 月至第 3 年 8 月完成引水隧洞工程施工。

第 2 年 6 月至第 3 年 5 月完成调压井工程施工。

第 1 年 11 月至第 3 年 4 月完成压力管道施工。

第 2 年 5 月至第 3 年 3 月完成电站主副厂房和升压站工程施工。

第 3 年 3 月开始机组安装、调试。

第 3 年 9 月底第 1 台机组发电，第 3 年 12 月第 2 台机组发电。

（6）施工强度。

该工程共需总工日 12.00 万工日，施工高峰人数 320 人，平均施工人数 200 人。施工时月高峰强度为：土石方明挖 15700m³，石方洞挖 5650m³，混凝土浇筑 5200m³。

施工总进度计划如图 4-4 所示。

九、主要技术供应

1. 主要建筑材料

该工程主要建筑材料需要总量见表 4-1。

表 4-1　　　　　　　主要材料用量汇总

序号	材料名称	单位	数量	备注
1	水泥	t	17726	
2	钢材	t	1318	
3	钢筋	t	2482	
4	木材	m³	3250	
5	油料	t	1583	
6	粗骨料	m³	54700	
7	砂	m³	26000	
8	块石料	m³	14000	
9	炸药	t	214	

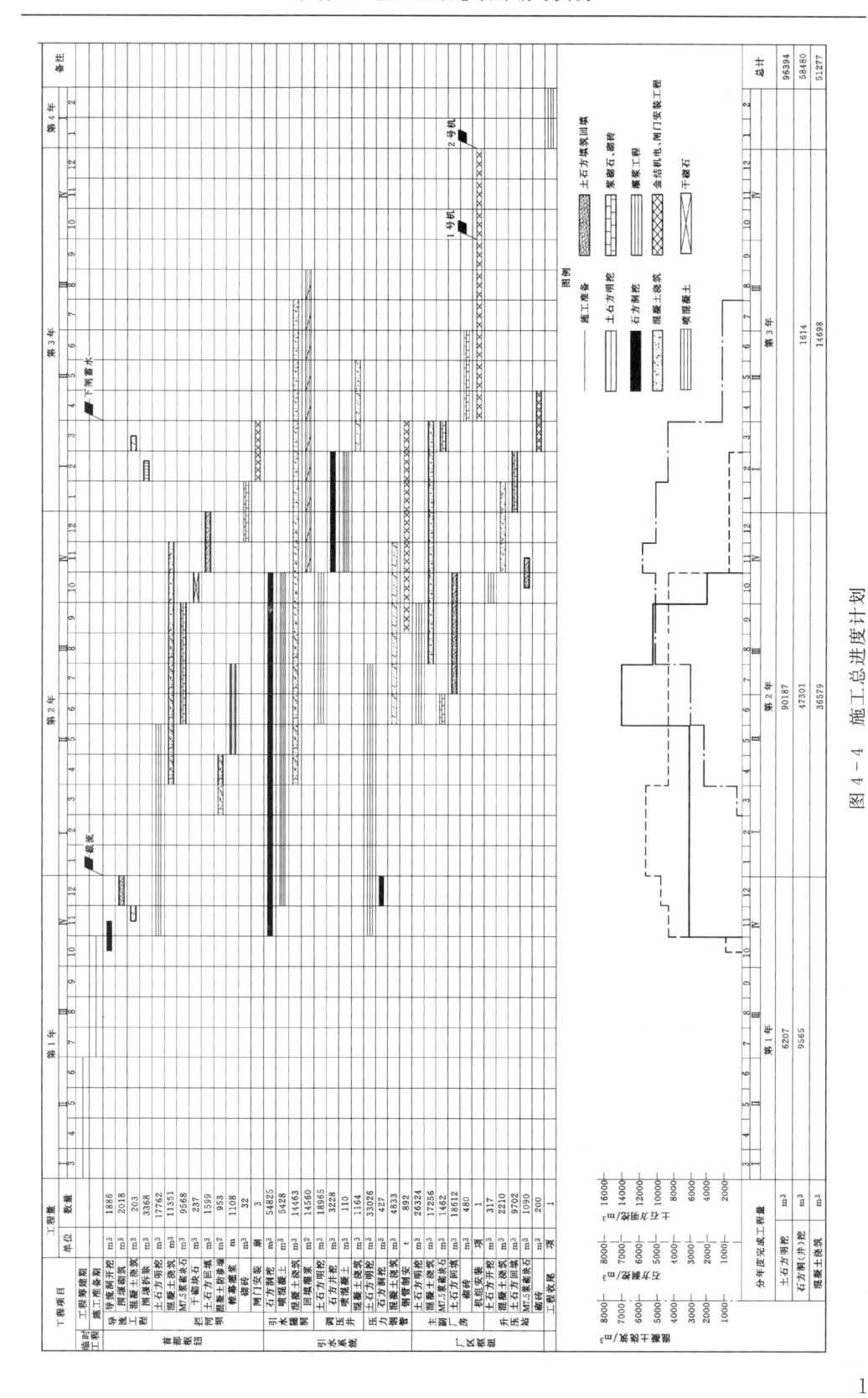

图 4-4 施工总进度计划

2. 主要施工机械设备

根据施工进度要求，施工主要机械设备型号和数量选择见表4-2。

表4-2　　　　　　　　　　主要施工机械设备

序号	机械设备名称	型号及规格	单位	数量	备注
1	推土机	DA50A-17型 75kW	台	3	
2	反铲挖掘机	1.0m^3	台	3	
3	装载机		辆	4	
4	自卸汽车	5t	辆	5	
5	自卸汽车	8t	辆	6	
6	手扶拖拉机	3t	辆	8	
7	手推车		量	10	
8	空压机	8m^3	台	4	
9	移动空压机		台	3	
10	手风钻	YT28	台	12	
11	潜孔钻	QY100B	台	3	
12	潜水泵	移动式	台	5	
13	抽水泵	$H=50m$，$Q=50m^3/h$	台	3	
14	注浆机		台	2	
15	灌浆泵		台	2	
16	卷扬机	5～10t	台	2	
17	混凝土喷射机		台	3	
18	混凝土搅拌机	4m^3	台	2	
19	混凝土泵	HBT-60	台	2	
20	振捣器	$\phi100/\phi50$	台	12	
21	电焊机		台	5	
22	变压器		台	4	
23	钢筋加工设备	8t/台班	套	3	
24	木材加工设备	4m^3/台班	套	3	

项目五　单位工程施工组织设计

项目重点：单位工程施工组织设计编制的内容；工程概况与施工条件分析；施工方案选择；单位工程施工进度计划编制；单位工程平面图布置。

教学目标：熟悉单位工程施工组织设计编制的原则、作用、依据，施工组织的选择和主要工程施工顺序及工艺，施工进度计划、施工布置的作用、依据；掌握单位工程施工组织设计编制、施工条件分析、施工方案选择、单位工程施工进度计划、平面图布置的内容、方法。

项目引入：2023 年，水利部公布 117 项"人民治水·百年功绩"治水工程，其中河南省出山店水库工程入选中国特色社会主义新时代的治水工程。该水库是淮河干流上游修建的唯一一座大（1）型水利枢纽工程，也是国务院确定的 172 项节水供水重大水利工程之一，是淮河治理的关键性工程。设计理念上，工程布置因地制宜地采用"混凝土坝＋土石坝"的设计方案，采用压重平台和挤密砂桩相结合的新技术处理多类型异厚度复杂坝基，采用非完整宽尾墩＋梯形墩＋T 形墩联合的优化消能理念，主要技术成果达到国内领先水平。该水库主体工程的 5 个单位工程优良率 100%，并先后获得中国水利工程优质（大禹）奖和全国建设工程质量最高奖"鲁班奖"。

任务一　单位工程施工组织设计概述

知识目标：掌握单位工程施工组织设计的含义和作用，理解单位工程施工组织设计内容。

能力目标：学生能说出单位工程施工组织设计的编制依据，知道编制的程序，能讨论分析说出各项内容之间的关系。

模块一　单位工程施工组织设计的含义

单位工程施工组织设计是进行单位工程施工组织的文件，是计划书也是指导书。单位工程施工组织设计相当于一个工程的战略部署，是宏观定性的，体现指导性和原则性，是一个将建筑物的蓝图转化为实物的总文件，内容包含了施工全过程的部署、选定技术方案、进度计划及相关资源计划安排、各种组织保障措施，是对项目施工全过程的管理性文件。

施工组织总设计是解决全局性的问题，而单位工程施工组织设计则是针对具体工程，解决具体的问题。也就是针对一个拟建单位工程，从施工准备工作到整个施工的全过程进行规划，实行科学管理和文明施工，使投入到施工中的人力、物力和财力及技术力量得到最大限度的发挥，使施工能有条不紊地进行，从而实现项目的质量、工期和成本目标。

模块二 单位工程施工组织设计的作用和编制依据

1. 单位工程施工组织设计的作用

(1) 详细安排施工准备工作：体现在熟悉施工图纸，了解施工环境、施工设备的准备和现场布置、施工条件的落实、施工项目机构的组建、各种施工材料的准备购买等。

(2) 对项目施工过程中技术管理做出具体安排：体现在结合工程特点提出切实可行的施工方案和技术手段，各个分部分项工程的先后施工顺序和交叉搭接，各种新技术和复杂施工方法的采取措施，确定施工方案、施工总体布置、施工进度计划等。

2. 单位工程施工组织设计编制原则

(1) 全面响应原则。全面响应原则是对招标文件的全部内容全面响应，而不是有的响应，有的不响应，也不能单方面修改。

(2) 技术可行性原则。根据招标项目的具体情况及招标文件给定的施工条件，投标时编制的施工组织设计，必须是技术上可行，质量、进度、安全等保证达到表述的要求。技术上的可行，是指包括施工组织设计中选定的施工方案、施工方法必须是可行的，符合当时施工水平、设备水平，所采用的施工平面布置是合理的，资源供给达到相对平衡合理，经过努力可以达到。施工组织设计中的技术上可行是中标的前提。

3. 单位工程施工组织设计的编写依据

单位工程施工组织设计编写的主要依据是：设计阶段的施工组织总设计、招标文件。

(1) 施工组织总设计。单位工程施工组织设计，一般是一个项目的一个组成部分，有单独的设计，可以组织单独的施工，竣工后不能单独发挥效益的工程的一部分，是招标的一个标段的工程。所以该段的施工组织计划，必须按照设计阶段的施工组织总设计的各项指标和任务要求来编制，如进度计划的安排应符合总设计的要求。

(2) 招标文件。招投标阶段的施工组织计划，其主要目的是投标中标，要想达到中标的目的，就必须响应招标文件，所做的施工布置、进度要求、质量要求必须符合招标文件的具体要求，否则就是不响应招标文件，就不能中标，施工组织设计也只是空谈。所以招标文件是该段施工组织设计的主要依据。

(3) 工程所在地的气象资料。如施工期间的最高、最低气温及持续时间，雨季、水量等。

(4) 施工现场条件和地质勘查资料。如施工现场的地形、地貌、地上与地下障碍物以及水文地质、交通运输道路、施工现场可占用的场地面积等。

(5) 施工图及设计单位对施工的要求。包括单位工程的全部施工图样、会审记录和相关标准图等有关设计资料。

(6) 该工程的资源供应情况。包括施工所需劳动力，各专业工种人数，材料、构件、半成品的来源，运输条件，机械设备的配备以及生产能力等。

(7) 该工程相关的技术资料。包括标准图集，地区定额手册，国家操作规定及相关的施工与验收规定，施工手册等。同时包括企业相关的经验资料、企业定额等。

模块三　单位工程施工组织设计的内容

单位工程施工组织设计的内容应根据工程性质、规模、结构特点和复杂程度、施工现场的自然条件、工期要求、采用先进技术的程度、施工单位的技术力量及对采用新技术的熟悉程度来确定。其内容、深度和广度要求不同，在编制时应从实际出发，确定各种生产要素，如材料、机械、资金、劳动力等，使其真正起到指导现场施工的目的。

单位工程施工组织设计一般包含以下内容：

（1）工程概况和工程特点分析（包括工程的位置，施工面积，结构形式、施工特点及施工要求等）。

（2）施工准备工作计划（包括进场条件、劳动力、材料、机械设备的准备及使用计划，"四通一平"的具体安排，预制构件的施工、特殊材料的订货等）。

（3）施工方案的选择（包括流水段的划分、主要项目的施工顺序和施工方法，劳动组织及有关技术措施等）。

（4）各种资源需要量计划（包括劳动力、材料、构件、机具等）。

（5）现场施工平面布置图（包括对各种材料、构件、半成品的堆放位置；水、电管线的布置；机械位置及各种临时设施的布局等）。

（6）对工程质量、安全施工、降低成本及文明施工的技术组织措施。

（7）冬雨季施工保障措施。

（8）其他各项技术经济指标。

单位工程施工组织设计各项内容中，劳动力、材料、构件和机械设备等需要量计划、施工准备工作计划、施工现场平面布置图，是指导施工准备工作的进行，为施工创造物质基础的技术条件。施工方案和进度计划则主要指导施工过程的进行，规划整个施工活动的文件。工程能否按期完成或提前交工，主要决定于施工进度计划的安排，而施工进度计划的制定又必须以施工准备、场地条件以及劳动力、机械设备、材料的供应能力和施工技术水平等因素为基础。反过来，各项施工准备工作的规模和进度、施工平面图的分期布置、各种资源的供应计划等又必须以施工进度计划为依据。因此，在编制时，应抓住关键环节，同时处理好各方面的相互关系，重点编好施工方案、施工进度计划和施工平面布置图，即通常所称的"一图一案一表"。抓住三个重点，突出"技术、时间和空间"三大要素，其他问题就会迎刃而解。

模块四　单位工程施工组织设计的编制程序

单位工程施工组织设计的编制程序是指单位工程施工组织设计各个组成部分的先后顺序以及相互制约的关系。主要的程序有以下几方面。

（1）计算工程量。

通常可以利用工程预算中的工程量。工程量计算准确，才能保证劳动力和资源需要量计算的正确和分层分段流水作业的合理组织，故工程必须根据图纸和较为准确的定额资料进行计算。如工程的分层段按流水作业方法施工时,工程量也应相应的分层分段计算。

(2) 确定施工方案。

如果施工组织总设计已有原则规定,则该项工作的任务就是进一步具体化,否则应全面加以考虑。需要特别加以研究的是主要分部、分项工程的施工方法和施工机械的选择,因为它对整个单位工程的施工具有决定性的作用。具体施工顺序的安排和流水段的划分也是需要考虑的重点。

(3) 组织流水作业,确定施工进度。

根据流水作业的基本原理,按照工期要求、工作面的情况、工程结构对分层分段的影响以及其他因素,组织流水作业,决定劳动力和机械的具体需要量以及各工序的作业时间,编制网络计划,并按工作日安排施工进度。

(4) 计算各种资源的需要量和确定供应计划。

依据采用的劳动定额和工程量及进度可以决定劳动量(以工日为单位)和每日的工人需要量。依据有关定额和工程量及进度,就可以确定材料和加工预制品的主要种类和数量及其供应计划。

(5) 平衡劳动力、材料物资和施工机械的需要量并修正进度计划。

根据对劳动力和材料物资的计算就可绘制出相应的曲线以检查其平衡状况。如果发现有过大的高峰或低谷,即应将进度计划做适当的调整与修改,使其尽可能趋于平衡,以便使劳动力的利用和物资的供应更为合理。

(6) 设计施工平面图。

施工平面图应使生产要素在空间上的位置合理、互不干扰,能加快施工进度。

任 务 训 练

1. 单位工程施工组织设计编制的对象是( )。
   A. 建设项目   B. 单位工程   C. 分部工程   D. 分项工程
2. 下列内容中,不属于单位工程施工组织设计编制依据的是( )。
   A. 施工图   B. 现场水文地质情况
   C. 预算文件   D. 项目可行性研究
3. 单位工程施工组织设计编制程序正确的是( )。
   A. 施工方案—施工进度计划—资源需要量计划—施工平面图
   B. 施工方案—施工进度计划—施工平面图—资源需要量计划
   C. 施工进度计划—施工方案—资源需要量计划—施工平面图
   D. 施工进度计划—资源需要量计划—施工方案—施工平面图
4. 请叙述出单位工程施工组织设计的内容有哪些。
5. 单位工程施工组织设计的编制程序是什么?

任务二　工程概况与施工条件分析

知识目标：掌握单位工程施工组织设计工程概况主要涉及的内容，了解需要对哪些具体施工条件进行分析。

能力目标：学生通过本次任务学习，能够知道如何进行初步的施工概况介绍和施工条件说明。

模块一　工程概况介绍

单位工程施工组织设计中的工程概况，是对拟建工程的工程特点、建设地点特征和施工条件等所做的简单而又突出重点的文字介绍或描述。单位工程施工组织设计，是根据招标文件提供的工程概况进行编制和分析的。一般情况下，招标文件提供的工程概况都不详细，还需通过相关的建设单位进行深入细致的调查，包括自然情况、社会经济情况以及工程情况等。

单位工程施工组织设计，应对工程的基本情况如建设单位、设计单位、监理单位、结构类型、造价等内容做简单的说明，使人一目了然。这些情况也可以做成工程概况表的形式，见表5-1。工程概况中要针对工程特点，结合调查资料进行分析研究，找出关键性的问题加以说明。对新材料、新结构、新工艺及施工的难点应做重点说明。具体包括以下内容。

表5-1　×××工程概况表

工程名称		×××水利工程		
建设地点			工程造价	万元
开工日期		年　月　日	计划竣工日期	年　月　日
施工许可证号			监督注册号	
建设单位			勘测单位	
监理单位			设计单位	
监督单位			工程分类	
施工单位	名　称		单位负责人	
	工程项目经理		项目技术负责人	
	现场管理负责人			
工程内容				
结构类型				
主要工程量				
主要施工工艺				
其他				

注　本表由建设单位填写，由建设单位、监理单位、施工单位保存。

（1）**工程建设概况**：主要说明拟建工程的建设单位、工程名称、性质、作用、建设目的、资金来源及投资额、开竣工时间、设计单位、监理单位、施工单位、施工图纸情况、施工合同、主管部门的有关文件或要求,以及组织施工的指导思想等。

(2) 施工特点:主要介绍施工的重点所在。不同类型的建设项目、不同条件下的工程施工均有其不同的施工特点。

(3) 工作内容:陈述工作的具体内容,介绍施工范围、具体原因、开发目标、解决问题等。

(4) 结构设计:说明结构型式及布置、建筑物基本资料、结构构件尺寸,涉及细部构造尺寸也可以附图的形式体现。

(5) 主要工程量:介绍主要工程或临时工程涉及施工量,如土方开挖量、混凝土浇筑量等。

模块二 施 工 条 件 分 析

1. 施工现场条件

单位工程施工组织设计,应根据工程规模、现场条件确定。施工现场条件在标前施工组织设计中应简要介绍和分析施工现场的施工导流与水流控制,包括围堰的情况(标准、度汛等),建筑物的基坑排水情况等;施工现场的"四通一平"情况,拟建工程的位置、地形、地质、地貌、水质、拆迁、移民、障碍物清除及地下水位等情况,周边建筑物以及施工现场周边的人文环境等。不了解和分析这些情况,会影响施工组织与管理、施工方案的制定。

2. 气象资料分析

应对施工项目所在地的气象资料进行全面的收集与分析,如当地最低、最高气温及时间,冬雨季施工的起止时间和主导风向等。特别是土方施工的项目应对雨天的频率进行分析计算,以满足施工要求。这些因素应调查清楚,纳入施工组织设计的内容中,为制定施工方案和措施提供资料。只有分析好这些自然现象,才能更好地制定施工方案,完成施工任务。使施工风险损失降低。

3. 其他资料的调查分析

调查工程所在地的原材料、劳动力、机械设备、半成品等的供应及价格情况,水、电、风等动力的供应情况,交通运输条件,施工临时设施可利用当地的情况,业主可以提供的临时设施以及当地其他资源条件。以上这些资源情况直接影响到项目的施工管理、施工方案以及完成施工任务的进度等。

任 务 训 练

1. 请查找工程资料,写一份工程概况介绍,填写一份工程概况表。
2. 请查找工程资料,写一份施工条件分析。

任务三 施 工 方 案 选 择

知识目标：掌握单位工程施工顺序、施工方法和施工机械确定的原则方法，了解具体工种的施工顺序。

能力目标：通过本次任务学习，使学生能够进行简单的施工方案和施工组织设计的确定。

施工方案的选择是编制单位工程施工组织设计的重点，是整个单位工程施工组织设计的核心。它直接影响工程的质量、工期、经济效益，以及劳动安全、文明施工、环境保护。好的施工方案，可以达到保证质量、节省资源、保证进度。它关系到降低投资风险、提高投资效益、工程建设成败。因此，施工方案的选择是非常关键的工作。

施工方案的选择主要包括施工工序或流向、施工机械和主要分部分项工程施工方法的选择等内容。

模块一 施工顺序的确定

1. 考虑的因素

施工顺序是指各项工程之间或施工过程之间的先后次序。施工顺序应根据实际的工程施工条件和采用的施工方法来确定，没有一种固定不变的顺序，但这并不等于施工顺序是可以随意改变的。确定施工顺序时，既要考虑施工客观规律、工艺顺序，又要考虑各工种在时间上与空间上紧密衔接，从而在保证质量的基础上充分利用工作面，争取施工时间，缩短工期，取得较好的经济效益。水利水电工程施工顺序有其一般性，也有其特殊性，因此确定施工顺序应考虑以下因素。

（1）施工程序：施工顺序应在不违背施工程序的前提下确定。

（2）施工工艺：施工顺序应与施工工艺顺序相一致，如浇筑钢筋混凝土梁的施工顺序为：支模板→绑扎钢筋→浇混凝土→养护→拆模板。

（3）施工方法和施工机械：不同的施工方法和施工机械会使施工过程的先后顺序有所不同。如修筑堤防工程，可采用推土机推土上堤、铲运机运土上堤、挖掘机装自卸汽车运土上堤，三种不同的施工机械，有着不同的施工方法和不同的施工顺序。

（4）工期和施工组织：施工工期要求施工项目尽快完成时，应多考虑平行施工和流水施工作业。

（5）施工质量：如基础回填土，在砌体达到必需的强度以后才能开始，否则砌体的质量会受到影响。

（6）气候特点：不同地区的气候特点不同，安排施工过程应考虑气候特点对工程的影响。如土方工程施工应避开雨季、冬季，以免基础被雨水浸泡或遇到地表水而造成基坑开挖困难，防止冻害对土料压实造成困难。

（7）施工安全：确定施工顺序时，应确保施工安全，不能因抢工程进度而导致安全事故，如需要注意常见的边坡失稳问题等。水利工程，尤其是水电工程，多位于山区，高边坡较多，失稳后对营地、基坑等的冲击容易造成事故，所以要在施工过程中注意边坡支护问题。

2. 砌体工程及施工顺序

砌体工程包括护坡、泵站、拦河闸、排水沟、渠道等建筑的浆砌石、干砌石、小骨料混凝土砌石体和房建工程的砌砖等工程，可划分为基础施工和主体施工两部分。一般的施工顺序如下：地基开挖→做垫层→砌基础→回填土→砌主体。

(1) 基础施工顺序。

基础工程的施工顺序：挖基础→做垫层→基础施工→回填土，若有桩基，则在开挖前应进行桩基施工。

基础开挖完成后，立即验槽做垫层，基础开挖时间间隔不能太长，以防止地基土长期暴露，被雨水浸泡而影响其承载力，即所说的"抢基础"。在实际施工中，若由于技术或组织上的原因不能立即验槽做垫层和基础，则在开挖时可留 20～30cm 至设计标高，以保护基土，待有条件进行下一步施工时，再挖去预留的土层。

对于回填土工序，由于对后续工序的施工影响不大，可视施工条件灵活安排，原则上是在基础工程完工之后一次性分层夯填完毕，可以为主体结构工程阶段施工创造良好的工作条件；特别是当基础比较深，回填土量比较大的情况下，回填土最好在砌筑主体前填完，在工期紧张的情况下，也可以与主体平行施工。

(2) 主体结构工程施工。

砌筑结构主体施工的主要工序就是砌筑实体，整个施工过程主要有搭脚手架、砌筑、安装止水及沉降缝等工序，砌筑工程可以组织流水施工，使主导工序能连续进行。

主体结构砌筑的施工顺序为抄平放线、立皮数杆、试摆、挂线、砌筑、勾缝。

3. 钢筋混凝土工程施工顺序

钢筋混凝土工程包括护坡、泵站、拦河闸、挡土墙、涵洞等永久工程，及施工导流工程中的混凝土、钢筋混凝土、预制混凝土和水下混凝土等混凝土工程。

混凝土工程包括 3 个分项工程，即钢筋工程、模板工程、混凝土工程。

(1) 钢筋工程。

1) 钢筋的制备加工：包括调直、除锈、配料、剪切、弯曲、绑扎与焊接、冷加工处理（冷拉、冷拔、冷轧）等。

调直和除锈：盘条状的细钢筋，通过绞车绞拉调直后方可使用。直线状的粗钢筋发生弯曲时才需用弯筋机调直，直径在 25mm 以下的钢筋可在工作台上手工调直。去锈的方法有多种，可借助钢丝刷或砂堆手工除锈，也可用风砂枪或电动去锈机机械除锈，还可用酸洗法化学除锈。新出厂的或保管良好的钢筋一般不需除锈。采用闪光对焊的钢筋，其接头处要用除锈机严格除锈。

配料与画线：钢筋配料是指施工单位根据钢筋结构图计算出各种形状钢筋的直线下料长度、总根数以及钢筋总重量，从而编制出钢筋配料单，作为备料加工的依据。画线是指按照配料单上标明的下料长度用粉笔或石笔在钢筋应剪切的部位进行勾画的工序。

在计算下料长度时，必须扣除钢筋度量差值，度量差值的大小与转角大小、钢筋直径及转弯内径有关，公式如下：

下料长度＝各段外包尺寸之和－度量差值＋两端弯钩增长值

每个弯钩增长值视加工方式而定，采用人工弯曲时为 $6.25d$；用机械弯曲时为 $5d$。

切断与弯曲：钢筋切断有手工切断、剪切机剪断等方式。钢筋的弯制包括画线、试弯、弯曲成型等工序。钢筋弯制分手工弯制和机械弯制两种，但手工弯制只能弯制直径 20mm 的钢筋。

焊接与绑扎：水利水电工程中钢筋焊接常采用闪光对焊、电弧焊、电阻点焊和电渣压力焊等方法，有时也用埋弧压力焊。

冷加工处理：钢筋冷加工是指在常温下对钢筋施加一个高于屈服点强度的外力使钢筋产生变形；当外力去除后，钢筋因改变了内部晶体结构的排列产生永久变形；经过一段时间之后，钢筋的强度得到较大的提高。钢筋冷加工处理的目的在于提高钢筋强度和节约钢材用量。钢筋冷加工的方法有三类：冷拉、冷拔和冷轧。

2) 钢筋的安装：可采用散装和整装两种方式。散装是将加工成型的单根钢筋运到工作面，按设计图纸绑扎或电焊成型，运输要求相对较低，中小型工程用得较多。整装则是将地面上加工好的钢筋网片或钢筋骨架吊运至工作面进行安装。水利水电工程钢筋的规格以及形状一般没有统一的定型，所以有时很难采用整装的办法，但为了加快施工进度，也可采用半整装半散装相结合的办法，即在地面上不能完全加工成整装的部分，待吊运至工作面时再补充完成，以加快施工进度。

(2) 模板工程。

模板通常由面板、加劲体和支撑体（支撑架或钢架和锚固件）三部分组成，有时，模板还附有行走部件。目前，国内常用的模板面板有标准木模板、组合钢模板、混合式大型整装模板和竹胶模板等。

模板按材质可分为钢模板、木模板、钢木组合模板、混凝土或钢筋混凝土模板，按使用特点分为固定模板、拆移模板、移动模板和滑升模板，按形状可分为平面模板和曲面模板，按受力条件可分为承重模板和非承重模板，按支承受力方式可分为简支模板、悬臂模板和半悬臂模板。

模板的主要作用是使混凝土按设计要求成型，承受混凝土水平与垂直作用力以及施工荷载；改善混凝土硬化条件。水利水电工程对模板的技术要求是：形式简便，安装、拆卸方便；拼装紧密，支撑牢靠稳固；成型准确，表面平整光滑；经济适用，周转使用率高；结构坚固，强度、刚度足够。

(3) 混凝土工程。

混凝土工程的施工工序包括浇筑、振捣、养护等。

1) 浇筑。在混凝土开仓浇筑前，要对浇筑仓位进行统筹安排，以便井然有序地进行混凝土浇筑。安排浇筑仓位时，必须考虑的问题有：便于开展流水作业；避免在施工过程中产生相互干扰；尽可能地减少混凝土模板的用量；加大混凝土浇筑块的散热面积；尽量减少地基的不均匀沉陷。

水利水电工程的实践表明，水工建筑物的构造比较复杂，混凝土的分块尺寸普遍较大，混凝土温度控制的要求相当严格，土建工程与安装工程的目标一致性尤为突出。因此，工程界对于各浇筑仓位施工顺序的安排都极为重视，比较成熟的浇筑程序有：对角浇筑、跳仓浇筑、错缝浇筑和对称浇筑。

2) 振捣。振捣的目的是使混凝土获得最大的密实性，是保证混凝土质量和各项技术指标的关键工序和根本措施。混凝土振捣的方式有多种。在施工现场使用的振捣器有内部振捣器、表面振捣器和附着式振捣器，使用最多的是内部振捣。而内部振捣器又分为电动式振捣器、风动式振捣器和液压式振捣器。大型水利工程中普遍采用成组振捣器。表面振捣器只适合薄层混凝土使用，如路面、大坝顶面、护坦表面、渠道衬砌等。附着式振捣器只适合用于结构尺寸较小而配筋密集的混凝土构件，如柱、墙壁等。在混凝土构件预制厂，多用振动台进行工厂化生产。振捣器的振动效果相当明显，在振捣器小振幅（1.1～2mm）和高频率（5000～12000r/min）的振动作用下，混凝土拌合物的内摩擦力显著减小，流动性明显增强，骨料在重力作用下因滑移而相互排列紧密，砂浆流淌填满空隙的同时空气泡逸出，从而使浇筑仓内的混凝土趋于密实并加强了混凝土与钢筋的紧密结合。如果混凝土拌和物振捣已经充分，则会出现混凝土中粗骨料停止下沉、气泡不再上升、表面平坦泛浆的现象。判断已经硬化成型的混凝土是否密实，应通过钻孔压水试验来检查。

3) 养护：养护就是在混凝土浇筑完毕后的一段时间内保持适当的温度和足够的湿度，形成良好的混凝土硬化条件。养护可分为洒水养护和养护剂养护两种方法。洒水养护就是在混凝土表面覆盖上草袋或麻袋，并用带有多孔的水管不间断地洒水。养护剂养护，就是在混凝土表面喷一层养护剂，等其干燥成膜后再覆盖上保温材料。

混凝土应在浇筑完毕后 6～18h 内开始洒水养护，低塑性混凝土应在浇筑完毕后立即喷雾养护，并及早开始洒水养护。混凝土应连续养护，养护期内始终保持混凝土表面的湿润，养护持续期应符合《水工混凝土施工规范》（DL/T 5144—2001）的要求，一般不少于 28 天，有特殊要求的部位宜适当延长养护时间。

4. 土方工程施工顺序

水利工程建设中，土方工程施工应用非常广泛。有些水工建筑物，如土坝、土堤、土渠等，几乎全部是土方工程。我国约 80% 的大型水库是土石坝。土方工程的基本施工顺序是开挖、运输和填筑。

（1）开挖：从开挖手段上可分为人工开挖、机械开挖、爆破开挖和水力开挖。开挖前应对施工地段进行测量放线，确定开挖边界和开挖范围并核实地面标高；应先做好坡顶截水沟，防止雨水冲刷已开挖好的坡面，并和设计图纸上标明的排水沟位置一致。截水沟应和周围的原有沟渠相连，防止冲刷和水土流失。土方开挖必须遵循自上而下的施工顺序，禁止掏底开挖。土方开挖无论开挖工程量和开挖深度大小，均应自上而下进行，不得欠挖超挖，严禁用爆破施工和掏洞取土。挖掘机开挖高边坡采取台阶法开挖时，一般要求要开挖平台 1.5～2.0m，以保证挖掘机挖斗回旋弧线和坡面基本一致，防止回旋弧度过大挖伤坡面。要求机械开挖出的坡面距设计要求的坡面位置预留 10～20cm；使用人工刷坡，以保证坡面平整顺滑。

(2) 运输：土方工程中，土方运输的费用占土方工程总费用的 60%～80%，因此确定合理运输方案，进行合理运输布置，对于降低土方工程造价具有重要意义。土方运输的特点是，运输线路多是临时性的，变化较大，几乎全是单向运输，运输距离较短，运输量和运输强度较大。土方运输分为有人工运输和机械运输，大型工程中主要是机械运输。机械运输的类型有无轨运输、有轨运输、带式运输等。

(3) 填筑。土方运至填筑工作面后，分层卸料、铺散，分层进行碾压。事先做好规划，将填筑工作面分成若干作业区，有的区卸料铺散，有的区碾压，有的区进行质量检验，平行流水作业。这样既可保证填筑面平起，减少不必要的填土接缝，又可提高机械效率。每层填料厚度都有严格的规定。在填筑工作面上，按规定厚度将土方散开铺平后，用压实机进行压实，减少孔隙增加容重。压实是保证土石方填筑质量的最后一道工序，压实费用一般只占土石方填筑总造价的 10%～15%，但压实的质量直接影响着工程质量。

模块二　施工方法的确定

1. 施工方法的确定原则

(1) 具有针对性。在确定某个分部分项工程的施工方法时，应结合该分项工程的实际情况来制定，不能泛泛而谈。如模板工程应结合该分项工程的特点来确定其模板的组合、支撑及加固方案，画出相应的模板安装图，不能仅仅按施工规范决定安装要求。

(2) 体现先进性、经济性和适用性。选择某个具体的施工方法（工艺）首先应考虑其先进性，保证施工质量。同时还应考虑到在保证质量的前提下，该方法是否经济和适用，并对不同的方法进行经济评价。

(3) 保障性措施应落实。在拟定施工方法时不仅要拟定操作过程和方法，而且要提出质量要求，并要拟定相应的质量保障措施和施工安全措施，以及其他可能出现的情况的预防和应对措施。

2. 施工方法的选择

不同工种的施工方法应注意包含相应内容。

(1) 土石方工程。

计算土石方工程量，确定开挖或爆破方法，选择相应的施工机械。当采用人工开挖时应按工期要求确定劳动力数量，并确定如何分区分段施工。当采用机械开挖时应选择机械挖土的方式，确定挖掘机型号、数量和行走线路，以充分利用机械能力，达到最高的挖土效率。地形复杂的地区进行场地平整时，确定土石方调配方案。基坑深度低于地下水位时，应选择合适的降低地下水位的方法，如排水沟、集水井或井点降水。确定土壁放坡的边坡系数或土壁支护形式及打桩方法，当基坑较深时，应根据土的类别确定边坡坡度及土壁支护方法，以确保安全施工。

(2) 基础工程。

基础需设施工缝时，应明确留设施工缝的位置和技术要求；确定浅基础的垫层、混凝土和钢筋混凝土基础施工的技术要求；当地下水埋深不能满足施工要求，需要进行降水时，应确定降水方法和技术要求；确定桩基础的施工方法和施工机械，以及灌注桩的施工方法。

（3）砌筑工程。

应明确砖墙的砌筑工艺和质量要求；明确砌筑施工中的流水分段和劳动力组合形式等；确定脚手架搭设方法和技术要求。

（4）混凝土及钢筋混凝土。

确定混凝土工程施工方案，如大模板法、滑升法、升板法或其他方法等。确定模板的类型的支模方法，重点应考虑提高模板周转利用次数，节约人力和降低成本。对于复杂工程还需进行模板设计和绘制模板放样图或排列图。钢筋工程应选择恰当的加工、绑扎和焊接方法，如钢筋制作现场预应力张拉时，应详细制订预应力钢筋的加工、运输、安装和检测方法。选择混凝土的制备方案，如确定采用商品混凝土，还是现场制备混凝土；确定搅拌、运输及浇筑顺序和方法，选择采用泵送混凝土还是采用普通垂直运输混凝土机械。选择混凝土搅拌、振捣设备的类型和规格，确定施工缝的留设位置。如采用预应力混凝土，应确定施工方法、预应力钢筋的应力控制和张拉设备。

模块三　施工机械的确定

1. 施工机械选择注意事项

水利水电工程施工中，采用的机械种类复杂、型号多，有土方开挖机械、运输机械、压实机械、吊装起重机械等。在选择施工机械时，应根据工程的规模、工期要求、现场条件等择优选择。选择施工机械时，应注意以下几点：

（1）选择主导工程的施工机械，如地下工程的土方机械，主体结构工程的垂直、水平运输机械，结构吊装工程的起重机械等。

（2）在选择辅助施工机械时，必须充分发挥主导施工机械的生产效率，要使两者的台班生产能力协调一致，并确定出辅助施工机械的类型、型号和台数。如土方工程中自卸汽车的载重量应为挖掘机斗容量的整数倍，汽车的数量应保证挖掘机连续工作，使挖掘机的效率充分发挥。

（3）为便于施工机械化管理，同一施工现场的机械类型尽可能少，当工程量大而且集中时，应选用专业化施工机械；当工程量小而分散时，可选择多用途施工机械，如挖土机既可以挖土，又能用于装卸、打桩和起重。

（4）尽量选用施工单位的现有机械，以减少施工的投资额，提高现有机械的利用率，降低成本。当现有施工机械不能满足工程需要时，则购置或租赁所需新型机械或多用途机械。

2. 施工机械选择步骤

这里以土石方工程的挖、填为例介绍水利水电工程施工过程中施工机械的选择。

（1）分析施工过程。

施工过程包括施工准备、基本工作和辅助工作。

1）施工准备：包括料场覆盖层清除、基坑开挖、岩基清理、修筑道路等。

2) 基本工作：包括土石料挖掘、装载、运输、卸料、平整和压实等工序。

3) 辅助工作：配合基本工作进行，包括翻松硬土、洒水、翻晒、废料清除和道路维修等。

(2) 施工机械选择。

在拟定施工方案时，首先研究基本工作所需要的主要机械，按照施工条件和工作参数选定主要机械，然后依据主要机械的生产能力和性能参数再选用与其配套的机械。准备工作和辅助工作的机械，则根据施工条件和进度要求另行选用，或者利用基本工作所选用的机械。

(3) 机械需要量计算。

施工机械需要量可根据进度计划安排的日施工强度、机械生产率、机械利用率等参数计算求得。

配套设备需要量计算：水利水电工程的机械施工中，需要不同功能的设备相互配合，才能完成其施工任务。例如挖掘机装自卸汽车运土上坝，拖拉机压实工作，就是挖掘机、自卸汽车、拖拉机等三种机械配合完成其施工任务。

土石方施工，与挖掘机配套的自卸汽车，在数量和所占施工费用的比例都很大，应仔细选择车型和计算所需量。只有配套合理，才能最大限度地发挥机械施工能力，提高机械使用率。选择其配套的运输车辆可根据以下方面来定：

1) 选择自卸汽车：可以选用适当的车铲容积比，并根据已选定的挖掘机斗容来选取汽车的容量可载重量；计算装满一车厢的铲斗数以及汽车实际的载重量，以确定汽车的载重量的利用程度；计算一台挖掘机配套的汽车需要量（台数）；进行技术经济比较，推荐车型和数量。

2) 车铲容积比的选择：挖掘机和汽车的利用率均达到最高值时的理论车铲容积比，随运距的增加而提高，随着汽车平均行驶速度增加而降低。根据工程实践的数据，一般情况下，当运距为 1~2.5km 时，理论的车铲容积比为 4~7；当运距为 2.5~5km 时，理论的车铲容积比为 7~10。

3) 汽车载重量的利用程度计算：汽车载重量的利用程度是考核配套是否合理的另一个指标。它与车铲容积比、汽车载重量或车厢容积等因素有关系。

装满自卸汽车车厢所需的铲装次数（取整数）应满足下列条件：

$$m \leqslant \frac{Q}{W} \text{或} n \leqslant \frac{V}{V_1} \tag{5-1}$$

式中　m——装满一车厢的铲装次数；

Q——自卸汽车的载重量，t；

V——自卸汽车的车厢容量，m³；

V_1——铲斗内料物的松散体积，m³；

W——铲斗物料重量，t。

铲斗物料重量可用下式计算：

$$W = q k_{cn} k_e r \tag{5-2}$$

式中　q——挖掘机铲斗容量，m^3；

　　　r——料物的自然容重，t/m^3；

　　　k_{cn}——铲斗的充盈系数，取 0.7；

　　　k_e——料物的可松性系数，取 0.6。

4）一台挖掘机配套的汽车需要台数计算：与挖掘机配套工作的汽车需要量的理论计算的前提是认为挖掘机面前总有一辆汽车待装，挖掘机能充分发挥效率，需要汽车的数量 N 可按下式计算：

$$N = \frac{T}{t_1} \qquad (5-3)$$

式中　T——汽车的工作循环时间，min；

　　　t_1——装车的时间，min。

费用计算：计算汽车数量应该考虑经济因素，在工程实践中，费用指标往往是决定因素，因此，还需要进行费用分析。设计时拟定多个方案，分别计算其单价，单价最低即为可选方案。

3. 案例分析

【例 5-1】 某土石方工程，其工程量为 133.6 万 m^3，Ⅲ类土，工程施工日历天数为 212 天，有效工作天数 139 天，计 7 个月，每天 3 班昼夜施工。施工组织设计为：采用液压反铲挖掘机（斗容为 $2.0m^3$）挖装；20t 自卸汽车运输，运距 5km；103kW 推土机进行平土；16t 轮胎碾压机，施工不均匀系数取 1.3。试计算所需机械数量。

【解】（1）计算施工强度。

月平均施工强度：$\frac{133.6}{7} \approx 19.1$（万 m^3/月）

班平均施工强度：$\frac{1336000}{139 \times 3} = 3204$（$m^3$/班）

（2）查定额求出台班工作量。

根据水利部现行的概算定额：液压反铲挖掘机（斗容为 $2.0m^3$）台班产量 $1429m^3$/台班；20t 自卸汽车运输，台班产量 $120m^3$/台班，103kW 推土机，16t 轮胎碾压机台班产量 $1018m^3$/台班。

（3）计算各种施工机械数量。

液压反铲挖掘机（斗容为 $2.0m^3$）台数：$\frac{QK}{P} = \frac{3204 \times 1.3}{1429} \approx 3$（台）

自卸汽车运输台数：$\frac{QK}{P} = \frac{3204 \times 1.3}{120} \approx 35$（台）

推土机台数：$\frac{QK}{P} = \frac{3204 \times 1.3}{851} \approx 5$（台）

轮胎碾压机台数：$\frac{QK}{P} = \frac{3204 \times 1.3}{1018} \approx 4$（台）

根据挖掘机的斗容量确定自卸汽车载数量，应满足挖掘机配套的工艺要求。挖掘机斗容和汽车载重量的比值应在一个合理的范围，按下式计算所选挖掘机装车的斗数：

$$m=\frac{Q}{K_{cn}r_1qk_e} \tag{5-4}$$

式中　m——挖掘机装车的斗数；

　　　Q——汽车的载重量，t；

　　　r_1——料物的自然容重，t/m³；

　　　K_{cn}——挖掘机的充盈系数，取 0.9；

　　　k_e——土的可松性系数，取 0.8；

　　　q——挖掘机铲斗容量；m³。

故　　　　　　　　$m=\dfrac{Q}{rqK_{cn}k_e}=\dfrac{20}{2.2\times2\times0.9\times0.8}\approx6$

20t 自卸汽车用 2m³ 挖掘机每车需要 6 斗，满足配合的工艺要求。

挖掘机挖装一斗的时间 $t_c=25s$，汽车的运、卸、回程空返时间（运距 5km）$T_a=1980s$，为保证连续工作，每台挖掘机需要配备汽车数量 n_a 为：

$$n_a=\frac{T_a}{mt_c}=\frac{1980}{6\times25}\approx13(辆)$$

则 3 台液压反铲挖掘机（斗容为 2.0m³）所需自卸汽车 3×13=39（辆），可以满足要求。考虑到机械设备的检修、车辆备用及道路现场情况等，设计确定选用：液压反铲挖掘机（斗容为 2.0m³）3 台，20t 自卸汽车运输 39 辆，103kW 推土机 5 台，16t 台气胎碾压机 4 台。

模块四　施工方案的评价

工程项目施工方案选择的目的是要求适合本工程的最佳方案在技术上可行，经济上合理，做到技术经济上相统一。对施工方案进行技术经济分析，就是为了避免施工方案的盲目性、片面性，在方案付诸实施之前就能分析出其经济效益，保证所选方案的科学性、有效性和经济性，达到提高质量、缩短工期、降低成本的目的，进而提高工程施工的经济效益。

1. 评价方法

施工方案技术经济分析方法可分为定性分析和定量分析两大类。

定性分析只能泛泛地分析各方案的优缺点，如施工操作的难易和安全与否；可否为后续工序提供有利条件；冬季或雨季对施工影响大小；是否可利用某些现有机械和设备；能否一机多用；能否给现场文明施工创造有利条件等。评价时受评价人的主观因素影响大，故只用于方案初步评价。

定量分析法是对各方案的投入与产出进行计算，如劳动力、材料及机械台班消耗、工期、成本等直接进行计算、比较，用数据说话，比较客观，让人信服，所以定量分析是方案评价的主要方法。

2. 评价指标

（1）技术指标：一般用各种参数表示，如大体积混凝土施工时为了防止裂缝的出现，体现浇筑方案的指标有：浇筑速度、浇筑温度、水泥用量等。模板方案中的模版面积、型号、支撑间距。这些技术指标，应结合具体的施工对象来确定。

（2）经济指标：主要反映为完成任务必须消耗的资源量，由一系列价值指标、实物指标及劳动指标组成。如工程施工成本消耗的机械台班数，用工量及其钢材、木材、水泥（混凝土半成品）等材料消耗量等，这些指标能评价方案是否经济合理。

（3）效果指标：主要反映采用该施工方案后预期达到效果。效果指标有两大类：一类是工程效果指标，如工程工期、工程效率等；另一类是经济效果指标，如成本降价额或降低率，材料的节约量或节约率。

【例5-2】 根据河流规划拟在A江建设一水利水电枢纽工程，该枢纽工程位于西南地区。工程以发电为主，同时兼有防洪、灌溉等任务。挡水建筑物为土石坝，水电站采用引水式开发方式。引水隧洞布置在右岸，在左岸设有开敞式溢洪道。该流域大部分为山地，山脉、盆地相互交错于其间，地形变化大。坝址地区河床覆盖层厚度平均20m，河床冲击层为卵砾石类土，但河床宽度不大。坝址两岸山坡陡峻，为坚硬的玄武岩。在坝址的上下游2km内有可供筑坝的土料190万m^3作为防渗体用，另有1250万m^3的砂砾料可用作坝壳料。由于本地区黏性土料天然含水量较高，同时考虑其他因素，土石坝设计方案选为斜墙坝。

问题：

（1）针对该土石坝施工，你认为如何做好料场规划？

（2）作为项目经理，如何安排斜墙和反滤料及坝壳的施工顺序？

【解】 （1）土石坝是一种充分利用当地材料的坝型。土石坝用料量很大，在选坝阶段需对土石料场全面调查，施工前配合施工组织设计，要对料场做深入勘测，并从空间、时间、质与量诸方面进行全面规划。

空间规划系指对料场位置、高程的恰当选择，合理布置。时间规划是根据施工强度和坝体填筑部位变化选择料场使用时机和填料数量。料场质与量的规划即质量要满足设计要求，数量要满足填筑的要求。对于土料，实际开采总量与坝体填筑量之比一般为2～2.5，砂砾料为1.5～2。

（2）按照强制性条文要求，斜墙应同下游反滤料及坝壳平行填筑，也可滞后于坝体填筑，但需预留斜墙施工场地，且紧靠斜墙的坝体必须削坡至合格面，方允许填筑。

模块五　水利水电工程专项施工方案

根据《水利水电工程施工安全管理导则》（SL 721—2015），施工单位应在施工前，对达到一定规模的危险性较大的单项工程编制专项施工方案，对于超过一定规模的危险性较大的单项工程，施工单位应组织专家对专项施工方案进行审查论证。

1. 危险性较大单项工程的规模标准

（1）达到一定规模的危险性较大的单项工程：

1）基坑支护、降水工程、开挖深度达到3～5m（含3m）或盖未超过3m但地质条件和周边环境复杂的基坑（槽）支护、降水工程。

2) 土方和石方开挖工程，开挖深度达到 3~5m（含 5m）的基坑（槽）的土方和石方开挖工程。

3) 模板工程及支撑体系。①各类工具式模板工程：包括大模板、滑模、宽模、飞模等工程；②混凝土模板支撑工程：搭设高度 8m，搭设跨度 10~18m，施工总荷载 10~15kN/m，集中线荷载 15~20kN/m，高度大于支撑水平投影宽度且相对他立无联系构件的混凝土模板支撑工程；③承重支撑体系：用于钢结构安装等满堂支撑体系。

4) 起重吊装及安装拆卸工程。①采用非常规起重设备、方法，且单件起吊重量在 10~100kN 的起重吊装工程；②采用起重机械进行安装的工程；③起重机械设备自身的安装、拆卸。

5) 脚手架工程。①搭设高度 24~50m 的落地式钢管脚手架工程；②附着式整体和分片提升脚手架工程；③悬挑式脚手架工程；④吊篮脚手架工程；⑤自制卸料平台、移动操作平台工程；⑥新型及异型脚手架工程。

6) 拆除、爆破工程。

7) 围堰工程。

8) 水上作业工程。

9) 沉井工程。

10) 临时用电工程。

11) 其他危险性较大的工程。

(2) 超过一定规模的危险性较大的单项工程：

1) 深基坑工程。①开挖深度超过 5m（含 5m）的基坑（槽）的土方开挖、支护、降水工程；②开挖深度虽未超过 5m，但地质条件、周围环境和地下管线复杂，或影响毗邻道房（构筑）物安全的基坑（槽）的土方开挖支护、降水工程。

2) 模板工程及支撑体系。①工具式模板工程：包括滑模、爬模、飞模工程；②混凝土模板支撑工程：搭设高度 8m 及以上，搭设跨度 18m 及以上，施工总荷载区 15kN/m 及以上，集中线荷载 20kN/m 及以上；③承重支撑体系：用于钢结构安装等满堂支撑体系，承受单点集中荷载 700kg 及以上。

3) 起重吊装及安装拆卸工程。①采用非常规起重设备、方法，且单件起吊重量在 100kN 及以上的起重吊装工程；②起重量 300kN 及以上的起重设备安装工程，高度 200m 及以上内爬起重设备的拆除工程。

4) 脚手架工程。①搭设高度 50m 及以上落地式钢管脚手架工程；②提升高度 150m 及以上附着式整体和分片提升脚手架工程；③架体高度 20m 及以上悬挑式脚手架工程。

5) 拆除、爆破工程。①采用爆破拆除的工程；②可能影响行人、交通、电力设施、通信设施或其他建筑物、构筑物安全的拆除工程；③文物保护建筑、优秀历史建筑或历史文化风貌区控制范围的拆除工程。

6) 其他。①开挖深度超过 16m 的人工挖孔桩工程；②地下暗挖工程、顶管工程、水下作业工程；③采用新技术、新工艺、新材料、新设备及尚无相关技术标准的危险性较大的单项工程。

2. 专项施工方案内容

（1）工程概况。危险性较大的单项工程概况、施工平面布置、施工要求和技术保证条件等。

（2）编制依据。包括相关法律、法规、规章、制度、标准及图纸（国标图集）、施工组织设计等。

（3）施工计划。包括施工进度计划、材料与设备计划等。

（4）施工工艺技术。包括施工技术参数、工艺流程、施工方法、质量标准、检查验收等。

（5）施工安全保障措施。包括组织保障、技术措施、应急预案、监测监控等。

（6）劳动力计划。包括专职安全生产管理人员、特种作业人员等。

（7）设计计算书及相关图纸等。

3. 专项施工方案审查程序要求

专项施工方案应由施工单位技术负责人组织施工技术、安全、质量等部门的专业技术人员进行审核，经审核合格的，应由施工单位技术负责人签字确认；实行分包的，应由总承包单位和分包单位技术负责人共同签字确认。

不需专家论证的专项施工方案，经施工单位审核合格后应报监理单位，由项目总监理工程师审核签字，并报项目法人备案。

超过一定规模的危险性较大的单项工程专项施工方案应由施工单位组织召开审查论证，审查论证会应有下列人员参加：

（1）专家组成员。

（2）项目法人单位负责人或技术负责人。

（3）监理单位总监理工程师及相关人员。

（4）施工单位分管安全的负责人、技术负责人、项目负责人、项目技术负责人、专项施工管理人员、项目专职安全生产管理人员。

（5）勘察、设计单位项目技术负责人及相关人员等。

专家组应由 5 名及以上符合相关专业要求的专家组成，各参建单位人员不得以专家身份参加审查论证会。

施工单位应根据审查论证报告修改完善专项施工方案，经施工单位技术负责人、总监理工程师、项目法人单位负责人审核签字后，方可组织实施法施工单位应严格按照专项施工方案组织施工，不得擅自修改、调整专项施工方案。如因设计、结构、外部环境等因素发生变化确需修改的，修改后的专项施工方案应当重新审点。对于超过一定规模的危险性较大的单项工程的专项施工方案，施工单位应重新组织专家进行论证。

任 务 训 练

1. 选择施工方案首先应考虑（　　）。

　　A. 确定合理的施工顺序　　　　B. 施工方法和施工机械的选择
　　C. 流水施工的组织　　　　　　D. 制定主要技术组织措施

2. 施工方案应包括的主要内容有（　　）。
　　A. 施工方法的确定　　　　　　　　B. 技术措施的确定
　　C. 施工机具的选择　　　　　　　　D. 工艺技术的选择
　　E. 施工顺序的确定
3. 请写出施工机械的选择步骤是什么。
4. 施工方案的评价指标有哪些？
5. 某水库枢纽工程由大坝及泄水闸等组成。大坝为壤土均质坝，最大坝高 15.5m，坝长 1135m。该工程采用明渠导流、立堵法截流进行施工。该大坝施工承包商首先根据设计要求就近选择一料场，该料场土料黏粒含量较高，含水量适中。在施工过程中，料场土料含水量因天气等各种原因发生变化，比施工最优含水量偏高，承包商及时采取了一些措施，使其满足上坝要求。请问适合于该大坝填筑作业的压实机械有哪些？

任务四　单位工程施工进度计划安排

知识目标：掌握单位工程施工进度计划的作用，了解施工进度计划编制依据和程序。
能力目标：学生通过本次任务学习，能够理解施工进度计划编制的方法。

模块一　施工进度计划的作用与依据

1. 施工进度计划的作用

单位工程施工进度计划是施工方案在时间上的具体反映，是指导单位工程施工的基本文件之一。它的主要任务是以施工方案为依据，安排单位工程中各施工过程的施工顺序和施工时间，使单位工程在规定的时间内，有条不紊地完成施工任务。

单位工程进度计划的编制方式基本与总进度计划相同，在满足总进度计划的前提下应将项目分得更细、更具体一些。

施工进度计划的主要作用是为编制企业季度、月度生产计划提供依据，也为平衡劳动力，调配和供应各种施工机械和各种物资资源提供依据，同时也为确定施工现场的临时设施数量和动力设备提供依据。

施工进度计划必须满足施工规定的工期，在空间上必须满足工作面的实际要求，与施工方法相互协调。因此，编制施工进度计划应该细致地、周密地考虑这些因素。

2. 施工进度计划编制依据

本任务所需的单位工程施工组织设计主要指投标时的施工组织设计。为此，招标文件是主要的编制依据，同时必须满足：

（1）施工总工期及开、竣工日期。
（2）经过审批的建筑总平面图、地形图、单位工程施工图、设备及基础图、使用的标准图及技术资料。
（3）施工组织总设计对本单位工程的有关规定。
（4）施工条件、劳动力、材料、构件及机械供应条件，包分单位情况等。
（5）主要分部（项）工程的施工方案。
（6）劳动定额、机械台班定额及本企业施工水平。
（7）工程承包合同及业主的合理要求。
（8）其他有关资料，如当地的气象资料等。

模块二　施工进度计划的编制程序与评价

1. 划分施工过程

编制单位工程施工进度计划，首先按照招标文件的工程量清单、施工图纸和施工顺序列出拟建单位工程的各个施工过程，并结合施工方法、施工条件、劳动组织等因素，加以适当调整，使其成为编制单位工程进度计划所需的施工程序。

在确定施工过程时，应注意以下几点问题：

(1) 施工过程划分的粗细程度，主要根据招标文件的要求，按照工程量清单的项目划分，基本可以达到控制施工进度。特别是开工、竣工时间，必须满足工程时间要求。

(2) 施工过程的划分要结合所选择的施工方案。不同的施工方案，其施工顺序有所不同，项目的划分也不同。

(3) 注意适当简化单位工程进度计划内容，避免工程项目划分过细、重点不突出。根据工程量清单中的项目，有些小的项目可以合并，划分施工过程要粗细得当。

2. 校核工程量清单中的工程量

招标文件提供的工程量清单，是招标文件的一部分，投标者没有权利更改，但作为投标者应该进行工程量清单的校核。通过对工程量清单的校核，可以更多地了解工程情况，对投标工作有利。为中标后的工程施工、工程索赔奠定基础。

3. 确定劳动量和机械台班数

劳动量和机械台班数应当根据工程量、施工方法和现行的施工定额，并结合当时当地的具体情况确定：

$$P = \frac{Q}{S} \text{ 或 } P = QH \tag{5-5}$$

式中 P——完成某施工过程所需的劳动量工时数或机械台时数；
Q——完成某施工过程所需的工程量；
S——某施工过程所采取的产量定额；
H——某施工过程所采取的时间定额。

例如，已知某工程的基础土方 3240m³，可采取用人工挖土，工时产量为 0.8m³，则完成挖基础所需总劳动量为

$$P = \frac{Q}{S} = \frac{3240}{0.8} = 4050 \text{（工时）}$$

若已知挖每立方米土方的时间定额为 1.25 工时，则完成挖基础所需总劳动量为
$$P = QH = 3240 \times 1.25 = 4050 \text{（工时）}$$

4. 确定各施工过程的施工天数

根据工程量清单中的各项工程量，以及施工顺序，确定其施工天数，这一过程非常重要，因为各分部分项工程的施工天数组成整个工程的施工天数。在投标阶段，一般都采用倒排进度的方法进行。这是因为工程的开工时间、竣工时间都有招标文件规定了，不能更改，施工期又不能任意增加或减少。根据招标文件要求的开、竣工时间和施工经验，确定各分部分项工程施工时间，然后再按分部分项工程所需的劳动量或机械台时数，确定每一分部分项工程每个班组所需的工人数或机械台数：

$$R = \frac{P}{tmk} \tag{5-6}$$

式中 R——每班安排在某分部分项工程上的施工机械台时数或劳动人数；
P——完成某分部分项施工过程所需的机械台时数或劳动量工时数；
t——完成某分部分项施工过程的天数；

m——每天工作班次；

k——每天工作时间。

例如，某单位工程的土方工程采用机械施工，需要 696 个台时完成，则当工期为 8 天时，每天工作 1 个班次，每班工作 8h，所需挖土机的台数为

$$R=\frac{P}{tmk}=\frac{696}{8\times1\times8}=11（台）$$

通常计算时一般按一班制考虑，如果每天所需机械台数或工人人数已超过施工单位现有物力或工作面限制时，则应根据具体情况和条件，从技术和施工组织上采取积极的措施，如增加工作班次，最大限度地组织立体交叉及水平流水施工等。

5. 施工进度计划的调整

为了使初始方案满足规定的目标，一般进行如下检查调整：

（1）施工顺序。各施工过程的施工顺序、平行搭接和技术间歇是否合理。

（2）工期。初始方案的总工期是否满足连续、均衡施工。

（3）劳动力。主要工种工人是否满足连续、均衡施工。

（4）物资。主要机械、设备、材料等的利用是否均衡，施工机械是否充分利用。

经过检查，对不符合要求的部分，可采用增加或缩短某些分项工程的施工时间。在施工顺序允许的情况下，将某些分项工程的施工时间向前向后移动。必要时，改变施工方法或施工组织等方法进行调整。应当指出，上述编制施工进度计划的步骤不是孤立的，而是相互依赖、相互联系的，有时可以同时进行。

施工进度表是施工进度的最终成果。它是在控制性进度表（施工总进度表或标书要求的工期）的基础上进行编制的，其起始与终止时间必须符合施工总进度计划或标书要求工期的规定。其他中间的分项工程可以适当调整。

6. 施工进度计划的评价

施工进度计划编制得是否合理不仅直接影响工期的长短、施工成本的高低，而且还可能影响到施工质量和安全。因此，对工程施工进度计划经济评价是非常必要的。

评价单位工程施工进度计划的优劣，实质上是评价施工进度计划对工期目标、工程质量、施工安全及工期、费用等方面的影响，主要有以下两个评价指标：

（1）工期。包括总工期、主要施工阶段的工期、计划工期、定额工期、工期目标或合同工期。

（2）施工资源的均衡性。施工资源是指劳动力、施工机械、周转材料及施工所需的人财物等。

任 务 训 练

1. 在进行单位工程施工进度计划编制时，首先应（　　）。
   A. 计算工程量　　　　　　　　B. 确定施工顺序
   C. 划分施工过程　　　　　　　D. 组织流水作业
2. 施工总进度计划的编制步骤包括（　　）。

A. 了解工程情况

B. 计算工程量

C. 确定各单位工程的施工期限及开、竣工时间的相互搭接关系

D. 编制初步施工总进度计划

E. 编制正式的施工总进度计划

3. 简述单位工程施工进度计划的编制步骤。

任务五　单位工程施工平面图布置

知识目标：掌握单位工程施工平面图的设计内容和设计依据，了解施工平面图设计步骤。

能力目标：学生通过本次任务学习，会读单位工程施工平面图。

单位工程施工组织设计平面图布置是施工总布置的一部分，其主要作用是根据已确定的施工方案，布置施工现场。单位工程施工组织设计平面布置图是对拟建工程施工现场所做的平面设计和空间布置图。它是根据拟建工程的规模、施工方案、施工进度计划及施工现场的条件等，按照一定的设计原则，正确地解决施工期间所需的各种临时工程与永久性工程和拟建工程之间的合理位置关系。

施工平面图不仅要在设计上周密考虑，而且还要认真贯彻执行，这样才会使施工现场井然有序，施工顺利进行，保证施工进度，提高效率和经济效果。

模块一　单位工程施工平面图的设计内容和原则

1. 单位工程施工平面图的设计内容

（1）已建和拟建的地上、地下的一切建筑物、建筑物的位置、尺寸和框图。

（2）各种加工厂，材料、构件、加工半成品、机具、仓库和堆场。

（3）生产区、生活福利区的平面位置布置。

（4）场外交通引入位置和场内道路的布置。

（5）临时给排水管道、临时用电（电力、通信）线路等布置。

（6）临时围堰、临时道路等临时设施等。

（7）图例、比例尺、指北针及必要的说明等。

2. 单位工程施工平面图的设计原则

（1）在满足施工现场要求的前提下，布置紧凑，占地要省，尽量减少施工用地。

（2）临时设施要在满足需要的前提下，减少数量，降低费用，减少施工用的管线。尽量利用已有的条件。

（3）合理布置现场的运输道路及加工厂、搅拌站和各种材料、机具的存放及仓库位置，尽量做到短运距、少搬运，从而减少或减免二次搬运。

（4）临时设施的布设应尽量分区，以减少生产和生活的相互干扰，保证现场施工生产安全有序进行。

（5）遵循水利建设法律法规对施工现场管理提出的要求，利于生产、生活、安全、消防、环保、卫生防疫、劳动保护等。

模块二　单位工程施工平面图的设计依据

单位工程施工组织设计平面图设计前，首先应认真研究施工方案和进度计划，在勘察现场所取的施工环境等第一手资料的基础上，认真研究自然条件资料、技术经济材料，社会调查，方能使设计与施工现场实际情况相符。单位工程施工组织设计平面图设计所依据的主要资料有以下几项。

1. 原始资料

(1) 自然条件资料。包括气象、地形、地貌、水文、工程地质资料,周围环境和障碍物,主要用于布置排除地表水期间所需设备的地点。

(2) 技术经济调查资料。包括交通运输,水、电、气供应条件,地方资源情况,生产生活基地情况,主要用来确定材料仓库、构件和半成品堆放场地或临时设施情况。

(3) 社会调查资料。包括社会劳动力和生活设施,参加施工各单位的情况,建设单位可为施工提供的房屋和其他生活设施。

2. 施工方面资料

(1) 施工总平面图。包括图上一切地下、地上原有和拟建的建筑物和构筑物的位置和尺寸。它是正确确定临时房屋和其他设施位置所需的资料。

(2) 施工组织总设计。

(3) 一切原有和拟建的地下、地上管道位置资料。

(4) 施工区域的土方平衡图。它是安排土方的挖填、取土或弃土的依据。

(5) 单位工程施工组织设计平面图应符合施工总平面图的要求。

(6) 单位工程的施工方案、进度计划、资源需要量计划等施工资料。

模块三 单位工程施工平面图的设计步骤和编制

1. 单位工程施工组织设计的平面布置图的设计步骤

单位工程施工组织设计平面图的一般设计步骤如图 5-1 所示。

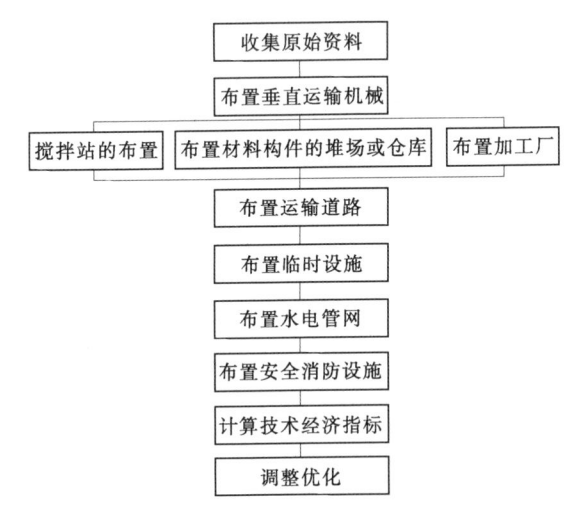

图 5-1 单位工程施工平面图的设计步骤

以上步骤在实际设计中,往往相互牵连,互相影响,因此要多次重复进行。除研究在平面上的布置是否合理外,还需要考虑他们的空间条件是否可能且科学合理,特别要注意安全问题。

2. 单位工程施工组织设计平面布置图的编制

单位工程施工组织设计平面布置图是投标的重要技术文件之一，是该段施工组织设计的重要组成部分。因此要精心设计，认真绘制。

单位工程施工组织设计平面布置图的绘制要求：

（1）绘图的步骤、内容、图例、要求和方法基本与施工总平面相同。应做到标明主要位置尺寸，要按图例或编号注明布置的内容、名称，线条粗细分明，字迹工整清晰，图面美观。

（2）绘图比例常用 1∶500～1∶2000，视工程规模大小而定。

（3）将拟建工程置于平面图的中心位置，各项设施围绕拟建工程设置。

单位工程施工组织设计平面布置图的绘制可采用手工绘制和计算机绘制。水利水电工程设计中，绘图软件一般都采用 CAD 应用软件。

项目六　水利工程施工合同管理

项目重点：工程合同类型、合同管理的内容、施工索赔管理。

教学目标：了解合同的特征、作用、类型，掌握施工合同的内容；熟悉合同管理涉及的内容；熟悉水利水电土建工程施工合同条件；了解施工索赔的特征、分类、原因，熟悉索赔的程序，熟悉引起索赔的原因。能正确运用合同订立的过程，能正确对建设工程合同分类。在建设工程中，能够参与合同管理的工作。能读懂合同文本中的通用合同条款。能正确分析索赔的原因，能按照索赔程序正确进行施工索赔。

项目引入：党的二十届三中全会指出，改革开放是党和人民事业大踏步赶上时代的重要法宝。1982年，在改革春风吹拂下，国家决定将鲁布革水电站作为水电改革开放试点，鲁布革水电站项目，创造出多项中国"第一"：中国第一个面向国际公开招投标工程，国内第一个引进世界银行贷款的工程建设项目，中国第一次项目管理体制改革，首个土木施工国际招标项目，首个采用合同制管理的项目，首次引进监理制度的项目。自此以后，中国水利建设事业从无到有，从有到优，取得了一系列骄人的成就，成为当今世界水利水电建设行业名副其实的引领者。随着"一带一路"不断推进，国内水电投资开发、施工建设、设备制造、设计咨询等产业链加速"出海"，带来更多发展机遇。

任务一　建设工程合同

知识目标：了解合同的特征、作用、类型，掌握施工合同的内容。
能力目标：能正确运用合同订立的过程，能正确对建设工程合同分类。

模块一　合同的概念及其法律特征

1. 概念

合同是契约的一种，是法人与法人之间、法人与公民之间以及公民与公民之间为实现某个目的确定相互的民事权利义务关系而签订的书面协议。法人是具有民事权利能力和民事行为能力，依法独立享有民事权利和承担民事义务的组织。法人的本质是法人能够与自然人同样具有民事权利能力，成为享有权利、负担义务的民事主体。法人应当依法成立，有自己的名称、组织机构、住所、财产或者经费。法人组织具有法人人格，享有民事权利和承担民事义务的国家机关、社会团体、企业和事业单位等。

建设工程合同，又称建设工程承包合同，是指承包人进行工程建设，发包人支付价款的合同。建设工程合同的标的是基本建设工程。基本建设工程具有建设周期长、质量要求高的特点。这就要求承包人必须具有相当高的建设能力，要求发包人与参与建设方之间的权利、义务和责任明确、相互密切配合。而建设工程合同又是明确各方当事人的权利、义务和责任,以保证完成基本建设任务的法律形式。因此,建设工程合同在我国的经济建设和社会发展中有着十分重要的地位和作用。

为加强水利水电工程施工招标管理,规范资格预审文件和招标文件编制工作,水利部组织编写了《水利水电工程标准施工招标资格预审文件》(2009年版)和《水利水电工程标准施工招标文件》(2009年版),并以《关于印发水利水电工程标准施工资格预审文件和水利水电工程标准施工招标文件的通知》(水建管〔2009〕0629号)文件予以发布。凡列入国家或地方建设计划的大中型水利水电工程使用《水利水电工程标准文件》,小型水利水电工程可参照使用。

2. 一般合同的共同法律特征

合同具有以下法律特征:

(1) 合同是一种民事法律行为。民事法律行为,是指以意思表示为要素,依其意思表示的内容而引起民事法律关系设立、变更和终止的行为。而合同是合同当事人意思表示的结果,是以设立、变更、终止财产性的民事权利义务为目的,且合同的内容即合同当事人之间的权利义务是由意思表示的内容来确定的。因而,合同是一种民事法律行为。

(2) 合同是一种双方或多方的民事法律行为。合同是两个以上的民事主体在平等自愿的基础上互相或平行做出意思表示,且意思表示一致而达成的协议。首先,合同的成立须有两个或两个以上当事人;其次,合同的各方当事人须互相或平行做出意思表示;再次,各方当事人的意思表示须达成一致,即达成合意或协议,且这种合意或协议是当事人平等自愿协商的结果。因而,合同是一种双方或多方共同的民事法律行为。

(3) 合同是以在当事人之间设立、变更、终止财产性的民事权利义务为目的。首先,合同当事人签订合同是为了各自的经济利益或共同的经济利益,因而合同的内容为当事人之间财产性的民事权利义务;其次,合同当事人为了实现或保证各自的经济利益或共同的经济利益,以合同的方式来设立、变更、终止财产性的民事权利义务关系。无论当事人订立合同是为了设立财产性的民事权利义务关系,还是为了变更或终止财产性的民事权利义务关系,只要当事人达成的协议依法成立并生效,就会对当事人产生法律约束力,当事人也必须依合同规定享有权利和履行义务。

(4) 订立、履行合同,应当遵守法律、行政法规。这其中包括:合同的主体必须合法,订立合同的程序必须合法,合同的形式必须合法,合同的内容必须合法,合同的履行必须合法,合同的变更、解除必须合法,等等。

(5) 合同是国家规定的一项法律制度,受国家强制力的保护和约定。合同依法成立,具有法律约束力。所谓法律约束力,是指合同的当事人必须遵守合同的规定,如果违反,就要承担相应的法律责任。合同的法律约束力主要体现在两个方面:①不得擅自变更或解除合同;②违反合同应当承担相应的违约责任。

3. 建设工程合同的特有法律特征

建设工程合同除了具有一般合同的共同特征外,还具有其自身的法律特征,即

(1) 建设工程合同的主体必须是法人或其他组织。

建设工程合同在主体上有不同于承揽合同主体的特点。承揽合同对主体没有限制，可以是公民个人，也可以是法人或其他组织。而建设工程合同的主体是有限制的，建设工程合同的承包人必须是法人或其他经济组织，公民个人不得作为合同的承包人。

发包人只能是经过批准建设工程的法人，承包人也只能是具有从事勘察、设计、施工任务资格的法人。作为发包人必须持有已经批准的基建计划，工程设计文件，技术资料，已落实资金及做好基建应有的场地、交通、水电等准备工作。作为承包人必须持有效的相应的资质证书和营业执照。建筑工程承包合同的标的是工程项目，当事人之间权利义务关系复杂，工程进度和质量又十分重要。因此，合同主体双方在履行合同过程中必须密切配合，通力协作。

(2) 合同的标的仅限于基本建设工程。

建设工程合同的标的只能是属于基本建设的工程而不能是其他的事物，这也是建设工程合同与承揽合同不同的主要所在。为完成不能构成基本建设的一般工程的建设项目而订立的合同，不属于工程建设合同，而应属于承揽合同。例如，个人为建造个人住房而与其他公民或建筑队订立的合同，就为承揽合同，而不属于工程建设合同。

(3) 具有一定的计划性和程序性。

在市场经济条件下，建设工程合同已有相当一部分不再是计划合同。但是，基本建设项目的投资渠道多样化，并不能完全改变基本建设的计划性，国家仍然需要对基建项目实行计划控制。所以，建设工程合同仍应受国家计划的约束。对于计划外的工程项目，当事人不得签订工程建设合同；对于国家的重大项目工程建设合同，更应当根据国家规定的程序和国家批准的投资计划和计划任务书签订。

由于基本建设工程建设周期长、质量要求高、涉及的方面广，各阶段的工作之间有一定的严密程序，因此，建设工程合同也就具有程序性的特点。国家对建设工程计划任务书、建设地点的选择、设计文件、建设准备、计划安排、施工生产准备、竣工验收、交付生产方面都有具体规定，双方当事人必须按规定的程序办事。例如，未经立项，没有计划任务书，则不能进行签订勘察设计合同的工作；没有完成勘察设计工作，也不能签订建筑施工合同。

(4) 在签订和履行合同中接受国家多种形式的监督管理。

建设工程合同因涉及基本建设规划，其标的物为不动产的工程，承包人所完成的工作成果不仅具有不可移动性，而且需长期存在和发挥效用，事关国计民生，因此国家要实行严格的监督和管理。对于承揽合同，国家一般不予以特殊的监督和管理，而建设工程合同则是在国家多种形式的监督管理下实施的。国家除通过有关审批机构按照基本建设程序的规定监督建设工程承包合同的签订外，在合同开始履行到终止的过程中，国家通过银行信贷和结算的方式进行监督，主管部门通过参与竣工验收进行监督，通过这些监督促进建设工程承包合同的履行。

(5) 建设工程合同的形式有严格的要求，应当采用书面形式。

建设工程合同应当采用书面形式，这是国家对基本建设工程进行监督管理的需要，也是由建设工程合同履行的特点所决定的。不采用书面形式的建设工程合同不能有效成立。书面形式一般由双方当事人就合同经过协商一致而写成的书面协议，就主要条款协商一致后，由法定代表人或其授权的经办人签名，再加盖单位公章或合同专用章。由于建设工程合同对国家、局部地区或部门的基本建设影响重大，涉及的资金巨大建设工程合同应当采用书面形式。

模块二 合同的订立

合同是双方或多方的民事法律行为，合同各方的意思表示达成一致，合同才能成立。合同的订立就是合同当事人进行协商，使各方的意思表示趋于一致的过程。合同的成立是合同法律关系确立的前提，也是衡量合同是否有效以及确定合同责任的前提。一项合同只有成立后才谈得上合同效力及合同责任。

根据《中华人民共和国民法典》规定，当事人订立合同，可以采用书面形式、口头形式或者其他形式。书面形式是合同书、信件、电报、电传、传真等可以有形地表现所载内容的形式。以电子数据交换、电子邮件等方式能够有形地表现所载内容，并可以随时调取查用的数据电文，视为书面形式。当事人订立合同一般采取要约、承诺方式。在当事人协商过程中，一般要先有一方做出订约的意思表示，然后他方予以附和，前者为要约，后者为承诺。因此合同订立的一般程序从法律上可分为要约和承诺两个阶段。

要约，是希望和他人订立合同的意思表示。要约在商业活动和对外贸易中又称为报价、发价或发盘。发出要约的当事人称为要约人，而要约所指向的对方当事人则称为受要约人。

承诺，是受要约人同意要约的意思表示。承诺必须由受要约人在有效时间内作出，承诺必须与要约的内容完全一致。承诺一经做出，并送达要约人，合同即告成立。要约人有义务接受受要约人的承诺，不得拒绝。

模块三 建设工程合同的作用

在任何工程建设中，工程建设合同是必不可少的。工程建设合同在工程中有着特殊的地位和作用。

（1）工程建设合同确定了工程实施和工程管理的主要目标，是合同双方在工程中各种经济活动的依据。

工程建设合同在工程实施前签订，它确定了工程所要达到的目标以及与目标相关的所有主要的和具体的问题。例如工程建设施工合同确定的工程目标主要有三个方面：①工期，包括工程开始、工程结束以及工程中的一些主要活动的具体日期等；②工程质量要求、规模和范围，详细的、具体的质量、技术和功能等方面的要求，例如建筑材料、设计、施工等质量标准、技术规范、建筑面积、项目要达到的生产能力等；③费用，包括工程总价格，各分项工程的单位和总价格，支付形式和支付时间等。它们是工程施工和工程管理的目标和依据。工程中的合同管理工作就是为了保证这些目标的实现。

（2）合同规定了双方的经济关系。合同一经签订，合同双方就结成一定的经济关系。合同规定了双方在合同实施过程中的经济责任、利益和权力。

从根本上来说，合同双方的利益是不一致的。由于利益的不一致，导致工程过程中的利益冲突，造成在工程实施和管理中双方行为的不一致、不协调和矛盾。很自然，合同双方都从各自利益出发考虑和分析问题，采用一些策略、手段和措施达到自己的目的。但这又必然影响和损害对方利益，妨碍工程顺利实施。合同是调节这种关系的主要手段，它规定了双方的责任和权益，双方都可以利用合同保护自己的利益，限制和制约对方。

（3）合同是工程建设过程中合同双方的最高行为准则。合同是严肃的，具有法律效力，受到法律的保护和制约。订立合同是双方的法律行为。合同一经签订，只要合同合法，双方必须全面地完成合同规定的责任和义务。如果不能认真履行自己的责任和义务，甚至单方撕毁合同，则必须接受经济的，甚至法律的处罚。除了特殊情况（如不可抗力因素等）使合同不能实施外，合同当事人即使亏本，甚至破产也不能摆脱这种法律约束力。

（4）合同将工程所涉及的生产、材料和设备供应、运输及各专业施工的分工协作关系联系起来，协调并统一工程各参加者的行为。

由于社会化生产和专业分工的需要，一个工程必须有几个、十几个，甚至更多的参与单位。专业化越发达，工程参加者越多，这种协调关系越重要。在工程实施中，由于合同一方违约，不能履行合同责任，不仅会造成自己的损失，而且会殃及合同伙伴和其他工程参加者，甚至会造成整个工程的中断。如果没有合同的法律约束力，就不能保证工程的各参加者在工程的各个方面与工程实施的每个环节上都按时、按质、按量地完成自己的义务，就不会有正常的工程施工秩序，就不可能顺利地实现工程总目标。

合同管理必须协调和处理各方面的关系，使相关的各合同和合同规定的各工程活动之间不矛盾，以保证工程有秩序、有计划地实施。

（5）合同是工程过程中双方争执解决的依据。

由于双方经济利益的不一致，在工程建设过程中争执是难免的。合同争执是经济利益冲突的表现，它常常起因于双方对合同理解的不一致，合同实施环境的变化，有一方违反合同或未能正确履行合同等。合同对争执的解决有两个决定性作用：①争执的判定以合同作为法律依据。即以合同条文判定争执的性质，谁对争执负责，应负什么样的责任等；②争执的解决方法和解决程序由合同规定。

模块四　建设工程合同的分类

1. 按工作性质分类

按工作的性质可分为建设工程勘察设计合同和建设工程施工合同。

（1）建设工程勘察设计合同。

建设工程勘察是指根据建设工程的要求，查明、分析、评价建设场地的地质地理环境特征和岩土工程条件，编制建设工程勘察文件的活动。建设工程设计，是指根据建设工程的要求，对建设工程所需的技术、经济、资源、环境等条件进行综合分析、论证，编制建设工程设计文件的活动。建设工程勘察、设计应当与社会、经济发展水平相适应，做到经济效益、社会效益和环境效益相统一。从事建设工程勘察、设计活动，应当坚持先勘察、后设计、再施工的原则。

建设工程勘察设计合同是委托人与承包人为完成一定的勘察、设计任务，明确相互权利义务而签订的合同。勘察设计的委托人，是建设单位或其他有关单位；承包人是持有勘察设计证书的勘察设计单位。建设工程勘察设计合同，包括初步设计合同和施工设计合同。初步勘察设计合同，是为项目立项进行初步的勘察、设计，为主管部门进行项目决策而成立的合同；施工设计合同是指在项目决策确立之后，为进行具体的施工而成立的设计合同。

建设工程勘察设计合同的主要特点：勘察设计合同的当事人双方必须具有法人地位，同时要具有签订合同的主体资格。委托人是建设单位或有关单位，承包人是持有勘察设计证书的勘察设计单位；勘察设计合同的签订，必须有国家下达的基本建设计划和编制的计划任务书，除委托人提供的资料、技术要求、收费标准和期限外，还应遵循《中华人民共和国民法典》有关法律、法规的规定；建设工程勘察设计任务在由两个以上的设计单位配合设计时，如委托其中一个单位承包，可以签订总包合同，总包单位再与各分包单位签订分包合同。总包单位对委托人负责，分包单位对总包单位负责；勘察设计合同生效后，委托人应向承包人给付一定的定金。勘察设计合同履行后，定金抵作勘察设计费。委托人不履行合同的，无权请求返还定金，承包人不履行合同的，应当双倍返还定金。

建设工程勘察设计合同的主要条款包括：建设工程名称、规模、投资额、建设地点；委托人提交勘察或者设计基础资料、设计文件（包括概预算）的内容，技术要求及期限；承包人勘察的范围、进度和质量；设计的阶段、进度、质量和设计文件（包括概预算）份数；勘察、设计取费的依据、取费标准及拨付办法；其他协作条款；违约责任。

（2）建设工程施工合同。

建设工程施工合同（以下简称为施工合同）是发包人与承包人就完成具体工程建设项目的土建施工、设备安装、设备调试、工程保修等工作内容，明确合同双方权利义务关系的协议。施工合同是建设工程合同的一种，它与其他建设工程施工合同一样是双务有偿合同。施工合同的主体是发包人和承包人。发包人是建设单位、项目法人、发包人，承包人是具有法人资格的施工单位、承建单位、承包人，如各类建筑工程公司、建筑安装公司等。

施工合同的特点：施工合同应当采取书面形式。双方协商同意的有关修改承包合同的设计变更文件、洽谈记录，会议纪要以及资料，图表等，也是承包合同的组成部分。列入国家计划内的重点建筑安装工程，必须按照国家规定的基本建设程序和国家批准的投资计划签订合同，如果双方不能达成一致意见，由双方上级主管部门处理。签订施工合同必须遵守国家法律、法规，并具备以下基本条件：承包工程的初步设计和总概算已经批准；承包工程的投资已列入国家计划；当事人双方均具有法人资格；

当事人双方均有履行合同的能力。

施工合同的内容：施工合同的主要条款对施工合同的成立起决定性作用。"施工合同的内容包括工程范围、建设工期、中间交工工程的开工和竣工时间、工程质量、工程造价、技术资料交付时间、材料和设备供应责任、拨款和结算、竣工验收、质量保修范围和质量保修期、双方相互协作等条款。"

2. 按承揽方式分类

按承揽方式可分为工程总承包合同、工程分包合同、转包合同、劳务分包合同、劳务合同、联合承包合同。

（1）工程总承包合同：是指由发包人与承包人之间签订的包括工程建设全过程的合同。

（2）工程分包合同：是指总承包人将中标工程项目的某部分工程或某单项工程分包给另一分包人完成所签订的合同，总承包人对外分包的工程项目必须是发包人在招标文件合同条款中规定允许分包的部分。

（3）转包合同：是指承包人之间签订的转包合同，实际上是一种承包权的转让，即中标单位将与发包人签订的合同所规定的权利、义务和风险转由其他承包人来承担。

（4）劳务分包合同：通常称为清工合同，即在工程施工过程中，劳务提供方保证提供完成工程项目所需的全部施工人员和管理人员，不承担劳务项目以外的其他任何风险。

（5）劳务合同：是发包人、总承包人或分包与劳动提供方就雇佣劳务参与施工活动所签订的协议。

（6）联合承包合同：即由两个或两个以上合作单位之间，以总承包人的名义，为共同承包某一工程项目的全部工作而签订的合同。

3. 按工程价款结算方式分类

按照工程价款的结算方式不同，可分为总价合同、单价合同和成本加酬金合同三个类型，前两种又称固定价格合同。

（1）总价合同。

总价合同是普遍采用的一种合同类型。即业主与承包人按议标和投标标价，经过谈判签订。承包人负责按合同总价完成合同规定的全部工程。其特点是承包人签订总价合同，要承担全部风险，不管实际支出，只能按总价结算工程价款，发包人也同意按合同总价付款而不管承包人遭受巨大损失或是取得异乎寻常的超额利润。这种总价合同，适用于工期不长，物价变幅不会太大，设计深度满足精确计算工程量要求，施工条件稳定，建设工程的型式、规模、内容都很典型的工程，或是业主为了省事，愿意以较大富裕度价格发包的工程。

（2）单价合同。

这是水利土木工程中广泛采用的一种合同类型。承包人以合同确定的工程项目的工程单价向业主承包，负责完成施工任务，然后按实际发生的工程量和合同中规定的工程单价结算工程价款。这种合同又有纯单价合同与估计工程量单价合同之分。前者无论实际工程量变化多大，其单价不变。后者系发包人按估计工程量让投标人报价，当实际工程量与估计工程量相差过大，超过规定的幅度时，允许调整单价以补偿承包人因施工力量不足或过剩所造成的损失。这种合同适用于招标时尚无详细图纸或设计内容尚不十分明确，只是结构形式已经确定，工程量还不够准确的情况。当采用总承包合同时，可以一部分项目采用总价合同，另一部分项目采用单价合同，水利水电工程的主体工程项目，一般采用单价合同。

(3) 成本加酬金合同。

这种合同的基本特点是以工程实际成本，加上商定的酬金来确定工程总造价。这种合同方式主要适用于开工前对工程内容尚不十分确定的情况。例如设计未全部完成就要求开工，或工程内容估计有很大变化，工程量及人工材料用量有较大出入，质量要求高或采用新技术的工程项目等。这种合同方式，承包商不承担任何风险，因为工程费用实报实销，所以获利也最小，但却有保证。

4. 合同类型的选择

合同类型的选择取决于下列因素：

(1) 业主的意愿：有的业主愿意一次以总价合同包死，以免以后加强对承包人的监督而带来的麻烦。

(2) 工程设计的具体、明确程度：如果承包合同不能规定得比较明确。双方都不会同意采用固定价格合同，只能订立实际成本加酬金合同。

(3) 项目的规模及其复杂程度：规模大而复杂的项目，承包风险较大，不易估算准确，不宜采用固定价格合同。即使采用限额成本加酬金或目标成本加酬金也困难，故以实际成本加固定酬金再加奖励为宜，或者有把握的部分采用固定价格合同，估算不准的部分采用实际成本加酬金合同。

(4) 工程项目技术先进性程度：若属新技术开发项，甲乙方过去都没有这方面的经验。一般以实际成本加酬金为宜，不宜采用固定价格合同。

(5) 承包人的意愿和能力：有的工程项目，对承包人来说已有相当的建设经验，如果要他建设这种类似的工程项目，只要项目不太大，他是愿意也有能力采用固定价格合同来承包工程的。因为总价合同可以取得更多的利润。然而有的承包人在总包项目建设时，考虑到自己的承担风险能力有限，决定一律采用实际成本加酬金合同，不采用固定价格。

(6) 工程进度的紧迫程度：招标过程是费时间的，对工程设计要求也高，所以工程进度太紧，一般不宜采用固定价格合同，可以采用实际成本加酬金的合同方式。选择有信誉有能力的承包人提前开工。

(7) 市场情况：如果只有一家承包人参加投标，又不同意采用固定价格合同，那么业主只能采用实际成本加酬金合同。如果有好几家承包人参加竞标，业主提出的要求，承包人均愿意考虑。当然如果承包人技术、管理水平高，信誉好，愿意采取什么合同，业主也会考虑。

(8) 甲方的工程监督力量：如果甲方工程监督力量比较弱，最好将工程由承包人以固定价格合同总承包。如果采用实际成本加酬金合同，就要求甲方有足够的合格监督人员，对整个工程实行有效的控制。

（9）外部因素或风险的影响：政治局势、通货膨胀、物价上涨、恶劣的气候条件等都会影响承包工程的合同结算方式。如果业主和承包人对工程建设期间这些影响无法估计，乙方一般不愿采用固定价格合同，除非业主愿意承担在固定价格中附加一笔相当大的风险费用（即预备费）。

一个项目究竟应该采取哪种合同形式不是固定不变的。有时候一个项目中各个不同的工程部分，或不同阶段就可能采取不同形式的合同。业主在制定项目分包合同规划时，必须根据实际情况，全面地反复权衡各种利弊，作出最佳决策，选定本项目的分项合同种类和形式。

任 务 训 练

1. 下列对合同概念理解错误的一项是（　　）。
   A. 合同的当事人必须具有平等的民事主体资格
   B. 合同是一种协议
   C. 合同是自愿、平等的
   D. 合同的签订可以不经协商，由执法部门强制执行
2. 合同的订立当事人条件包括（　　）。
   A. 自然人　　　　　　　　　　B. 代理人
   C. 具有相应的民事权利能力　　D. 依法可委托的代理人
3. 订立合同的过程的是（　　）。
   A. 承诺→要约→签字盖章→合同成立
   B. 承诺→协议→签字盖章→合同成立
   C. 协议→承诺→签字盖章→合同成立
   D. 要约→承诺
4. 将建筑工程合同按付款方式不同进行划分，分类不正确的是（　　）。
   A. 总价合同　　　　　　　　　B. 单价合同
   C. 成本合同　　　　　　　　　D. 成本加酬金合同
5. 建设工程合同可以从不同的角度进行分类。下列关于其分类方法正确的是（　　）。
   A. 从承发包的工程范围进行划分，可以将建设工程合同分为建设工程总承包合同、建设工程承包合同和分包合同
   B. 从完成承包的内容进行划分，建设工程合同可以分为建设工程勘察合同、设计合同和施工合同
   C. 从付款方式进行划分，建设工程合同可以分为总价合同、单价合同、成本合同
   D. 从付款方式进行划分，建设工程合同可以分为总价合同、单价合同、成本加酬金合同
   E. 从承发包的工程范围进行划分，可以将建设工程合同分为建设工程总承包

合同和分包合同

6. 成本加酬金合同（　　）。

　　A. 承包单位有风险，其报酬往往较高

　　B. 业主对工程总造价不易控制，承包商也往往不注意降低项目成本

　　C. 适用于风险很大的项目

　　D. 适用于需要立即开展工作的项目

　　E. 适用于新型的工程项目，或对项目工程内容及技术经济指标未确定的项目

7. 建设工程勘察设计合同的委托人一般是（　　）。

　　A. 项目业主　　　　　　　　　　B. 建设项目的承包单位

　　C. 建设项目的总承包单位　　　　D. 项目的某分包单位

　　E. 勘察设计单位

任务二 合同管理内容

知识目标：熟悉合同管理涉及的内容。
能力目标：在建设工程中，能够参与合同管理的工作。

合同管理涉及内容十分广泛，包括全部监督、管理和协调服务工作。狭义的合同管理是指合同的行政管理工作。

模块一 风险管理

风险一般是指由于从事某项特定的活动过程中，存在的不确定性产生的经济或财产损失、自然破坏或损伤的可能性，也可定义为我们预期的目标和实际的差距。

风险管理的主要任务就是分析处理由不确定性产生的各种问题的一系列方法，包括风险因素辨识、风险评价和风险控制。

施工中，承包人的风险很多。如：实际单价与工程量清单上的单价不同；承包人负责提供的设备、材料、劳务等的延误；工程施工中的一切问题；承包人自身职工的怠工或罢工；一般天气问题；工地事故；发包人的过失和违约；发包人不按时付款；监理人处事不公；投标报价失误等。国际工程还有货币兑换、政局动荡、法律变化、语言不熟悉以及对工程说明或规范理解不正确等风险。承包人对风险管理要做好以下工作：

（1）在合同签订前对风险作全面分析和预测。分析施工中可能出现的风险类型及种类；风险发生的可能性、时间、分布规律；风险发生对工程的工期和费用的影响等。

（2）对风险进行有效的对策和计划。即考虑如果风险发生应采取什么措施防止或降低它的不利影响，为风险作组织、技术、资金等方面的准备。

（3）在合同实施中对可能发生或已发生的风险进行有效的控制。如采取措施防止或避免风险的发生；有效地转移风险，争取让其他方面承担风险造成的损失；降低风险的不利影响，减少自己的损失；在风险发生的情况下进行有效的决策，对工程施工进行有效控制，保证工程项目的顺利实施。

风险管理要求各个方面、各个层次的管理者建立风险意识、重视风险问题，防患于未然，并在各个阶段、各个环节上实施有效的控制，形成一个前后衔接的管理过程。风险管理的目的不是消灭风险，在施工中大多数风险是不可能由项目管理者消灭和排除的，而是对风险进行有准备的、理性的实施，减少风险的损失。

模块二 合同资料的文档管理

在施工中与合同相关的资料有很多，其形式多样，主要有如下内容：

（1）合同文本、招投标文件、各种签约（备忘录、修整案）、已认可的工程实施计划、各种图纸、技术规范等。

（2）报价文件：包括各种工程预算和其他作为报价依据的资料。

（3）来往信函：包括变更通知、承包人问题答复等。

（4）各种会谈纪要。

（5）施工进度计划和实际施工进度记录。

（6）工程照片。尤其是隐蔽工程照片。

（7）气候报告。

（8）工程中的各种检查报告和各种技术鉴定报告。

（9）工地交接记录。包括图纸和各种资料的交接记录。

（10）材料、设备采购、订货、运输、进场、使用方面的记录、凭证和报表。

（11）市场行情资料。如价格、汇率、物价指数等。

（12）各种会计核算资料。包括工资单、工资报表、工程款凭证、各种收付款原始凭证、管理费用报表、工程成本报表等。

（13）施工现场的工程文件。如施工记录、备忘录、施工日报、工长或检查员的各种日记、监理人填写的施工记录和各种签证等。

（14）国家法律法规、规范、标准文件、国家政策性文件等。

施工合同管理对资料、文档的管理要求，主要是合同资料的收集、整理加工、保存和资料的提供、调用和输出。在施工过程中，资料的收集应由有关人员负责，并把收集到的原始资料报送给合同管理人员。合同管理人员对这些资料进行加工整理。采用科学的方法，利用计算机对资料进行信息处理，如建立索引、排序工作；利用数学计算、数学分析和统计方法，对资料进行分析，确保资料的真实性和准确性。

模块三　施工进度计划管理

施工进度计划是施工计划或施工组织设计的重要组成部分。它具体安排各项工程的开竣工日期和相互衔接关系，规定了施工的顺序和速度。施工进度计划的种类很多，其编制是在拟定的施工方案的基础上分阶段分级进行。对于大型、复杂的水利水电枢纽工程，进度计划要分四级或五级进行编制。

对应于各级施工组织设计的进度计划有：总进度计划；单位（项）工程进度计划；指导实际施工的分部分项工程进度计划。另外水利水电工程还常常需要编制准备工作进度计划等。施工进度计划根据时间的要求，又有总进度计划、年度施工计划、季施工计划、月施工计划、周施工计划等。此外还有与此配套的资源投入计划，包括劳动力需用计划、材料需用计划、设备投入计划、资金使用计划、图纸供应计划等。有些工程还需要主要设备及采购计划，设备、预埋件供应计划等。

施工进度计划是水利水电工程计划体系中的重要组成部分，是成本计划、劳动力使用计划、施工设备投入计划、材料物资供应计划、后勤管理计划等其他计划的基础。更重要的是，总进度计划作为合同文件的组成部分，是施工中工期索赔的重要依据。

水利水电工程在投标阶段，根据招标文件、招标图纸等招标资料编制的施工总进度计划，是发包人评价投标文件好坏的依据之一，也是发包人选择中标人的重要因素。工程一旦中标，承包人根据现场的施工情况及施工图纸等要做更详细的施工总进度计划,并报送监理人批准。监理人批准后,其将作为合同文件的组成部分,成为工期索赔的重要依据。

索赔事件是干扰事件造成的实际施工过程与预定计划的差异,计划是干扰事件影响分析的尺度和索赔计算的基础。在实际施工过程中,工程进度、施工顺序、劳动力、施工设备、材料使用量的变化,都可能是干扰事件的影响。通过施工计划和实际施工状态的对比分析,就可能找出问题,发现索赔的机会。通常,如果受干扰的活动在关键线路上,则该活动的持续时间的延长即为总工期的延长值。如果该活动在非关键线路上,受干扰后仍在非关键线路上,则这个干扰事件对工期无影响,也就不能提出工期索赔。

水利水电工程施工中变化因素很多,因此影响工期的事件经常发生。作为施工合同管理,要求计划编制实际、准确,符合合同工期要求,更重要的是要求及时报送,并尽快得到监理人的批准,以作为工期对比分析的依据。否则,一旦影响事件发生,没有分析依据,对工期索赔工作将非常不利。

模块四 工程质量管理

工程质量是工程项目建设的关键,没有质量的保证,工程项目的功能就无从谈起。工程质量的标准和等级,同工程成本有关。标准和等级要求越高,其相应的资源投入越多、成本越大,完成的时间也越长。一般工程质量的标准和等级要求,在招标文件和合同中都有严格的要求,承包人在投标中对工程质量标准的承诺,也是发包人选择中标人的条件之一。因此,承包人必须按合同要求,保证工程质量,避免合同纠纷、罚款。不合格的工程需要返工,也将导致费用的加大。

对工程质量要求如何处理,需要承包人根据实际情况,统筹安排、合理考虑。合同管理人员的工作内容如下:

(1) 说明质量标准和成本的关系。在施工过程中,应积极地向有关人员说明提高质量标准,将加大工程成本的观念。使相关人员具有质量和成本相关的意识。在满足合同要求的前提下,不要随意提高质量标准,减少不必要的费用增加。

(2) 把握施工中质量标准的原则。一般情况,质量要求在合同中有明确规定,承包人必须严格执行。在施工中,是否提高质量标准,争创信誉,为今后承揽工程创造条件,还是只满足合同要求,降低成本,应根据具体情况,在施工前予以明确。一般对于国家重点工程,大型水利水电枢纽工程,有影响力的工程,应创建优质精品工程,整体对企业的发展有利。一般工程可以按合同要求实施。

(3) 了解质量标准的要求。通常各种操作规程、验收规范、标准都体现在合同规范中,或在合同规范中做了引用或说明。规范和图纸中的质量要求足以说明工程的全面质量水平,承包人应遵照执行。但有时,监理人(或发包人)为了质量控制得更顺利、更严格,在规范和图纸的基础上编制进一步的质量要求细则,以说明重要工程部位或环节的技术要求、容许误差、施工方法和程序、工艺操作要点、试验和检查的办法、标准等。这些如与合同中规定的质量要求相一致,承包人应予以执行。若与合同要求有出入,这时承包人就会得到索赔的机会。因此,在工程施工过程中,合同管理人员应会同技术、质量等有关人员，仔细研究质量要求，并在工程实施中严格遵守。同时，及时发现实际要求与合同要求的不同之处，为索赔创造条件。

模块五　合同变更和索赔管理

合同变更、索赔对工程造价的影响非常大。因此，合同变更、索赔管理是施工合同管理的最重要组成部分。也是市场竞争非常激烈的环境下，水利水电施工企业获得经济效益的重要手段。

1. 合同变更

合同变更是指在合同成立之后履行完毕之前，当事人经过协商对原合同进行修订或调整的行为。在施工过程中，对于变更的解决，应严格按规定要求执行。

引起施工合同变更的原因很多，通常有以下几个方面：施工现场条件的变化，如地下的水文地质条件变化等；设计变更；工程范围发生变化；进度计划的变化，一般是指约定的或监理人批准的完工时间、施工顺序发生变化。

2. 变更处理的要求

（1）要求尽快对变更作出决定：在施工过程中，变更决策的时间过长或变更程序太慢，承包人将会受到损失。一是等待变更指令或变更会谈决议，可能造成施工停止。如不是承包人的责任，通常可以提出索赔。二是变更指令不能迅速做出，施工继续进行，可能造成更大的返工损失。因此，合同管理人员应会同有关人员，督促发包人或设计单位、监理人等，对变更问题尽快解决，要求监理人尽快下达变更指令。

（2）迅速、全面、系统地落实变更指令：一是要求修改相关文件，使合同文件能反映变更后的内容。二是要求承包人相关人员落实变更指令，提出相应措施，对出现的问题认真研究并做出对策。水利水电工程变更经常发生，有时因为时间紧张，难以详细地进行计划分析，而造成安排、协调方面的漏洞，导致损失。这种损失往往被认为是承包人管理失误造成的，难以得到补偿。因此，要求合同管理人员对变更迅速进行落实和执行，进行合同的跟踪和监督。并以最新的合同内容作为目标进行管理，避免造成损失。

（3）对合同变更的影响做进一步的分析：合同变更往往是索赔的机会。在变更过程中应注意记录、收集、整理涉及变更事件的文件资料，分析变更与合同的不同之处，发现索赔事件，在索赔规定的时间内，及时提出索赔申请。同时，这些文件资料也可以作为索赔的证据。

3. 合同变更中注意的问题

发包人、监理人的口头变更指令，在索赔中是无效的，应索取书面确认书。

监理人不能超越监理权限，否则做出的变更指令必须得到发包人的书面确认。这种情况，只有发包人的书面确认，才能作为工期和费用索赔的依据。

工程变更不能免去承包人的合同责任。承包人对收到的变更指令，特别是在图纸上做出的修改意见，应予以核实。对涉及双方责权利关系的重大变更，必须有发包人的书面指令、认可，或双方签订变更协议。

工程变更不能超过合同规定的工程范围。如超过范围，承包人有权不执行变更或坚持价格签订后再进行变更。

在变更处理程序上，尽可能地采取对承包人有利的对策。如控制施工进度，等待变更谈判结果。这样有利价格谈判，同时也可减少损失。在费用方面，可争取按计日工支付或按实际费用支出进行费用计算，可以避免价格谈判中的争执。应保存完整的变更实施的记录和照片，并请监理人签字，为索赔提供依据。

施工中发现图纸错误或问题，应通知监理人。应当明确，对任何变更，承包人都不能擅自作主，自作主张可能得不到应有的补偿。

在施工中，要求对任何合同变更都应经过合同管理人员，或由合同管理人员提出。其目的是要求合同管理人员对变更进行研究，并进行技术和法律方面的审查。这样可以保证任何变更都在控制中，避免出现合同问题。

在商讨变更、签订变更协议时，承包人应提出变更补偿问题，明确补偿的范围、方法及索赔值的计算方法等，并与补偿时间、工期顺延时间等达成一致。因为，变更一旦形成并已经实施，再同发包人、监理人商谈费用及时间问题是非常被动的。

4. 索赔

索赔是指在合同实施过程中，合同一方因对方不履行或未能正确履行合同的义务而受到损失，向对方提出经济补偿和延长工期的要求。由于水利水电工程一般规模大，工期长，结构复杂，受自然条件影响很大等特点，在施工过程中存在着各种风险和众多不确定因素，因此经常有索赔事件发生。关于索赔管理将在任务四中详细介绍。

任 务 训 练

1. 合同管理中，什么是风险管理？
2. 对合同变更的处理要求有哪些？
3. 对合同管理人员，工程质量管理的工作有哪些？

任务三　水利水电土建工程施工合同条件简介

知识目标：熟悉水利水电土建工程施工合同条件。
能力目标：能读懂合同文本中的通用合同条款。

《水利水电土建工程施工合同条件（示范文本）》（GF-2000-0208）由通用合同条款、专用合同条款和通用合同条款使用说明三部分组成。

通用合同条款是根据《中华人民共和国民法典》《中华人民共和国建筑法》《建设工程施工合同管理办法》等法律、法规对承发包双方的权利、义务做出的规定。除双方协商一致对其中的某些条款做了修改、补充或取消，双方都必须履行。它是将建设工程施工合同中共性的一些内容抽象出来编写的一份完整的合同文件。通用条款具有很强的通用性，基本适用于各类水利水电土建工程。通用条款共22部分60条，这22部分内容如下所列：

（1）词语含义。有关合同双方、监理人的词语，有关合同组成文件、工程和设备、工期、合同价格和费用的词语，等等。如解释词语：发包人指专用合同条款中写明的当事人；承包人指与发包人签订本合同协议书的当事人；分包人指本合同中从承包人处分包某一部分工程的当事人；监理人指专用合同条款中写明的由发包人委托对本合同实施监理的当事人。

（2）合同条件。语言文字，法律、法规和规章，合同文件的优先顺序。如规定，组成合同的各项文件应互相解释，互为说明。当合同文件出现含糊不清或不一致时，由监理人做出解释。除合同另有规定外，解释合同文件的优先顺序规定在专用合同条款内。

（3）双方一般义务和责任。如规定承包人要及时进点施工、执行监理人的指示、提交施工组织设计、施工措施计划和施工图纸、文明施工、保证工程质量和人员安全等。

（4）履约担保。包括履约担保证件和履约担保证件的有效期。

（5）监理人和总监理工程师。包括监理人的职责和权力，总监理工程师、监理人员、监理人的指示。如规定，总监理工程师是监理人驻工地履行监理人职责的全权负责人。发包人应在开工通知发布前把总监理工程师的任命通知承包人，总监理工程师易人应由发包人及时通知承包人。总监理工程师短期离开工地时应委派代表代行其职责，并通知承包人。

（6）联络。包括联络来往函件的发出和答复，且联络以书面形式为准。

（7）图纸。包括招标图纸和投标图纸、施工图纸、施工图纸的修改、图纸的保管、图纸的保密。

（8）转让和分包。包括转让的要求，工程分包的批准。承包人不得将其承包的全部工程转包给第三人。承包人不得将其承包的工程肢解后分包出去。主体工程不允许分包。除合同另有规定外，未经监理人同意，承包人不得把工程的任何部分分包出去。经监理人同意的分包工程不允许分包人再分包出去。承包人应对其分包出去的工程以及分包人的任何工作和行为负全部责任。即使是监理人同意的部分分包工作，亦不能免除承包人按合同规定应负的责任。分包人应就其完成的工作成果向发包人承担连带责任。监理人认为有必要时，承包人应向监理人提交分包合同副本。

（9）承包人的人员及管理。承包人的职员和工人、项目经理、人员安排等。承包人项目经理是承包人驻工地的全权负责人，按合同规定的承包人义务、责任和权利履行其职责。承包人项目经理应按本合同的规定和监理人的指示负责组织本工程的圆满实施。承包人为实施本合同发出的一切函件均应盖有承包人授权的现场机构公章和承包人项目经理或其授权代表签名。

（10）材料和设备。承包人、发包人提供的工程设备，承包人和发包人材料和设备的管理，承包人租用的施工设备。

（11）交通运输。场内施工道路，场外公共交通，超大件和超重件的运输，道路和桥梁的损坏责任等。

（12）工程进度。合同进度计划、修订进度计划、单位工程进度计划、提交资金流估算表、开工和完工、暂停施工、工期延误、工期提前等。

（13）工程质量。质量检查的职责和权力，材料和工程设备的检查和检验，现场材料、工艺的试验，隐蔽工程和工程的隐蔽部位，不合格的工程、材料和工程设备的处理，测量放线的测量。

（14）文明施工。治安保卫、施工安全、环境保护。

（15）计量与支付。计量工程量、完成工程量的计量、计量方法、计量单位、总价承包项目的分解。工程预付款的支付，工程材料预付款支付，工程进度付款，完工结算、保留金、支付时间、最终结清，最终付款证书和支付时间。

（16）价格调整。物价波动引起的价格调整、暂时确定调整差额、承包人工期延误后的价格调整等。

（17）变更。包括变更的内容和范围、变更的处理原则、变更指示、变更决定、计日工、备用金。在履行合同过程中，监理人可根据工程的需要指示承包人进行以下各种类型的变更，没有监理人的指示，承包人不得擅自变更：增加或减少合同中任何一项工作内容；增加或减少合同中关键项目的工程量超过专用合同条款规定的百分比；取消合同中任何一项工作（但被取消的工作不能转由发包人或其他承包人实施）；改变合同中任何一项工作的标准或性质；改变工程建筑物的形式、基线、标高、位置或尺寸；改变合同中任何一项工程的完工日期或改变已批准的施工顺序；追加为完成工程所需的任何额外工作。

（18）违约和索赔。承包人违约情况、对承包人违约发出警告、发包人违约情况、承包人暂停施工，索赔的提出、索赔的处理、提出索赔的期限等。

（19）争议的解决。争议的提出、争议的协调组、争议的评审、仲裁或诉讼。

（20）风险和保险。发包人的风险、承包人的风险、风险责任的转移、工程保险和风险损失的补偿。

（21）完工与保修。完工验收、完工资料、工程的保修期、保修责任、完工清场、承包人撤离。

(22) 其他。

考虑到水利水电土建工程的内容各不相同，工期、造价也随之变动，承包、发包人各自的能力、施工现场的环境和条件也各不相同，通用条款不能完全适用于各个具体工程，因此，配之以专用条款对其做必要的修改和补充，使通用条款和专用条款成为双方统一意愿的体现。专用条款的条款号与通用条款相一致，但主要是空格，由当事人根据工程的具体情况予以明确或对通用条款进行修改和补充。

任 务 训 练

1. 请查阅工程资料，找到水利水电土建工程施工合同，认真阅读其中通用合同条款。

2. 《水利水电土建工程施工合同条件》由三部分组成，其中不包括（　　）。
  A. 协议书　　　　　　　　　　B. 通用条款
  C. 专用条款　　　　　　　　　D. 工程质量保修书

3. 《水利水电土建工程施工合同条件》，其中有一部分是将建设工程施工合同中共性的一些内容抽象出来编写的一份完整的合同文件，这份文件是（　　）。
  A. 协议书　　　　　　　　　　B. 通用条款
  C. 专用条款　　　　　　　　　D. 投标书及其附件

4. 承包人（　　）。
  A. 应是具备与工程相应资质和法人资格的，并被发包人接受的合同当事人及其合法继承人
  B. 可以将工程转包或出让
  C. 不征得发包人同意可进行分包
  D. 必须具备组织协调的能力

任务四 施工合同索赔管理

知识目标：了解施工索赔的特征、分类、原因，熟悉索赔的程序，熟悉引起索赔的原因。

能力目标：能正确分析索赔的原因，能按照索赔程序正确进行施工索赔。

模块一 索 赔 的 概 念

所谓施工索赔，就是工程承包当事人由于另一方没有按照合同要求而导致当事人因为承担风险而遭受了损失，并向违反合同的一方提出索赔来弥补损失要求的一种维护自身利益的行为。实际上，索赔是双向的，需要双方的参与。一般情况下，所说的索赔是指工程的承包人在施工过程中，由于外界原因而对工程预期的时间、费用等造成一定影响，进而要求补偿损失的一种要求，表明了一种权利责任关系。在社会主义市场经济条件下，建设工程施工索赔已是十分常见的现象，但索赔涉及社会科学和自然科学多学科的专业知识，索赔的结果很大程度上取决于当事人的素质和水平，加之我国建设市场的发育尚未健全，索赔与反索赔的意识不强、水平较低。因此，应当提高对索赔与反索赔的认识并加强对索赔理论、索赔技巧的研究，以提高生产经营管理水平和经济效益。

模块二 索 赔 的 特 征

1. 主体双向特性

索赔是合同赋予当事人双方具有法律意义的权利主张，其主体是双向的。索赔的性质属于补偿行为，是合同一方的权利要求，不是惩罚，也不意味着赔偿一方一定有过错，索赔的损失结果和被索赔人的行为不一定存在法律上的因果关系。不仅承包人可以向发包人索赔，发包人也同样可以向承包人索赔。在建设工程合同履行的实践中，发包人向承包人索赔发生的频率相对较低，而且在索赔处理中，发包人始终处于主动有利的地位，对承包人的违约行为它可以直接从应付的工程款中扣抵、扣留保留金或通过履约保函向银行索赔来实现自己的索赔要求。因此在工程实践中大量发生的、处理比较困难复杂的是承包人向发包人的索赔，也是监理人进行合同管理的重点内容之一。承包人的索赔范围非常广泛，一般只要非承包人自身责任造成的其工期延长或成本增加，都有可能向发包人提出索赔。有时发包人违反合同，如未及时交付施工图纸、提供施工场地、未按合同约定支付工程款等，承包人可向发包人提出索赔的要求；由发包人应承担的风险原因，如恶劣气候条件影响、国家法规修改等造成承包人损失或损害时，也会向发包人提出补偿要求。

2. 合法特性

索赔必须以法律或合同为依据。不论承包人向发包人提出索赔，还是发包人向承包人提出索赔，要使索赔成立，必须要有法律依据或合同依据，没有法律依据或合同依据的索赔不能成立。

3. 客观特性

不论是经济损失或权利损害，索赔必须建立在损害后果已客观存在的基础上，受损害方才能向对方索赔。经济损失是因对方因素造成合同外额外支出，如人工费、材料费、机械费、管理费等额外开支；权利损害是指虽然没有经济上的损失，但造成乙方权利上的损害，如由于恶劣气候条件对工程进度的不利影响，承包人有权要求工期延长等。因此发生了实际的经济损失或权利损害，应是一方提出索赔的一个基本前提条件。有时上述两者同时存在，如发包人未及时交付合格的施工场地，既造成承包人的经济损失，又侵犯了承包人的工期权利，因此，承包人既要求经济赔偿又要求工期延长；有时两者则可单独存在，如恶劣气候条件影响、不可抗力等，承包人根据合同规定只能要求延长工期，不应要求经济补偿。

4. 合理特性

索赔应符合索赔事件发生的实际情况，无论是索赔工期或是索赔费用，要求索赔计算应合理，即符合合同规定的计算方法和计算基础，符合一般的工程惯例，索赔事件的影响和索赔值之间有直接的因果关系，合乎逻辑。

5. 形式特性

索赔应采用书面形式，包括索赔意向通知、索赔报告、索赔处理意见等，均应采用书面形式。索赔的内容和要求应该明确而又肯定。

6. 目的特性

索赔的结果一般是索赔方获得补偿。索赔要求通常有两个：工期即合同工期的延长，承包合同规定有工程完工时间，如果拖期由于承包人原因造成，则他要面临合同处罚，通过工期索赔，承包人可以免去其在这个范围内的处罚，并降低了未来的工期拖延风险；费用补偿，即通过要求费用补偿来弥补自己遭受的损失。

模块三 施 工 索 赔 分 类

1. 按索赔的合同依据分类

（1）合同规定的索赔。

合同规定的索赔，也称合同明示的索赔，是指承包人所提出的索赔要求，在该建设工程施工合同文件中有文字依据，承包人可以据此提出索赔要求，并取得经济补偿或工期补偿。这些在合同文件中有文字规定的合同条款，在合同解释上称为明示条款或明文条款。例如《水利水电土建工程施工合同条件》第 18.2 款规定："监理人未按合同规定的期限发出开工通知或发包人未能按合同规定向承包人提供开工的必要条件，承包人有权提出延长工期的要求。监理人应在收到承包人的要求后立即与发包人和承包人共同协商补救办法，由此增加的费用和工期延误责任由发包人承担。"在本合同履行过程中出现此种情况，承包人就可以依据本明文条款的规定，向发包人提出索赔工期的要求和经济补偿的要求。凡是建设工程施工合同中有明文条款的，这种索赔都属于合同规定的索赔。

（2）非合同规定的索赔。

非合同规定的索赔，也称默示的索赔或超越合同规定的索赔，是指承包人的索赔要求，虽然在建设工程施工合同条件中没有专门的文字叙述，但可以根据该合同条件的某些条款的含义，推论出承包人有索赔权。这种索赔要求，同样有法律效力，有权得到相应的经济补偿。这种有经济补偿含义的合同条款，在合同管理工作中被称为"默示条款"或"隐含条款"。隐含条款是一个广义的合同概念，它包括合同明文条款中没有写入，但符合合同双方签订合同时的愿望和当时的环境条件的一切条款。这些默示条款，或者从明文条款所述的愿望中引申出来，或者从合同双方在法律上的合同关系中引申出来，经合同双方协商一致，或被法律法规所指明，都成为合同文件的有效条款，要求合同双方遵照执行。

（3）道义索赔。

承包人由于履行合同发生某项困难而承受了额外的费用损失，向发包人提出索赔要求，虽然在合同中找不到此项索赔的规定，但发包人按照合同公平原则和诚实信用原则同意给予承包人适当的经济补偿，这种索赔称为"道义索赔"。

2. 按索赔的目的分类

（1）工期索赔。

工期索赔就是承包人向发包人要求延长施工的时间，使原定的完工日期顺延一段合理的时间。也可以说，由于非承包人责任的原因而导致施工进度延误，要求批准顺延合同工期的索赔。工期索赔形式上是对权利的要求，以避免在原定合同完工日不能完工时，被发包人追究拖期违约责任。一旦获得批准合同工期顺延后，承包人不仅免除了承担拖期违约赔偿费的风险，而且可能提前工期得到奖励。

（2）经济索赔。

经济索赔也称费用索赔，经济索赔就是承包人向发包人要求补偿不应该由承包人自己承担的经济损失或额外开支，也就是取得合理的经济补偿。承包人取得经济补偿的前提是：在实际施工过程中所发生的施工费用超过了投标报价书中该项工作所预算的费用；而这项费用超支的责任不在承包人，也不属于承包人的风险范围。施工费用超支的原因，一是施工受到了干扰，导致工作效率降低；二是发包人指令工程变更或额外工程，导致工程成本增加。由于这两种情况所增加的新增费用或额外费用，承包人有权向发包人要求给予经济补偿，以挽回不应由承包人承担的经济损失。

3. 按发生索赔的原因分类

由于发生索赔的原因很多，这种分类法提出了名目繁多的索赔，可能多达几十种。但这种分类法有它的优点，即明确地指出每一项索赔的原因，使发包人和监理人易于审核分析。根据国际工程施工索赔实践，按发生原因的索赔通常有：工期延误索赔、加速施工索赔、增加或减少工程量索赔、地质条件变化索赔、工程变更索赔、暂停施工索赔、施工图纸拖交索赔、迟延支付工程款索赔、物价波动上涨索赔、不可预见和意外风险索赔、法规变化索赔、发包人违约索赔、合同文件缺陷索赔等。

模块四 索赔的原因

水利水电工程大多数都是规模大、工期长、结构复杂，在施工过程中，由于受到水文气象、地质条件的变化影响，以及规划设计变更和人为干扰，在工程项目的建设工期、工程造价、工程质量等方面都存在着变化的诸多因素。因此，超出工程施工合同条件的事项可能很多，这必然为工程的施工承包人提供了众多的索赔机会。工程施工中常见的索赔，其原因大致可以从以下几个方面进行分析。

1. 合同文件引起的索赔

（1）合同文件的组成问题引起索赔。

组成合同的文件有很多，这些文件的形成从时间上看有早有晚，有些合同文件是由发包人在招标前拟定的，有些合同文件是在投标后通过讨论修改拟定的，还有些合同文件是在实施过程中通过合同变更形成的，在这些文件中有可能会出现内容上的不一致，当合同内容发生矛盾时，就容易引起双方争执并导致索赔。

（2）合同缺陷引起的索赔。

合同缺陷是指合同文件的规定不严谨，甚至前后有矛盾、遗漏或错误。它不仅包括合同条款中的缺陷，也包括技术规范和图纸中的缺陷。常见的情况包括：合同条款规定用语不够准确，难以分清双方的责任和义务；合同条款有漏洞，对实际发生的情况没有相关的约定；合同条款之间存在矛盾，在不同的条款中，对同一问题的规定不一致；双方在签订合同前缺乏沟通，造成对某些条款的理解不一致。

监理人有权对这些情况作出解释，但如果承包人执行监理人的解释后引起成本增加或工期延误，则承包人有权提出相应的索赔。

2. 不可抗力原因引起的索赔

（1）自然方面的不可抗力。

自然方面的不可抗力主要是指地震、飓风、海啸、洪水等自然灾害。一般在合同中规定，由于这类自然灾害引起的工程损失和损害应由发包人承担风险责任。但是合同也规定，承包人在这种情况下应采取措施，防止损失扩大，尽量减小损失。对由于承包人未采取措施而使损失扩大的那部分，发包人不承担赔偿的责任。

（2）社会方面的不可抗力。

社会方面的不可抗力主要是指发生战争、动乱、核污染和冲击波等社会因素而使承包人受到的损失和损害。这些风险按合同规定一般由发包人承担该风险责任，承包人不对由此造成的工程损失和损害负责，应得到损害前已完成的永久工程的付款和合理利润，以及一切修复费用和重建费用。

（3）不可预见的施工条件变化。

在水利水电土建工程施工中，施工现场条件的变化对工期和造价的影响很大。由于不利的自然条件及人为障碍，经常导致设计变更、工期延长和工程大幅度增加。水利水电工程对基础地质条件的要求很高，而这些土壤地质条件，如地下水、地质断层、溶洞、地下文物遗址等，根据发包人在招标文件中提供的资料，以及承包人在投标前的现场踏勘，都不可能准确地发现，即使是有经验的承包人也无法事前预料。因此，由于施工条件发生变化给承包人造成的费用增加和工期延长，承包人依据合同的规定都有权提出经济索赔和工期索赔。

3. 发包人违约引起的索赔

建设工程施工合同中的发包人违约，一般是指发包人未按合同规定向承包人提供必要的施工条件；未按合同规定的时限向承包人支付工程款；未按规定的时间提供施工图纸等。对于发包人的原因而引起的施工费用增加或工期延长，承包人有权向发包人提出索赔。

(1) 未及时提供施工条件。

发包人应按合同规定的承包人用地范围和期限，办清施工用地范围内的征地和移民，按时向承包人提供施工条件。发包人未能按合同规定的内容和时间提供施工用地、测量基准等施工准备工程，影响承包人施工所必须的条件，就会导致承包人提出误工的经济索赔和工期索赔。

(2) 未按时支付工程款。

合同中均有支付工程款的时间限制，如《水利水电土建工程施工合同条件》第33.4款规定："发包人收到监理人签证的月进度付款证书并审批后支付给承包人，支付时间不应超过监理人收到月进度付款申请单后28天。若不按期支付，则应从逾期第一天起按专用合同条款中规定的逾期付款违约金加付给承包人。"如果发包人未能按合同规定的时间支付各项预付款或合同价款，或拖延、拒绝批准付款申请和支付凭证，导致付款延误，承包人可按合同规定向发包人索付利息。发包人严重拖欠工程款而使得承包人资金周转困难时，承包人除向发包人提出索赔要求外，还有权暂停施工，在延期付款超过合同约定时间后，承包人有权向发包人提出解除合同要求。

(3) 发包人未及时提供施工图纸。

发包人应按合同规定期限提供应由发包人负责的施工图纸，发包人未能按合同规定的期限向承包人提供应由发包人负责的施工图纸，承包人依据合同规定有权向发包人提出由此而造成的费用补偿和工期延长。

(4) 发包人提前占有部分永久工程。

工程实践中，往往会出现发包人从经济效益方面考虑使部分单项工程提前投入使用，或从其他方面考虑提前占有部分工程。如果合同未规定可提前占用部分工程，则提前使用永久工程的单项工程或部分工程所造成的后果，责任应由发包人承担；另一方面，提前占有工程影响了承包人的后续工程施工，影响了承包人的施工组织计划，增加了施工困难，则承包人有权提出索赔。

(5) 发包人要求加速施工。

一项工程遇到不属于承包人责任的各种情况，或发包人改变了部分工程的施工内容而必须延长工期。但是发包人又坚持要按原工期完工，这就迫使承包人赶工，并投入更多的机械、人力来完成工程，从而导致成本增加。承包人可以要求赔偿赶工措施费用。

(6) 发包人提供的原始资料和数据有差错。

(7) 发包人拖延履行合同规定的其他义务。

发包人没有按时履行合同中规定的其他义务而引起工期延长或费用增加，承包人有权提出索赔。主要包括两种情况：由于发包人本身的原因造成的拖延，比如内部管理不善、人员工作失误造成的拖延履行合同规定的其他义务；由于自己应向承包人承担责任的第三方原因造成发包人拖延履行合同规定的其他义务，比如当合同规定某些材料由发包人提供，由于材料供应商或运输方的原因造成发包人没有按时提供材料给承包人。

模块五　索　赔　程　序

承包人有权根据本合同任何条款及其他有关规定，向发包人索取追加付款，但应在索赔事件发生后的 28 天内，将索赔意向书提交发包人和监理人。在上述意向书发出后的 28 天内，再向监理人提交索赔申请报告，详细说明索赔理由和索赔费用的计算依据，并应附必要的当时记录和证明材料。如果索赔事件继续发展或继续产生影响，承包人应按监理人要求的合理时间间隔列出索赔累计金额和提出中期索赔申请报告，并在索赔事件影响结束后的 28 天内，向发包人和监理人提交包括最终索赔金额、延续记录、证明材料在内的最终索赔申请报告。根据《水利水电土建工程施工合同条件》的规定，承包人向发包人提出索赔要求一般按以下程序进行。

1. 提交索赔意向书

索赔事件发生后，承包人应在索赔事件发生后的 28 天内向工程师提交索赔意向书，声明将对此事件提出索赔，一般要求承包人应在索赔意向书中简单写明索赔依据的合同条款、索赔事件发生时间和地点、提出索赔意向。该意向书是承包人就具体的索赔事件向监理人和发包人表示的索赔愿望和要求。如果超过这个期限，监理人和发包人有权拒绝承包人的索赔要求。索赔事件发生后，承包人有义务做好现场施工的同期记录，监理人有权随时检查和调阅，以判断索赔事件造成的实际损害。

2. 提交索赔申请报告

索赔意向书提交后的 28 天内，或监理人可能同意的其他合理时间，承包人应提交正式的索赔申请报告。索赔申请报告的内容应包括：索赔事件的综合说明，索赔的依据，索赔要求补偿的款项和工期延长天数的详细计算，对其权益影响的证据资料，包括施工日志、会议记录、来往函件、工程照片、气候记录等有关资料。对于索赔报告，一般应文字简洁、事件真实、依据充分、责任明确、条例清楚、逻辑性强、计算准确、证据确凿充分。

3. 提交中期索赔报告

如果索赔事件继续发展或继续产生影响，承包人应按监理人要求的合理时间间隔（一般为 28 天）列出索赔累计金额和提交中期索赔申请报告。

4. 提交最终索赔申请报告

在该项索赔事件的影响结束后的 28 天内，承包人向监理人和发包人提交最终索赔申请报告，提交索赔论证资料、延续记录和最终索赔金额。

承包人发出索赔意向书，可以在监理人指示的其他合理时间内再报送正式索赔报告，也就是说，监理人在索赔事件发生后有权不马上处理该项索赔。但承包人的索赔意向书必须在索赔事件发生后的 28 天内提出，包括因对变更估价双方不能取得一致的意见，而先按监理人单方面决定的单价或价格执行时，承包人提出的索赔权利的意向书。如果承包人未能按时间规定提出索赔意向和索赔报告，此时他所受到损害的补偿，将不超过监理人认为应主动给予的补偿额。

任务四 施工合同索赔管理

【例 6-1】 某水闸建设工程项目，建设单位与施工单位经公开招标后签订了工程施工承包合同，施工承包合同规定：水闸的启闭机设备由建设单位采购，其他建筑材料由施工单位采购。同时，建设单位与监理单位签订了施工阶段监理合同。

建设单位为了确保水闸施工质量，经与设计单位商定，在设计文件中标明了水泥的规格、型号等技术指标，并指定了生产厂家。施工单位在工程中标后，与生产厂家签订了购货合同。为了在汛期来临之前完成水闸的基础工程施工，施工单位采购的水泥进场时，未经监理机构许可就擅自投入施工使用。监理机构在对浇筑而成的第一块闸底板检查时，发现水泥的指标达不到要求，监理机构就通知施工单位该批水泥不得使用。施工单位要求水泥厂家将不合格的水泥退换，厂家认为水泥质量没有问题，若要退货，施工单位应支付退货运费，施工单位不同意支付，厂家要求建设单位在施工单位的应付工程款中扣除上述费用。

问题：

（1）建设单位能否指定水泥的规格和型号？

（2）施工单位采购的水泥进场，未经监理机构许可就擅自投入使用，此做法是否正确？为什么？

（3）施工单位要求退换该批水泥是否合理？为什么？

（4）水泥生产厂家要求施工单位支付退货费用，建设单位代扣退货运费款是否合理？水泥退货的经济损失应由谁负担？为什么？

【解】（1）建设单位指定水泥的规格、型号是合理的。因为《建设工程质量管理条例》明确规定应当指定建筑材料的规格、型号。

（2）施工单位采购的水泥进场，未经监理机构许可就擅自投入使用，此做法不正确。正确做法是：施工单位运进材料前，应向监理机构提交工程材料报审表，同时附有材料合格证、技术说明书、按规定要求进行送检的检验报告，经监理机构审查并确认其质量合格后，方可进场使用。

（3）施工单位要求退换该批水泥是合理的。因为水泥生产厂家供应的水泥不符合供货合同的要求。

（4）水泥生产厂家要求施工单位支付退货运费是不合理的。因为退货是生产厂家违约引起的，厂家应承担责任。建设单位代扣退货运费款也是不合理的，因为水泥的购货合同关系与建设单位无关。水泥退货的经济损失应由生产厂家承担，因为责任在生产厂家。

任 务 训 练

1．下列关于施工索赔的说法中错误的是（　　）。

　　A．索赔是一种合法的正当权利要求，不是无理争利

　　B．索赔是单向的

　　C．索赔的依据是签订的合同和有关法律、法规和规章

　　D．在工程施工中，索赔的目的是补偿索赔方在工期和经济上的损失

2．《水利水电土建工程施工合同条件》规定，工程师收到承包人递交的索赔报告

和相关资料后应在（　　）内给予答复。

  A. 28 天   B. 29 天

  C. 30 天   D. 15 天

3. 下列选项中说法正确的是（　　）。

  A. 索赔发生在工程建设各阶段，但在施工竣工后发生较多

  B. 承包商可以向业主提出索赔，业主也可以向承包商提出索赔

  C. 总索赔比单项索赔要更易处理和解决

  D. 工程师对索赔的反驳，应该把承包人当作对立面，但应公正

4. 工程施工过程中发生索赔事件以后，承包人首先要做的工作是（　　）。

  A. 向监理工程师提交索赔证据

  B. 提出索赔意向通知

  C. 提交索赔报告

  D. 与业主就索赔事项进行谈判

5. 关于建设工程索赔程序的说法，正确的是（　　）。

  A. 设计变更发生后，承包人应在 28 天内向发包人提交索赔通知

  B. 索赔事件在持续进行，承包人应在事件终了后立即提交索赔报告

  C. 索赔意向通知发出后 14 天内，承包人应向工程师提交索赔报告及有关资料

  D. 工程师在收到承包人送交的索赔报告的有关资料后 28 天内未予答复或未对承包人进一步要求，视为该索赔已被认可

6. 工程施工过程中，由于战争、敌对行动、入侵等风险造成合同无法继续履行而引起的索赔，属于（　　）。

  A. 因合同文件引起的索赔   B. 工程暂停的索赔

  C. 人力不可抗拒灾害的索赔   D. 特殊风险的索赔

项目七 水利工程施工质量管理

项目重点：全面质量管理定义下质量管理的主要内容，质量管理的影响因素，施工现场质量管理的基本环节，施工阶段质量控制的方法，质量控制的统计方法。工程质量事故分类等级，施工项目质量事故的处理程序，质量事故处理报告的内容。掌握工程验收主要工作内容，掌握工程质量评定标准。

教学目标：理解质量、质量管理的定义，熟悉全面质量管理定义下质量管理的主要内容，理解并掌握质量管理的影响因素。理解并掌握施工现场质量管理的基本环节，熟悉《水利工程质量管理规定》相关规定，掌握施工阶段质量控制的方法。了解质量数据的类型和收集方法，掌握质量控制的统计方法。了解施工质量事故处理原则，了解施工质量事故处理的鉴定结论，掌握工程质量事故分类等级，掌握施工项目质量事故的处理程序，熟悉质量事故处理报告的内容。了解工程质量验收的定义、工程质量验收的目的、工程质量验收依据，掌握工程验收主要工作内容，了解工程质量评定依据，掌握工程质量评定标准。

项目引入：2018年，习近平总书记考察三峡工程时强调，大国重器必须掌握在我们自己手里。三峡工程是国之重器，百年大计，质量第一，三峡工程的成败在于工程质量。2001年，当三峡建设进入左岸工程三年攻坚的关键时期，中国长江三峡工程开发总公司对多年来的建设和管理经验进行了总结，首次提出并推行了"以零质量缺陷实现零质量事故，以零安全违章保证零安全事故"的"双零"管理目标。2013年，国务院三峡工程建设委员会枢纽工程质量检查专家组组长、中国工程院院士陈厚群对三峡工程总体评价是"一期工程质量良好，二期工程质量总体优良，三期工程质量优良"。2020年，三峡工程完成整体竣工验收全部程序，根据验收结论，三峡工程建设任务全面完成，工程质量满足规程规范和设计要求、总体优良，运行持续保持良好状态，防洪、发电、航运、水资源利用等综合效益全面发挥。

任务一 质量管理的主要内容和影响因素

知识目标：理解质量、质量管理的定义，熟悉全面质量管理定义下质量管理的主要内容，理解并掌握质量管理的影响因素。

能力目标：能说出质量管理的部分内容，能根据工程情况分析出质量管理的影响因素。

水利水电项目的施工阶段是根据设计图纸和设计文件的要求，通过工程参建各方及其技术人员的劳动形成工程实体的阶段，施工阶段的质量控制是极其重要的，其中心任务是建立健全有效的工程质量管理体系，确保工程质量达到合同规定的标准和等级要求。

模块一　质量管理的定义

《质量管理体系　基础和术语》（GB/T 19000—2016）对质量的定义为：质量是一个关注质量的组织倡导一种通过满足顾客和其他有关相关方的需求和期望来实现其价值的文化，这种文化将反映在其行为、态度、活动和过程中。组织的产品和服务质量取决于满足顾客的能力，以及对有关相关方的有意和无意的影响。产品和服务的质量不仅包括其预期的功能和性能，而且还涉及顾客对其价值和受益的感知。

质量管理体系包括组织确定其目标以及为获得期望的结果确定其过程和所需资源的活动。质量管理体系管理相互作用的过程和所需的资源，以向相关方提供价值并实现结果。质量管理体系能够使最高管理者通过考虑其决策的长期和短期影响而优化资源的利用。质量管理体系给出了在提供产品和服务方面，针对预期和非预期的结果确定所采取措施的方法。

《水利水电工程施工质量检验与评定规程》（SL 176—2007）中定义水利水电工程质量指工程满足国家和水利行业相关标准及合同约定要求的程度，在安全、功能、适用、外观及环境保护等方面的特性总和。

模块二　质量管理的主要内容

水利工程施工质量管理从全面质量管理的观点来分析，主要有以下几个内容。

1. 质量管理的基础工作

质量管理的基础工作是标准化、计量、质量信息与质量教育工作，此外还有以质量否决权为核心的质量责任制。

2. 质量体系的设计

质量管理首先要设计或决策科学有效的质量体系，无论是国家、地方、企业或某组织、单位的质量体系设计，都要从实际情况和客观需要出发，合理选择质量体系要素，编制质量体系文件，规划质量体系运行布置和方法，并制定考核办法。

3. 质量管理的组织体制和法规

从我国具体国情出发，研究各国质量管理体制、法规，提炼出具有我国特色的质量管理体制和法规体系，如质量管理组织体系、质量监督组织体系、质量认证体系等，以及质量管理方面的法律、法规和规章等。

4. 质量管理的工具和方法

质量管理的基本思想方法是全面质量管理，基本数学方法是概率论和数量统计方法，由此而总结出各种常用工具，如排列图、因果分析图、直方图、控制图等。

5. 质量抽样检验方法和控制方法

质量指标是具体、定量的。如何抽样检查或检验，怎样实行有效的控制，都要在质量管理过程中正确地运用数理统计方法，研究和制定各种有效控制系统。质量的统计抽样工具——抽样方法标准就成为质量管理工程中的一项十分必要内容。

6. 质量成本和质量管理经济效益的评价、计算

质量成本是从经济性角度评定质量体系有效性的重要方面。科学、有效的质量管理，对企业单位和对国家都有显著的经济效益。如何核算质量成本，怎样定量考核质量管理水平和效果，已成为现代质量管理必须研究的一项重要课题。

模块三　质量管理的影响因素

在工程项目施工阶段，影响工程施工质量的主要因素是"人（man）、机（machine）、料（material）、法（method）、环（environment）"等五个大的方面，即4M1E。

1. 对"人"的因素的控制

人是工程质量的控制者，也是工程质量的"制造者"。工程质量的好与坏与人的因素是密不可分的。控制人的因素，即调动人的积极性、避免人的失误等，是控制工程质量的关键因素。

（1）领导者的素质：领导者是具有决策权力的人，其整体素质是提高工作质量和工程质量的关键。因此，在对承包商进行资质认证和选择时一定要考核领导者的素质。

（2）人的理论水平和技术水平：人的理论水平和技术水平是人的综合素质的体现，它直接影响工程项目质量，尤其是技术复杂、操作难度大、要求精度高、工艺新的工程对人的素质要求更高；否则，工程质量就很难保证。

（3）人的生理缺陷：根据工程施工的特点和环境，应严格控制人的生理缺陷，如患有高血压、心脏病的人不能从事高空作业和水下作业，反应迟钝、应变能力差的人不能操作快速运行、动作复杂的机械设备等；否则，将影响工程质量，引起安全事故。

（4）人的心理行为：影响人的心理行为的因素很多，而人的心理因素如疑虑、畏惧、抑郁等很容易使人产生愤怒、怨恨等情绪，使人的注意力转移，由此引发质量、安全事故。所以，在审核企业的资质水平时，要注意企业职工的凝聚力如何，职工的情绪如何，这也是选择企业的一条标准。

（5）人的错误行为：人的错误行为是指人在工作场地或工作中吸烟、打盹、错视、错听、误判断、误动作等，这些都会影响工程质量或造成质量事故。所以，在有危险的工作场所，应严格禁止吸烟、嬉戏等。

（6）人的违纪违章：人的违纪违章是指人的粗心大意、注意力不集中、不履行安全措施等不良行为，会对工程质量造成损害，甚至引起工程质量事故。所以，在使用人的问题上，应从思想素质、业务素质和身体素质等方面严格控制。

2. 对施工机械设备的控制

施工机械设备是工程建设不可缺少的设施，目前工程建设的施工进度和施工质量都与施工机械关系密切，对机械设备的控制包括施工机械、各类施工工器具和工程设备的质量控制，在施工阶段，必须对施工机械的性能、选型和使用操作等方面进行控制。

(1) 机械设备的选型：机械设备的选型应因地制宜，按照技术先进、经济合理、生产适用、性能可靠、使用安全、操作和维修方便等原则来选择施工机械。

(2) 机械设备的性能参数：机械设备的性能参数是选择机械设备的主要依据，为满足施工的需要，在参数选择上可适当留有余地，但不能选择超出需要很多的机械设备，否则容易造成经济上的不合理。

(3) 机械设备的合理使用：合理使用机械设备，正确地进行操作，是保证项目施工质量的重要环节。应贯彻人机固定原则，实行定机、定人、定岗位责任的"三定"制度。要合理划分施工段，组织好机械设备的流水施工。当一个项目有多个单位工程时，应使机械在单位工程之间流水，减少进出场时间和装卸费用。搞好机械设备的综合利用，尽量做到一机多用，充分发挥其效率。要使现场环境、施工平面布置适合机械作业要求，为机械设备的施工创造良好条件。

(4) 机械设备的保养与维修：为了保持机械设备的良好技术状态，提高设备运转的可靠性和安全性，减少零件的磨损，延长使用寿命，降低消耗、提高机械施工的经济效益，应做好机械设备的保养。保养分为例行保养和强制保养。对机械设备的维修可以保证机械的使用效率，延长使用寿命。机械设备修理是对机械设备的自然损耗进行修复，排除机械运行的故障，对损坏的零部件进行更换、修复。

3. 对材料的控制

(1) 对供货方质量保证能力进行评定。

(2) 建立材料管理制度，减少材料损失、变质。对材料的采购、加工、运输、储存建立管理制度，可加快材料的周转，减少材料占用量，避免材料损失、变质，按质、按量、按期满足工程项目的需要。

(3) 对原材料、半成品、构配件进行标识：进入施工现场的原材料、半成品、构配件要按型号、品种分区堆放并做好标识；对有防湿、防潮要求的材料，要有防雨防潮措施，并有标识。对容易损坏的材料、设备，要做好防护。对有保质期要求的材料，要定期检查，以防过期，并做好标识。标识应具有可追溯性，即应标明其规格、产地、日期、批号、加工过程、安装交付后的分布和场所。

(4) 加强材料检查验收：用于工程的主要材料，进场时应有出厂合格证和材质化验单；凡标志不清或认为质量有问题的材料，需要进行追踪检验，以确保质量；凡未经检验和已经验证为不合格的原材料、半成品、构配件和工程设备不能投入使用。

(5) 发包人提供的原材料、半成品、构配件和设备：发包人所提供的原材料、半成品、构配件和设备用于工程时，项目组织应对其做出专门的标识，接收时进行验证，储存或使用时给予保护和维护，并得到正确的使用。上述材料经验证不合格，不得用于工程。发包人有责任提供合格的原材料、半成品、构配件和设备。

(6) 材料质量抽样和检验方法：材料质量抽样应按规定的部位、数量及采选的操作要求进行。材料质量的检验项目分为一般试验项目和其他试验项目，一般项目即通常进行的试验项目，其他试验项目是根据需要而进行的试验项目。材料质量检验方法有书面检验、外观检验、理化检验和无损检验等。

4. 施工方法的控制

施工方法的控制主要包括施工方案、施工工艺、施工组织设计、施工技术措施等方面的控制。对施工方法的控制，应着重抓好以下几个方面内容。

(1) 施工方案应随工程进展而不断细化和深化。

(2) 选择施工方案时，对主要项目要拟定几个可行方案，找出主要矛盾，明确各个方案的主要优缺点，通过反复论证和比较，选出最佳方案。

(3) 对主要项目、关键部位和难度较大的项目，如新结构、新材料、新工艺、大跨度、高大结构部位等，制定方案时要充分估计到可能发生的施工质量问题和处理方法。

5. 对环境的控制

施工环境的控制主要包括自然环境、管理环境和劳动环境等。

自然环境的控制主要是掌握施工现场水文、地质和气象资料信息，以便在编制施工方案、施工计划和措施时，能够从自然环境的特点和规律出发，制定地基与基础施工对策，防止地下水、地面水对施工的影响，保证周围建筑物及地下管线的安全。从实际条件出发做好冬雨季施工项目的安排和防范措施；加强环境保护和建设公害的治理。

管理环境的控制主要是要按照承发包合同的要求，明确承包商和分包商的工作关系，建立现场施工组织系统运行机制及施工项目质量管理体系；正确处理好施工过程安排和施工质量形成的关系，使两者能够相互协调、相互促进、相互制约；做好与施工项目外部环境的协调，包括与邻近单位、居民及有关各方面的沟通、协调，以保证施工顺利进行，提高施工质量，创造良好的外部环境和氛围。

劳动环境的控制主要是做好施工平面图的合理规划和布置，规范施工现场机械设备、材料、构件的各项管理工作，做好各种管线和大型临时设施的布置；落实施工现场各种安全防护措施，做好明显标志，保证施工道路的畅通，安排好特殊环境下施工作业的通风照明措施；加强施工作业现场的及时清理工作，保证施工作业面的有序和整洁。

任 务 训 练

1. 请说出什么是质量管理，什么是水利水电工程质量。
2. 请从全面质量管理的观点来分析说出水利工程施工质量管理的内容有哪些。
3. 在工程项目质量管理中，起决定性作用的影响因素是（   ）。

    A. 人　　　　　　B. 材料　　　　　　C. 机械　　　　　　D. 方法

4. 影响工程质量的因素很多，可归纳为 4M1E 因素，其中的"E"是指对（   ）的控制。

    A. 人　　　　　　B. 环境　　　　　　C. 机械　　　　　　D. 材料

5. 机械设备的控制包括施工机械、各类施工工器具和（   ）的质量控制。

    A. 辅助设备　　　　　　　　　　　B. 工程设备
    C. 拟投入使用的设备　　　　　　　D. 运输设备

6. 请说出对人的控制因素有哪几方面。
7. 请说出对机械的控制因素有哪几方面。
8. 环境因素的控制主要包括现场自然环境条件、施工质量管理环境和（　　）的控制。

  A. 施工作业环境   B. 施工经济环境
  C. 施工社会环境   D. 施工安全环境

任务二　工程项目施工阶段质量控制

知识目标：理解并掌握施工现场质量管理的基本环节，熟悉《水利工程质量管理规定》相关规定，掌握施工阶段质量控制的方法。

能力目标：能叙述出施工现场质量管理的基本环节，能按照《水利工程质量管理规定》中施工单位质量管理的规定内容工作，能根据工程实际情况选择合适的质量控制方法。

模块一　施工现场质量管理的基本环节

施工质量控制过程，不论是从施工要素着手，还是从施工质量的形成过程出发，都必须通过现场质量管理中一系列可操作的基本环节来实现。

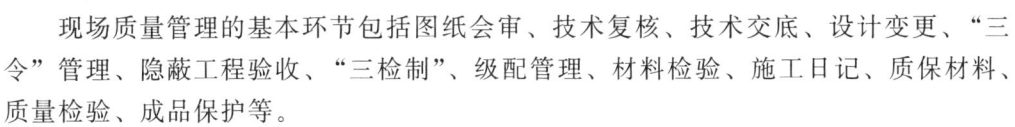

现场质量管理的基本环节包括图纸会审、技术复核、技术交底、设计变更、"三令"管理、隐蔽工程验收、"三检制"、级配管理、材料检验、施工日记、质保材料、质量检验、成品保护等。

1. "三检制"

"三检制"是指操作人员的自检、互检和专职质量管理人员的专检相结合的检验制度。它是确保现场施工质量的一种有效的方法。

自检是指由操作人员对自己的施工作业或已完成的分项工程进行自我检验，实施自我控制、自我把关，及时消除异常因素，以防止不合格品进入下道作业。

互检是指操作人员之间对所完成的作业或分项工程进行相互检查，是对自检的一种复核和确认，起到相互监督的作用。互检的形式可以是同组操作人员之间的相互检验，也可以是班组的质量检查员对本班组操作人员的抽检，同时也可以是下道作业对上道作业的交接检验。

专检是指质量检验员对分部、分项工程进行的检验，用以弥补自检、互检的不足。专检还可细分为专检、巡检和终检。

实行"三检制"，要合理确定好自检、互检和专检的范围。一般情况下，原材料、半成品、成品的检验以专职检验人员为主，生产过程的各项作业的检验则以施工现场操作人员的自检、互检为主，专职检验人员巡回抽检为辅。成品的质量必须进行终检认证。

2. 技术复核

技术复核是指工程在未施工前所进行的预先检查。技术复核的目的是保证技术基准的正确性，避免因技术工作的疏忽差错而造成工程质量事故。因此，凡是涉及定位轴线、标高、尺寸，配合比，模板尺寸，预埋件的材质、型号、规格，吊装预制构件强度等，都必须根据设计文件和技术标准的规定进行复核检查，并做好记录和标识。

3. 技术核定

在实际施工过程中，施工项目管理者或操作者对施工图的某些技术问题有异议或者提出改善性的建议，如材料、构配件的代换、混凝土使用外加剂、工艺参数调整等，必须由施工项目技术负责人向设计单位提出《技术核定单》，经设计单位和监理单位同意后才能实施。

4. 设计变更

施工过程中，由于业主的需要或设计单位出于某种改善性考虑，以及施工现场实际条件发生变化，导致设计与施工的可行性发生矛盾，这些都将涉及施工图的设计变更。设计变更不仅关系到施工依据的变化，而且还涉及工程量的增减及工程项目质量要求的变化，因此，必须严格按照规定程序处理设计变更的有关问题。

一般的设计变更需设计单位签字盖章确认，监理工程师下达设计变更令，施工单位备案后执行。

5. "三令"管理

在施工生产过程中，凡沉桩、挖土、混凝土浇灌等作业必须纳入按命令施工的管理范围，即"三令"管理。"三令"管理的目的在于核查施工条件和准备工作情况，确保后续施工作业的连续性、安全性。

6. 级配管理

施工过程中所涉及的砂浆或混凝土，凡在图纸上标明强度或强度等级的，均需纳入级配管理制度范围。级配管理包括事前、事中和事后三个阶段。事前管理主要是级配的试验、调整和确认；事中管理主要是砂浆或混凝土拌制过程中的监控；事后管理则为试块试验结果的分析，实际上是对砂浆或混凝土的质量评定。

7. 分部、分项工程和隐蔽工程的质量检验

施工过程中，每一分部、分项工程和隐蔽工程施工完毕后，质检人员均应根据合同规定进行检验。质量检验应在自检、专业检验的基础上，由专职质量检查员或企业的技术质量部门进行核定。只有通过其验收检查，对质量确认后，方可进行后续工程施工或隐蔽工程的覆盖。

其中隐蔽工程是指那些施工完毕后将被隐蔽而无法或很难对其再进行检查的分部、分项工程，就土建工程而言，隐蔽工程的验收项目主要有：地基、基础、基础与主体结构各部位钢筋、现场结构焊接、高强螺栓连接、防水工程等。

通过对分部、分项工程和隐蔽工程的检验，可确保工程质量符合规定要求，对发现的问题应及时处理，不留质量隐患及避免施工质量事故的发生。

8. 成品的保护

在施工过程中，有些分部、分项工程已经完成，而其他一些分部、分项工程尚在施工；或者是在其分部、分项施工过程中，某些部位已完成，而其他部位正在施工。在这种情况下，施工单位必须负责对已完成部分采取妥善措施予以保护，以免成品缺乏保护或保护不善而造成损伤或污染，影响工程的整体质量。

成品保护工作主要是要合理安排施工顺序、按正确的施工流程组织施工及制定和实施严格的成品保护措施。

模块二　水利工程各参与方质量管理内容

水利部 1997 年颁布实施《水利工程质量管理规定》（水利部令第 7 号公布，以下

简称原《规定》),2017年对部分条款进行了修改。原《规定》实施二十多年以来,对于落实水利工程建设质量责任、规范水利建设质量工作行为、提升水利工程质量发挥了重要作用。党的二十大报告指出,高质量发展是全面建设社会主义现代化国家的首要任务,要建设质量强国。近年来,水利工程建设质量管理形势发生了很大变化,出现了许多新情况、新要求,为了加强水利工程的质量管理,保证工程质量,水利部于2023年1月颁发了《水利工程质量管理规定》(水利部令第52号发布)。《水利工程质量管理规定》共分为总则、项目法人的质量责任、勘察设计单位的质量责任、施工单位的质量责任、监理单位的质量责任、其他单位的质量责任、监督管理、罚则、附则九章。这里主要叙述项目法人、施工单位、监理单位及其他单位的质量责任。

1. 项目法人(建设单位)质量管理的主要内容

(1) 项目法人应当根据水利工程的规模和技术复杂程度明确质量管理机构,建立健全质量管理制度,落实质量责任,实施工程建设的全过程质量管理。

(2) 项目法人应当将工程依法发包给具有相应资质等级的单位;与参建单位签订的合同文件中,应当包括工程质量条款,明确工程质量要求,并约定合同各方的质量责任;应当依法向有关的勘察、设计、施工、监理等单位提供与工程有关的原始资料;原始资料必须真实、准确、齐全。

(3) 项目法人不得迫使市场主体以低于成本的价格竞标,不得任意压缩合理工期。

(4) 项目法人不得明示或者暗示勘察、设计、施工单位违反工程建设强制性标准,降低工程质量;不得明示或者暗示施工单位使用不合格的原材料、中间产品和设备。

(5) 项目法人应当按照国家有关规定办理工程质量监督及开工备案手续,并书面明确各参建单位项目负责人和技术负责人。

(6) 项目法人应当依据经批准的设计文件,组织编制工程建设执行技术标准清单,明确工程建设质量标准。

(7) 项目法人应当组织开展施工图设计文件审查,未经审查合格的施工图设计文件,不得使用;应当组织或者委托监理单位组织有关参建单位进行勘察、设计交底;应当加强设计变更管理,按照规定履行设计变更程序。设计变更未经审查同意的,不得擅自实施。

(8) 项目法人应当严格依照有关法律、法规、规章、技术标准、批准的设计文件和合同开展验收工作。工程质量符合相关要求的,方可通过验收。

(9) 项目法人应当对参建单位的质量行为和工程实体质量进行检查,对发现的问题组织责任单位进行整改落实。对发生严重违规行为和质量事故的,项目法人应当及时报告具有管辖权的水行政主管部门或者流域管理机构。

(10) 工程开工后,项目法人应当在工程施工现场明显部位设立质量责任公示牌,公示项目法人、勘察、设计、施工、监理等参建单位的名称、项目负责人姓名以及质量举报电话,接受社会监督。工程竣工验收后,项目法人应当在工程明显部位设置永久性标志,载明项目法人、勘察、设计、施工、监理等参建单位名称、项目负责人姓名。

(11) 项目法人应当按照档案管理的有关规定,及时收集、整理并督促指导其他参建单位收集、整理工程建设各环节的文件资料,建立健全项目档案,并在工程竣工验收后,办理移交手续。

(12) 水利工程建设实行代建、项目管理总承包等管理模式的,代建、项目管理总承包等单位按照合同约定承担相应质量责任,不替代项目法人的质量责任。

2. 施工单位质量管理内容

(1) 施工单位应当在其资质等级许可的范围内承揽水利工程施工业务,禁止超越资质等级许可的业务范围或者以其他施工单位的名义承揽水利工程施工业务,禁止允许其他单位或者个人以本单位的名义承揽水利工程施工业务,不得转包或者违法分包所承揽的水利工程施工业务。

(2) 施工单位必须按照批准的设计文件和有关技术标准施工,不得擅自修改设计文件,不得偷工减料。施工单位发现设计文件和图纸有差错的,应当及时向项目法人、设计单位、监理单位提出意见和建议。施工单位应当严格施工过程质量控制,保证施工质量。

(3) 施工单位应当建立健全施工质量管理体系,根据工程施工需要和合同约定,设置现场施工管理机构,配备满足施工需要的管理人员,落实质量责任制。施工单位一般不得更换派驻现场的项目经理和技术负责人;确需更换的,应当经项目法人书面同意,且更换后的人员资格不得低于合同约定的条件。

(4) 水利工程的勘察、设计、施工、设备采购的一项或者多项实行总承包的,总承包单位对其承包的工程或者采购的设备质量负责。总承包单位依法将工程分包给其他单位的,分包单位按照分包合同的约定对其分包工程的质量向总承包单位负责,总承包单位与分包单位对分包工程的质量承担连带责任。分包单位应当接受总承包单位的质量管理。禁止分包单位将其承包的工程再分包。

(5) 施工单位必须按照经批准的设计文件、有关技术标准和合同约定,对原材料、中间产品、设备以及单元工程(工序)等进行质量检验,检验应当有检查记录或者检测报告,并有专人签字,确保数据真实可靠。对涉及结构安全的试块、试件以及有关材料,应当在项目法人或者监理单位监督下现场取样。未经检验或者检验不合格的,不得使用。质量检测业务按照有关规定由具有相应资质等级的水利工程质量检测单位承担。

(6) 施工单位应当严格执行工程验收制度。单元工程(工序)未经验收或者验收不通过的,不得进行下一单元工程(工序)施工。施工单位应当做好隐蔽工程的质量检查和记录,隐蔽工程在隐蔽前,施工单位应当通知项目法人和水利工程质量监督机构。隐蔽工程未经验收或者验收不通过的,不得隐蔽。

(7) 施工单位应当加强施工过程质量控制,形成完整、可追溯的施工质量管理文件资料,并按照档案管理的有关规定进行收集、整理和归档。主体工程的隐蔽部位施工、质量问题处理等,必须保留照片、音视频文件资料并归档。

(8) 对出现施工质量问题的工程或者验收不合格的工程,施工单位应当负责返修或者重建。

(9) 水利工程在保修范围和保修期限内发生质量问题的，施工单位应当履行保修义务，并对造成的损失承担赔偿责任。水利工程的保修范围、期限，应当在施工合同中约定。

(10) 发生质量事故时，施工单位应当采取措施防止事故扩大，保护事故现场，并及时通知项目法人、监理单位，接受质量事故调查。

3. 监理单位的质量责任

(1) 监理单位应当在其资质等级许可的范围内承担水利工程监理业务，禁止超越资质等级许可的范围或者以其他监理单位的名义承担水利工程监理业务，禁止允许其他单位或者个人以本单位的名义承担水利工程监理业务，不得转让其承担的水利工程监理业务。

(2) 监理单位应当依照国家有关法律、法规、规章、技术标准、批准的设计文件和合同，对水利工程质量实施监理。

(3) 监理单位应当建立健全质量管理体系，按照工程监理需要和合同约定，在施工现场设置监理机构，配备满足工程建设需要的监理人员，落实质量责任制。现场监理人员应当按照规定持证上岗。总监理工程师和监理工程师一般不得更换；确需更换的，应当经项目法人书面同意，且更换后的人员资格不得低于合同约定的条件。

(4) 监理单位应当对施工单位的施工质量管理体系、施工组织设计、专项施工方案、归档文件等进行审查。

(5) 监理单位应当按照有关技术标准和合同要求，采取旁站、巡视、平行检验和见证取样检测等形式，复核原材料、中间产品、设备和单元工程（工序）质量。未经监理工程师签字，原材料、中间产品和设备不得在工程上使用或者安装，施工单位不得进行下一单元工程（工序）的施工。未经总监理工程师签字，项目法人不拨付工程款，不进行竣工验收。平行检验中需要进行检测的项目按照有关规定由具有相应资质等级的水利工程质量检测单位承担。

(6) 监理单位不得与被监理工程的施工单位以及原材料、中间产品和设备供应商等单位存在隶属关系或者其他利害关系。监理单位不得与项目法人或者被监理工程的施工单位串通，弄虚作假、降低工程质量。

4. 其他单位的质量责任

(1) 水利工程质量检测单位应当在资质等级许可的范围内承揽水利工程质量检测业务，禁止超越资质等级许可的范围或者以其他单位的名义承揽水利工程质量检测业务，禁止允许其他单位或者个人以本单位的名义承揽水利工程质量检测业务，不得转让承揽的水利工程质量检测业务。原材料、中间产品和设备供应商等单位应当在生产经营许可范围内承担相应业务。

(2) 质量检测单位应当依照有关法律、法规、规章、技术标准和合同，及时、准确地向委托方提交质量检测报告并对质量检测结果负责。质量检测单位应当建立检测结果不合格项目台账，并将可能形成质量隐患或者影响工程正常运行的检测结果及时报告委托方。

（3）监测单位应当依照有关法律、法规、规章、技术标准和合同，做好监测仪器设备检验、埋设、安装、调试和保护工作，保证监测数据连续、可靠、完整，并对监测成果负责。监测单位应当按照合同约定进行监测资料分析，出具监测报告，并将可能反映工程安全隐患的监测数据及时报告委托方。

（4）质量检测单位、监测单位不得出具虚假和不实的质量检测报告、监测报告，不得篡改或者伪造质量检测数据、监测数据。任何单位和个人不得明示或者暗示质量检测单位、监测单位出具虚假和不实的质量检测报告、监测报告，不得篡改或者伪造质量检测数据、监测数据。

（5）原材料、中间产品和设备供应商等单位提供的原材料、中间产品和设备应当满足有关技术标准、经批准的设计文件和合同要求。

模块三 质量控制的方法

施工过程中的质量控制方法主要有：旁站检查、测量、试验等。

1. 旁站检查

旁站是指有关管理人员对重要工序（质量控制点）的施工所进行的现场监督和检查，以避免质量事故的发生。旁站也是驻地监理人员的一种主要现场检查形式。根据工程施工难度及复杂性，可采用全过程旁站、部分时间旁站两种方式。对容易产生缺陷的部位，或产生了缺陷难以补救的部位，以及隐蔽工程，应加强旁站检查。

在旁站检查中，必须检查承包人在施工中所用的设备、材料及混合料是否符合已批准的文件要求，检查施工方案、施工工艺是否符合相应的技术规范。

2. 测量

测量是对建筑物的尺寸控制的重要手段。应对施工放样及高程控制进行核查，不合格者不准开工。对模板工程、已完工程的几何尺寸、高程、宽度、厚度、坡度等质量指标，按规定要求进行测量验收，不符合规定要求的需进行返工。测量记录需经工程师审核签字后方可使用。

3. 试验

试验是工程师确定各种材料和建筑物内在质量是否合格的重要方法。所有工程使用的材料，都必须事先经过材料试验，质量必须满足产品标准，并经工程师检查批准后，方可使用。材料试验包括水源、粗骨料、沥青、土工织物等各种原材料，不同等级混凝土的配合比试验，外购材料及成品质量证明和必要的试验鉴定，仪器设备的校调试验，加工后的成品强度及耐用性检验，工程检查等。没有试验数据的工程不予验收。

模块四 工序质量监控

1. 工序质量监控的内容

工序质量控制主要包括对工序活动条件的监控和对工序活动效果的监控。

（1）工序活动条件的监控。

工序活动条件的监控就是指对影响工程生产因素进行的控制。工序活动条件的控制是工序质量控制的手段。尽管在开工前对生产活动条件已进行了初步控制，但在工序活动中有的条件还会发生变化，使其基本性能达不到检验指标，这正是生产过程产生质量不稳定的重要原因。因此，只有对工序活动条件进行控制，才能达到对工程或产品的质量性能特性指标的控制。工序活动条件包括的因素较多，要通过分析，分清影响工序质量的主要因素，抓住主要矛盾，逐渐予以调节，以达到质量控制的目的。

（2）工序活动效果的监控。

工序活动效果的监控主要反映在对工序产品质量性能的特征指标的控制上。通过对工序活动的产品采取一定的检测手段进行检验，根据检验结果分析、判断该工序活动的质量效果，从而实现对工序质量的控制，其步骤如下：首先是工序活动前的控制，主要要求人、材料、机械、方法或工艺、环境能满足要求；然后采用必要的手段和工具，对抽出的工序子样进行质量检验；应用质量统计分析工具（如直方图、控制图、排列图等）对检验所得的数据进行分析，找出这些质量数据所遵循的规律。根据质量数据分布规律的结果，判断质量是否正常；若出现异常情况，寻找原因，找出影响工序质量的因素，尤其是主要因素，采取对策和措施进行调整；再重复前面的步骤，检查调整效果，直到满足要求为止，这样便可达到控制工序质量的目的。

2. 质量控制点的设置

质量控制点的设置是进行工序质量预防控制的有效措施。质量控制点是指为保证工程质量而必须控制的重点工序、关键部位、薄弱环节。应在施工前，全面、合理地选择质量控制点，并对设置质量控制点的情况及拟采取的控制措施进行审核。必要时，应对质量控制实施过程进行跟踪检查或旁站监督，以确保质量控制点的施工质量。

设置质量控制点，主要有以下几方面：

（1）关键的分项工程：如大体积混凝土工程；土石坝工程的坝体填筑；隧洞开挖工程等。

（2）关键的工程部位：如混凝土面板堆石坝面板趾板及周边缝的接缝；土基上水闸的地基基础；预制框架结构的梁板节点；关键设备的设备基础等。

（3）薄弱环节：指经常发生或容易发生质量问题的环节；或承包人无法把握的环节；或采用新工艺（材料）施工的环节等。

（4）关键工序：如钢筋混凝土工程的混凝土振捣；灌注桩钻孔；隧洞开挖的钻孔布置、方向、深度、用药量和填塞等。

（5）关键工序的关键质量特性：如混凝土的强度、耐久性；土石坝的干容重、黏性土的含水率等。

（6）关键质量特性的关键因素：如冬季混凝土强度的关键因素是环境（养护温度）；支模的关键因素是支撑方法；泵送混凝土输送质量的关键因素是机械；墙体垂直度的关键因素是人等。

控制点的设置应准确有效，因此究竟选择哪些作为控制点，需要由有经验的质量控制人员进行选择。一般可根据工程性质和特点来确定，表7-1列举出某些分部分项工程的质量控制点，可供参考。

表 7-1 质量控制点的设置

分部分项工程		质量控制点
建筑物定位		标准轴线桩、定位轴线、标高
地基开挖及清理		开挖部位的位置、轮廓尺寸、标高；岩石地基钻爆过程中的钻孔、装药量、起爆方式；开挖清理后的建基面；断层、破碎带、软弱夹层、岩溶的处理；渗水的处理
基础处理	基础灌浆帷幕灌浆	造孔工艺、孔位、孔斜；岩芯获得率；洗孔及压水情况；灌浆情况；灌浆压力、结束标准、封孔
	基础排水	造孔、洗孔工艺；孔口、孔口设施的安装工艺
	锚桩孔	造孔工艺锚桩材料质量、规格、焊接；孔内回填
混凝土生产	砂石料生产	毛料开采、筛分、运输、堆存；砂石料质量（杂质含量、细度模数、超逊径、级配）、含水率、骨料降温措施
	混凝土拌和	原材料的品种、配合比、称量精度；混凝土拌和时间、温度均匀性；拌和物的坍落度；温控措施（骨料冷却、加冰、加冰水）、外加剂比例
混凝土浇筑	建基面清理	岩基面清理（冲洗、积水处理）
	模板、预埋件	位置、尺寸、标高、平整性、稳定性、刚度、内部清理；预埋件型号、规格、埋设位置、安装稳定性、保护措施
	钢筋	钢筋品种、规格、尺寸、搭接长度、钢筋焊接、根数、位置
	浇筑	浇筑层厚度、平仓、振捣、浇筑间歇时间、积水和泌水情况、埋设件保护、混凝土养护、混凝土表面平整度、麻面、蜂窝、露筋、裂缝、混凝土密实性、强度
土石料填筑	土石料	土料的黏粒含量、含水率、砾质土的粗粒含量、最大粒径、石料的粒径、级配、坚硬度、抗冻性
	土料填筑	防渗体与岩石面或混凝土面的结合处理、防渗体与砾质土、黏土地基的结合处理、填筑体的位置、轮廓尺寸、铺土厚度、铺填边线、土层接面处理、土料碾压、压实干密度
	石料砌筑	砌筑体位置、轮廓尺寸、石块重量、尺寸、表面顺直度、砌筑工艺、砌体密实度、砂浆配比、强度
	砌石护坡	石块尺寸、强度、抗冻性、砌石厚度、砌筑方法、砌石孔隙率、垫层级配、厚度、孔隙率

3. 见证点、停止点的概念

见证点和停止点是国际上对于重要程度不同及监督控制要求不同的质量控制对象的一种区分方式。

见证点监督也称为 W 点监督。凡是被列为见证点的质量控制对象，在规定的控制点施工前，施工单位应提前 24h 通知监理人员在约定的时间内到现场进行见证并实施监督。如监理人员未按约定到场，施工单位有权对该点进行相应的操作和施工。

停止点也称为待检查点或 H 点，它的重要性高于见证点，是针对那些由于施工过程或工序施工质量不易或不能通过其后的检验和试验而充分得到论证的"特殊过程"或"特殊工序"而言的。凡被列入停止点的控制点，要求必须在该控制点来临之前 24h 通知监理人员到场实验监控，如监理人员未能在约定时间内到达现场，施工单位应停止该控制点的施工，并按合同规定等待监理方，未经认可不能超过该点继续施工。

任 务 训 练

1. 请叙述出施工现场质量管理的环节有哪些。
2. 施工单位质量管理的主要内容不包括（   ）。

    A. 加强质量检验工作，认真执行"三检制"

    B. 建立健全质量保证体系

    C. 不得将其承接的水利建设项目的主体工程进行转包

    D. 工程项目竣工验收时，向验收委员会汇报并提交历次质量缺陷的备案资料

3. 现场质量检查的主要方法不包括（   ）。

    A. 取样法　　　　B. 旁站法　　　　C. 实测法　　　　D. 试验法

4. 请说出什么是质量控制点，设置质量控制点时要考虑哪些方面。
5. 关于见证点和停止点的说法中，不正确的一项是（   ）。

    A. 所谓"见证点"和"停止点"是国际上对于重要程度不同及监督控制要求不同的质量控制对象的一种区分方式

    B. "见证点"与"停止点"实际上都是质量控制点

    C. 见证点监督称为 W 点监督

    D. B 说法错误

6. 课外学习：请查阅《水利工程质量管理规定》，找出其他参建单位的质量管理内容有哪些。

任务三　工程质量控制的统计方法

知识目标：了解质量数据的类型和收集方法，掌握质量控制的统计方法。
能力目标：能对工程质量数量进行统计和分析，判断出工程质量是否合格。

模块一　质　量　数　据

利用质量数据和统计分析方法进行项目质量控制，是控制工程质量的重要手段。通常通过收集和整理质量数据，进行统计分析比较，找出生产过程的质量规律，判断工程产品质量状况，发现存在的质量问题，找出引起质量问题的原因，并及时采取措施，预防和纠正质量事故，使工程质量始终处于受控状态。

质量数据是用以描述工程质量特征性能的数据。它是进行质量控制的基础，没有质量数据，就不可能有现代化的科学的质量控制。

1．质量数据的类型

质量数据按其自身特征，可分为计量值数据和计数值数据；按其收集目的可分为控制性数据和验收性数据。

（1）计量值数据：计量值数据是可以连续取值的连续型数据。如长度、重量、面积、标高等质量特征，一般都是可以用量测工具或仪器等量测，一般都带有小数。

（2）计数值数据：计数值数据是不连续的离散型数据。如不合格品数、不合格的构件数等，这些反映质量状况的数据是不能用量测器具来度量的，采用计数的办法，只能出现0、1、2等非负数的整数。

（3）控制性数据：控制性数据一般是以工序作为研究对象，是为分析、预测施工过程是否处于稳定状态，而定期随机地抽样检验获得的质量数据。

（4）验收性数据：验收性数据是以工程的最终实体内容为研究对象，以分析、判断其质量是否达到技术标准或用户的要求，而采取随机抽样检验而获取的质量数据。

2．质量数据的收集方法

（1）全数检验：全数检验是对总体中的全部个体逐一观察、测量、计数、登记，从而获得对总体质量水平结论的方法。全数检验一般比较可靠，能提供大量的质量信息，但要消耗很多人力、物力、财力和时间，特别是不能用于具有破坏性的检验和过程子含量控制，应用上具有局限性；在有限总体中，对重要的检测项目，在采用建议快速的不破损检验方法时，可选用全数检验方案。

（2）随机抽样检验：抽样检验是按照随机抽样的原则，从总体中抽取部分个体组成样本，根据对样品进行检测的结果，推断出总体质量水平的方法。

模块二　质量控制的统计方法

通过对质量数据的收集、整理和统计分析，找出质量的变化规律和存在的质量问题，提出进一步的改进措施，这种运用数学工具进行质量控制的方法是所有涉及质量管理人员所必须掌握的，它可以使质量控制工作定量化和规范化。下面介绍几种在质量控制中常用的数学工具及方法。

1. 直方图法

直方图法又称频数分布直方图法，它是将收集到的质量数据进行分组整理，绘制成以组距为底边，以频数为高度的矩形图，用于描述质量分布状态的一种分析方法。通过直方图的观察与分析，可以了解产品质量的波动情况，掌握质量特性的分布规律，以便对质量状况进行分析判断，评价工作过程能力等。

【例 7-1】 某工程项目浇筑 C20 混凝土，为对其抗压强度进行质量分析，共收集了 50 份抗压强度试验报告单，试用直方图法进行质量分析。

【解】（1）收集整理数据。用随机抽样的方法抽取数据并整理，见表 7-2。

表 7-2　　　　　　　　　组内抗压强度数据整理表　　　　　　　单位：N/mm²

组号	1号	2号	3号	4号	5号	最大值	最小值
1	23.9	21.7	24.5	21.8	25.3	25.3	21.7
2	25.1	23	23.1	23.7	23.6	25.1	23
3	22.9	21.6	21.2	23.8	23.5	23.8	21.2
4	22.8	25.7	23.2	21	23	25.7	21
5	22.7	24.6	23.3	24.8	22.9	24.8	22.9
6	22.6	25.8	23.5	23.7	22.8	25.8	22.6
7	24.3	24.4	21.9	22.2	27	27	21.9
8	26	24.2	23.4	24.9	22.7	26	22.7
9	25.2	24.1	25.0	22.3	25.9	25.9	22.3
10	23.9	24	22.4	25.0	23.8	25.0	22.4

一般要求收集数据在 50 个以上才具备代表性。

计算极差 R：极差 R 是数据中最大值和最小值之差。

$$X_{min}=21N/mm^2 \quad X_{max}=27N/mm^2$$
$$R=X_{max}-X_{min}=27-21=6(N/mm^2)$$

（2）对数据分组，确定组数 K、组距 H 和组限：

1）确定组数的原则是分组的结果能正确地反映数据的分布规律，组数应根据数据多少来确定。组数过少，会掩盖数据的分布规律；组数过多，使数据过于零乱分散，也不能显示出质量分布状况。一般可参考表 7-3 的经验数值确定。

表 7-3　　　　　　　　　　　数 据 分 组 参 考 值

数据总数 n	分组数 K	数据总数 n	分组数 K	数据总数 n	分组数 K
50~100	6~10	100~250	7~12	≥250	10~20

2）本例中取 $K=7$。

组距是组与组之间的间隔，也即一个组的范围，各组距应相等，于是有：

$$极差 \approx 组距 \times 组数$$

即
$$R \approx HK$$

因而组数、组距的确定应结合极差综合考虑，适当调整，还要注意数值尽量取整，使分组结果能包括全部变量值，同时也便于以后的计算分析。

本例中：

$$H=R/K=6/7=0.85\approx 1(\text{N/mm}^2)$$

3）确定组限：每组的最大值为上限，最小值为下限，上、下限统称组限，确定组限时应注意使各组之间连续，即较低组上限应为相邻较高组下限，这样才不致使有的数据被遗漏。对恰恰处于组限值上的数据，其解决的办法有两种：一是规定每组上（或下）限不计在该组内，而应计入相邻较高（或较低）组内；二是将组限值较原始数据精度提高半个最小测量单位。

本例采取第一种办法划分组线，即每组上限不计入该组内。

第一组下限：$X_{\min}-H/2=21-1/2=20.5$

第一组上限：$20.5+H=20.5+1=21.5$

第二组上限＝第一组上限＝21.5

第二组上限：21.5＋1＝22.5

以此类推，最高组限为 26.5～25.5，分组结果覆盖了全部数据。

（3）编制数据频数统计表：统计各组频数，频数总和应等于全部数据个数。本例频数统计结果见表 7-4。

表 7-4　　　　　　　　　　频数（频率）分布表

组号	组限/（N/mm²）	频数
1	20.5～21.5	2
2	21.5～22.5	7
3	22.5～23.5	13
4	23.5～24.5	14
5	24.5～25.5	9
6	25.5～26.5	4
7	26.5～27.5	1
合计		50

从表 7-4 中可以看出，浇筑 C20 混凝土 50 个试块的抗压强度是各不相同的，这说明质量特性值是有波动的。为了更直观、更形象地表现质量特征值的这种分布规律，应进一步绘制出直方图。

（4）绘制直方图：直方图可分为频数直方图、频率直方图、频率密度直方图三种，最常见的是频数直方图。在频数分布直方图中，横坐标表示质量特征值，纵坐标表示频数。根据表 7-4 可以画出以组距为底，以频数为高的 K 个直方图，得到混凝土强度的频数分布直方图，如图 7-1 所示。

（5）直方图的观察与分析：根据直方图的形状来判断质量分布状态，正常型的直方图是中间高，两侧低，左右基本对称的图形，这是理想的质量控制结果，如图 7-2 (a) 所示，可观察出图 7-1 为正常型直方图。出现非正常型直方图时，表明生产

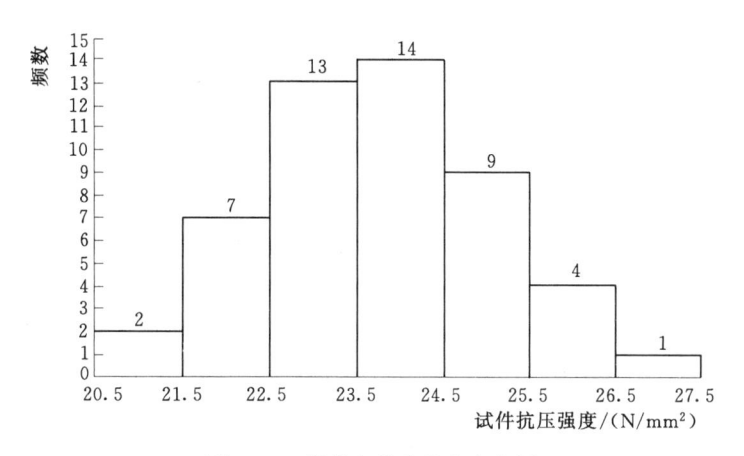

图 7-1 混凝土强度分布直方图

过程或收集数据作图方法有问题，这就要求进一步分析判断，找出原因，从而采取措施加以纠正。凡属非正常型直方图，其图形分布有各种不同缺陷，归纳起来一般有 5 种类型，如图 7-2 所示。

1) 折齿型：如图 7-2 (b) 所示，是由于分组组数不当或者组距确定不当出现的直方图。

2) 缓坡型：如图 7-2 (c) 所示，主要是由于操作中对上限（或下限）控制太严造成的。

3) 孤岛型：如图 7-2 (d) 所示，是原材料发生变化，或者临时他人顶班作业造成的。

4) 双峰型：如图 7-2 (e) 所示，是由于用两种不同的方法，两台设备或两组工人进行生产，然后把两方面数据混在一起整理产生的。

5) 绝壁型：如图 7-2 (f) 所示，是由于数据收集不正常，可能有意识地去掉下限以下的数据，或是在检测过程中存在某种人为因素所造成的。

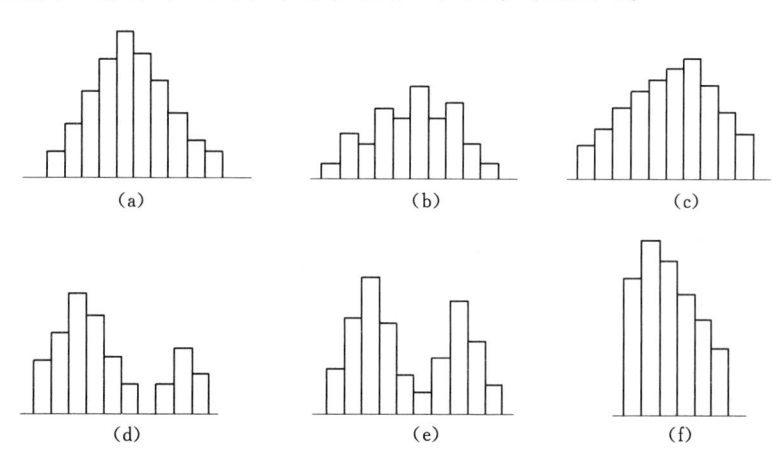

图 7-2 常见的直方图图形

(6) 将直方图与质量标准比较，判断实际生产过程能力做出直方图后，将正常型直方图与质量标准相比较，从而判断实际生产过程能力，一般可得出6种情况，如图7-3所示。

1) 如图7-3 (a) 所示，B 在 T 中间，质量分布中心与质量标准中心 M 重合，实际数据分布与质量标准相比较两边还有一定余地。这样的生产过程质量是很理想的，说明生产过程处于正常的稳定状态，在这种情况下生产出来的产品可认为全部是合格品。

2) 如图7-3 (b) 所示，B 虽然落在 T 内，但质量分布中与 T 的中心 M 不重合，偏向一边。这样如果生产状态一旦发生变化，就可能超出质量标准下限而出现不合格品。出现这种情况时应迅速采取措施，使直方图移到中间来。

3) 如图7-3 (c) 所示，B 在 T 中间，且 B 的范围接近 T 的范围，没有余地，生产过程一旦发生小的变化，产品的质量特性值就可能超出质量标准。出现这种情况时，必须立即采取措施，以缩小质量分布范围。

4) 如图7-3 (d) 所示，B 在 T 中间，但两边余地太大，说明加工过于精细，不经济。在这种情况下，可以对原材料、设备、工艺、操作等控制要求适当放宽些，有目的地使 B 扩大，从而有利于降低成本。

5) 如图7-3 (e) 所示，质量分布范围 B 已超出标准下限之外，说明已出现不合格品。此时必须采取措施进行调整，使质量分布位于标准之内。

6) 如图7-3 (f) 所示，质量分布范围 B 完全超出了质量标准上、下界限，散差太大，产生许多废品，说明过程能力不足，应提高过程能力，使质量分布范围 B 缩小。

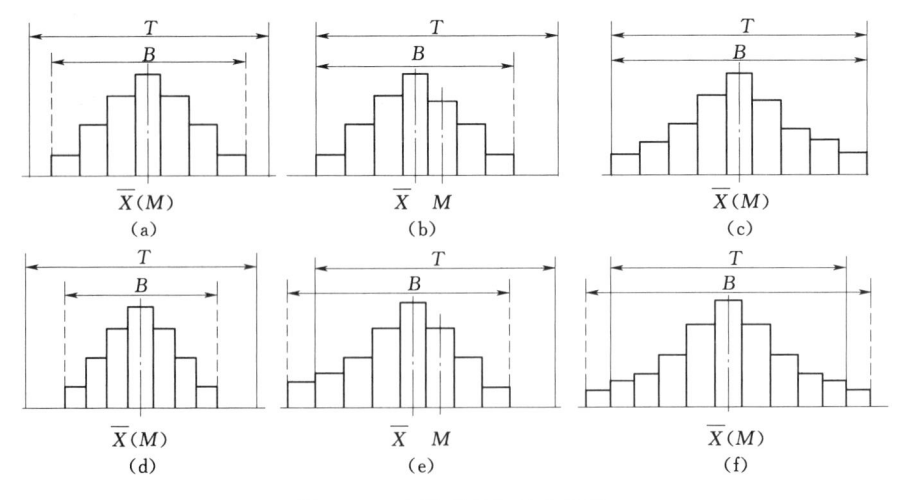

图7-3 实际质量与标准比较

T—质量标准要求界限；B—实际质量特性分布范围；M—质量标准中心；$\overline{X}$—质量分布中心

2. 统计调查表法

统计调查表法是利用统计整理数据和分析质量问题的各种表格，对工程质量的影响原因进行分析和判断的方法。这种方法简单方便，并能为其他方法提供依据。统计调查表没有固定的格式和内容，工程中常用的统计调查表有分项工程作业质量分布调查表、不合格项目停产表、不合格原因调查表、工程质量判断统计调查表。

统计调查表一般由表头和频数统计两部分组成，内容根据需要和具体要求确定。

【例 7-2】 采用统计调查表法对地梁混凝土外观质量和尺寸偏差调查。混凝土外观质量和尺寸偏差调查见表 7-5。

表 7-5　　　　　　　　　　混凝土外观质量和尺寸偏差调查表

分部分项工程名称	地梁混凝土	操作班组	
生产时间		检查时间	
检查方式和数量		检查员	
检查项目名称	检查记录		合计
漏筋	正		5
蜂窝	正正		10
裂缝	一		1
尺寸偏差	正正		10
总计			26

3. 分层法

分层法又称分类法，是将收集的数据根据不同的目的，按性质、来源、影响因素等进行分类和分层研究的方法。分层法可以使杂乱的数据条理化，找出主要的问题，采取相应的措施。常用的分层方法有：①按工程内容分层；②按时间、环境分层；③按机械设备分层；④按操作者分层；⑤按生产工艺分层；⑥按质量检验方法分层。

【例 7-3】 某批钢筋焊接质量调查，共检查接头数量 100 个，其中不合格 25 个，不合格率 25%，试分析问题的原因。

经查明，这批钢筋是由 A、B、C 三个工人进行焊接的，采用同样的焊接工艺，焊条由两个厂家提供。采用分层法进行分析，可按焊接操作者和焊条供应厂家进行分层，见表 7-6 和表 7-7。

表 7-6　　　　　　　　　　按焊接操作者分层

操作者	不合格数	合格数	不合格率/%
A	15	35	30
B	6	25	19
C	4	15	21
合计	25	75	25

表 7-7　　　　　　　　　　按焊条供应厂家分层

供应厂家	不合格数	合格数	不合格率/%
甲	10	15	40
乙	35	40	47
合计	45	55	45

从表中得知，操作者 B 的操作水平较高，工厂甲的焊条质量较好。

4. 排列图法

排列图又称帕累托图、主次因素分析图或 ABC 分类管理法，是寻找影响质量主次因素的一种有效方法。它是由两个纵坐标、一个横坐标、几个连起来的直方形和一条曲线所组成，如图 7-4 所示。左侧的纵坐标表示频数，右侧纵坐标表示累计频率，横坐标表示影响质量的各个因素或项目，按影响程度大小从左至右排列，直方形的高度示意某个因素的影响大小。

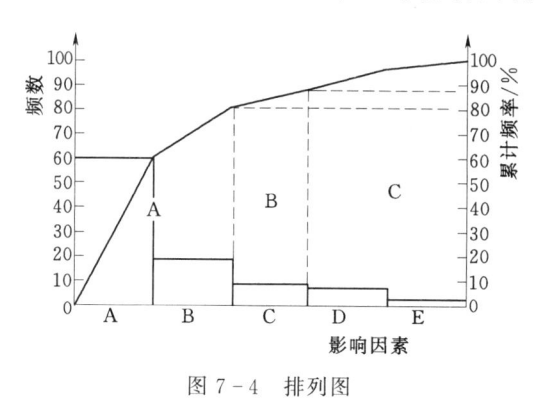

图 7-4 排列图

下面结合案例说明排列图的绘制。

【例 7-4】 某工地现浇混凝土构件尺寸质量检查结果整理后见表 7-8。为改进并保证质量，应对这些不合格点进行分析，以便找出混凝土构件尺寸质量的薄弱环节。

（1）收集整理数据：收集整理混凝土构件尺寸各项目不合格点的数据资料，见表 7-8。

表 7-8 不合格点项目频数频率统计表

序号	项目	频数	频率/%	累计频率/%
1	截面尺寸	65	61	61
2	轴线位置	20	19	80
3	垂直度	10	9	89
4	标高	8	8	97
5	其他	3	3	100
合计		106	100	

（2）绘制排列图的步骤如下：

1）画横坐标：将横坐标按项目数等分，并按项目数从大到小的顺序由左至右排列，该例中横坐标分为五等份。

2）画纵坐标：左侧的纵坐标表示项目不合格点数即频数，右侧纵坐标表示累计频率。要求总频数对应累计频率 100%。

3）画频数直方形：以频数为高画出各项目的直方形。

4）画累计频率曲线：从横坐标左端点开始，依次连接各项目直方形右边线及所对应的累计频率值的交点，所得的曲线即为累计频率曲线。

本案例中混凝土构件尺寸不合格点排列图如图 7-5 所示。

(3) 排列图的观察与分析：

1) 观察直方形：排列图中的每个直方形都表示一个质量问题或影响因素。影响程度与各直方形的高度成正比。

2) 确定主次因素：实际应用中，通常利用 A、B、C 分区法进行确定，按累计频率划分为 0～80%、80%～90%、90%～100% 三部分，与其对应的影响因素分别为 A、B、C 三类。A 类为主要因素，是重点要解决的对象，B 类为次要因素，C 类为一般因素，不作为解决的重点。

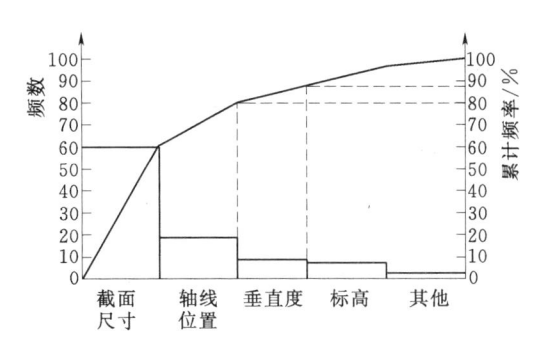

图 7-5 混凝土构件尺寸不合格点排列图

本例中，累计频率曲线所对应的 A、B、C 三类影响因素分别如下。

A 类即为主要因素是截面尺寸、轴线位置，B 类即次要因素是垂直度，C 类即一般因素有标高和其他项目。综上分析结果，下步应重点解决 A 类等质量问题。

排列图可以形象、直观地反映主次因素，其主要应用有如下：

(1) 按不合格点的因素分类，可以判断造成质量问题的主要因素，找出工作中的薄弱环节。

(2) 按生产作业分类，可以找出生产不合格品最多的关键工序，进行重点控制。

(3) 按生产班组或单位分类，可以分析比较各单位技术水平和质量管理水平。

(4) 将采取提高质量措施前后的排列图对比，可以分析措施是否有效。

5. 因果分析图法

因果分析图法是利用因果分析图来系统整理分析某个质量问题（结果）与其影响因素之间关系，采取措施，解决存在的质量问题的方法。因果分析图也称特性要因图，又因其形状被称为树枝图或鱼刺图。

(1) 因果分析图的基本形式如图 7-6 所示。从图 7-6 可见，因果分析图由质量特性（即质量结果，指某个质量问题）、要因（产生质量问题的主要原因）、枝干（指一系列箭线表示不同层次的原因）、主干（指较粗的直接指向质量结果的水平箭线）等组成。

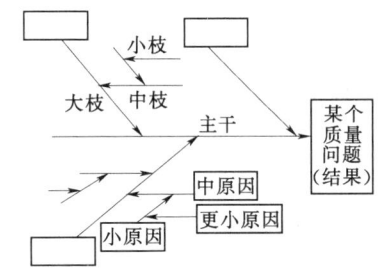

图 7-6 因果分析图的基本形式

(2) 因果分析图的绘制。因果分析图的绘制步骤与图中箭头方向相反，是从"结果"开始将原因逐层分解的，具体步骤如下：

1) 明确质量问题——结果。作图时首先由左至右画出一条水平主干线，箭头指向一个矩形框，框内注明研究的问题，即结果。

2) 分析确定影响质量特性的大方面的原因。一般来说，影响质量因素有五大方面，即人、机械、材料、方法和环境。另外还可以按产品的生产过程进行分析。

3) 将每种大原因进一步分解为中原因、小原因,直至分解的原因可以采取具体措施加以解决为止。

4) 检查图中的所列原因是否齐全,可以对初步分析结果广泛征求意见,并做必要补充及修改。

5) 选出影响大的关键因素,做出标记"△",以便重点采取措施。

6. 管理图法

管理图也称控制图,它是反映生产过程随时间变化而变化的质量动态,即反映生产过程中各个阶段质量波动状态的图形,如图7-7所示。管理图利用上下控制界限,将产品质量特性控制在正常波动范围内,一旦有异常反应,通过管理图就可以发现并及时处理。

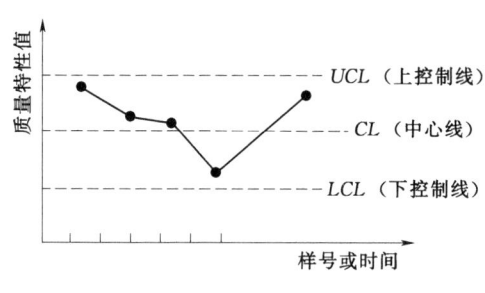

图7-7 控制图

7. 相关图法

产品质量与影响质量的因素之间,常有一定的相互关系,但不一定是严格的函数关系,这种关系称为相关关系,可利用直角坐标系将两个变量之间的关系表达出来。相关图的形式有正相关、负相关、非线性相关和无相关。

任 务 训 练

1. 在直方图中,横坐标表示( )。
   A. 影响产品质量的各因素　　B. 产品质量特性值
   C. 不合格产品的频数　　　　D. 质量特性值出现的频数
2. 质量控制统计方法中,排列图法又称( )。
   A. 管理图法　　　　　　　　B. 分层法
   C. 频数分布直方图　　　　　D. 主次因素分析图法
3. ( ) 又称树枝图或鱼刺图,是用来寻找某种质量问题的所有可能原因的有效方法。
   A. 控制图法　　　　　　　　B. 因果分析图法
   C. 直方图法　　　　　　　　D. 统计分析表法
4. 质量控制统计方法中的( ),可以使杂乱的数据和错综复杂的因素系统化、条理化,从而找出主要原因,采取相应措施。
   A. 排列图法　　　　　　　　B. 控制图法
   C. 分层法　　　　　　　　　D. 散布图法
5. 在质量管理过程中,通过抽样检查或检验试验所得到的质量问题、偏差、缺陷、不合格等统计数据,以及造成质量问题的原因分析统计数据,均可采用( )进行状况描述,它具有直观、主次分明的特点。
   A. 排列图法　　　　　　　　B. 因果分析图

C. 控制图　　　　　　　　　　　　D. 直方图

6. 某建筑工程对房间地坪质量不合格问题进行了调查，发现有80间房间起砂，调查结果统计见下表。试用排列法分析原因。

地坪起砂的原因	出现房间数
砂含泥量过大	16
砂粒径过细	45
后期养护不良	5
砂浆配合比不当	7
水泥标号太低	2
砂浆终凝前压光不足	2
其他	3

任务四 工程质量事故处理

知识目标：了解施工质量事故处理原则，了解施工质量事故处理的鉴定结论，掌握工程质量事故分类等级，掌握施工项目质量事故的处理程序，熟悉质量事故处理报告的内容。

能力目标：能正确判断出施工项目质量事故的等级，能正确说出质量事故的处理程序，能说出质量事故处理报告的内容。

模块一 施工质量事故定义与等级

1. 质量事故与质量缺陷

水利工程质量事故，是指水利工程在建设过程中因建设管理、勘察、设计、施工、监理、检测等原因造成工程质量不满足法律法规、强制性标准和工程设计文件的质量要求，影响工程主要功能正常使用，造成一定经济损失，必须进行工程处理的事件。

质量缺陷指对工程质量有影响，但小于一般质量事故的质量问题。工程建设中发生的以下质量问题属于质量缺陷：①发生在大体积混凝土、金结制作安装及机电设备安装工程中，处理所需物资、器材及设备、人工等直接损失费用不超过 20 万元人民币；②发生在土石方工程或混凝土薄壁工程中，处理所需物资、器材及设备、人工等直接损失费用不超过 10 万元人民币；③处理后不影响工程正常使用和寿命。

2. 施工质量事故等级

根据 2024 年 11 月《水利工程质量事故处理暂行规定》（水利部令第 57 号），水利工程质量事故按直接经济损失、事故处理所需合理工期，分为特别重大质量事故、重大质量事故、较大质量事故、一般质量事故。

（一）特别重大质量事故，是指造成直接经济损失 1 亿元（人民币，下同）以上，或者事故处理所需合理工期 6 个月以上；

（二）重大质量事故，是指造成直接经济损失 5000 万元以上 1 亿元以下，或者事故处理所需合理工期 3 个月以上 6 个月以下；

（三）较大质量事故，是指造成直接经济损失 1000 万元以上 5000 万元以下，或者事故处理所需合理工期 1 个月以上 3 个月以下的事故；

（四）一般质量事故，是指造成直接经济损失 100 万元以上 1000 万元以下，或者事故处理所需合理工期 15 日以上 1 个月以下的事故。

不构成一般质量事故的，按照《水利工程质量管理规定》和有关技术标准处理。

这里的直接经济损失，是指事故处理所需的材料、设备、人工等直接费用；所称的"以上"包括本数，"以下"不包括本数。

模块二 施工质量事故处理原则与报告

1. 事故处理原则

水利工程质量事故调查处理，应当实事求是、尊重科学、依法依规，坚持事故原因未查清不放过、责任人员未处理不放过、整改措施未落实不放过、有关人员未受到教育不放过的"四不放过"原则。

水利部负责监督管理全国水利工程质量事故处理工作。水利部所属流域管理机构（以下简称流域管理机构）负责监督管理其管辖范围内的水利工程质量事故处理工作。县级以上地方人民政府水行政主管部门在职责范围内负责监督管理本行政区域水利工程质量事故处理工作。

2. 事故报告

发现质量事故后，项目法人和相关事故单位应当及时采取有效措施，防止事故扩大并进行拍照、录像，严格保护现场，妥善保管现场重要痕迹、物证；因事故救援等原因需移动现场物件时，应当作出标志、绘制现场简图并书面记录；及时封存相关记录、检测、检验等证据资料。

质量事故现场有关人员应当立即报告本单位负责人和项目法人。项目法人应当在质量事故发现 2h 内，向负责项目监督管理的县级以上地方人民政府水行政主管部门或者流域管理机构（以下统称项目监督管理部门）报告，并在 24h 内报送事故报告。任何单位和个人不得迟报、谎报、瞒报。事故报告后出现新情况，应当及时续报。

事故报告应当包括以下内容：

（1）工程概况。主要包括工程名称、工程等级、建设地点、主要功能、批复工期，项目法人及其主要负责人姓名、电话。

（2）质量事故情况。主要包括事故发生的时间、工程部位、事故发生的简要经过以及相应的参建单位。

（3）事故发生原因初步分析。

（4）估算事故等级。主要包括初步估算的直接经济损失、事故处理所需合理工期、事故等级。

（5）事故发生后采取的措施及事故控制情况。

（6）其他应该报告的情况。

项目监督管理部门接到事故报告后，应当及时指导项目法人和相关事故单位做好现场处置等相关工作，核实事故情况，初步判断事故等级，并按照规定逐级上报。县级以上地方人民政府水行政主管部门初步判断为特别重大、重大质量事故的，应当立即报告同级人民政府和上一级水行政主管部门，并逐级报告至流域管理机构、水利部；初步判断为较大质量事故的，应当逐级报告至省级水行政主管部门、流域管理机构。每级上报的时间不得超过 2h。流域管理机构初步判断为特别重大、重大质量事故的，应当立即报告水利部。

模块三 施工项目质量事故的处理程序

施工项目质量事故的处理程序主要有以下步骤。

（1）发现事故，下达工程施工暂停令。

当出现施工质量缺陷或事故后，应停止有质量缺陷部位和其有关部位及下道工序施工，需要时还应采取适当的防护措施。同时，项目法人将事故的简要情况向项目主管部门报告。项目主管部门接事故报告报告后，按照管理权限向上级水行政主管部门报告。

（2）组织进行质量事故调查。

1）事故调查组织单位。

一般事故由项目法人组织设计、施工、监理等单位进行调查；较大质量事故，由县级以上地方人民政府水行政主管部门、流域管理机构按照项目监督管理权限组织调查；重大质量事故，由省级水行政主管部门、流域管理机构按照项目监督管理权限组织调查；特大质量事故由水利部组织调查。

2）事故调查组的职责。

事故调查单位应当组织成立事故调查组，事故调查组的主要任务是：

a. 查明事故发生的原因、过程、直接经济损失情况、事故处理所需合理工期和对后续工程的影响，对事故等级进行认定。

b. 必要时组织具备相关技术能力的单位或者专家进行技术鉴定。

c. 提出事故处理和防范措施建议。

d. 查明事故的责任单位和责任人应负的责任，提出处理建议。

e. 提交事故调查报告。

事故调查组认定事故等级超出调查单位权限范围的，应当提请事故调查单位报告上一级水行政主管部门。

调查组有权向事故单位、各有关单位和个人了解事故的有关情况。有关单位和个人必须实事求是地提供有关文件或材料，不得以任何方式阻碍或干扰调查组正常工作。

事故调查组应当自成立之日起60日内提交事故调查报告；情况复杂，不能在规定期限内提交事故调查报告的，经事故调查单位批准，可以适当延长；但延长的期限最多不超过60日。因技术复杂需要组织技术鉴定的，技术鉴定所需时间不计入事故调查期限。

3）事故调查报告。

事故调查报告应当包括下列内容：

a. 工程项目概况。

b. 事故发生和处置。

c. 技术分析与鉴定。

d. 事故原因分析。

e. 事故等级认定。

f. 事故责任认定和事故责任处理建议。

g. 事故处理和防范措施建议。

事故调查报告应当附具有关证据材料，包括现场调查记录、图纸、照片，有关质量检测报告和技术分析报告，直接经济损失材料，发生事故部位的工艺条件、操作情况和设计文件等附件资料。

事故调查组成员应当在事故调查报告上签名。调查报告经事故调查单位同意后，调查工作即告结束。事故调查单位应当归档保存事故调查有关资料。

事故调查完成 30 日内,省级水行政主管部门和流域管理机构应当组织将事故调查报告报送至水利部。事故调查费用由项目法人先行垫付,查清责任后,由事故责任单位负担。

(3) 事故原因分析,正确判断事故原因。

事故原因分析是确定事故处理措施方案的基础。正确的处理来源于对事故原因的正确判断。避免情况不明就主观分析判断事故的原因,尤其是有些事故,其原因错综复杂,往往涉及勘察、设计、施工、材质、使用管理等几方面,只有对调查提供充分的调查资料、数据进行详细、深入的分析后,才能由表及里、去伪存真,找出造成事故的真正原因。事故处理需要进行设计变更的,需原设计单位或有资质的单位提出设计变更方案。需要进行重大设计变更的,必须经原设计审批部门审定后实施。

(4) 工程处理。

项目法人应当组织勘察、设计等单位制订工程处理方案,征求事故调查组意见,并报经事故调查单位同意后实施。县级以上人民政府水行政主管部门、流域管理机构应当按照项目管理权限督促项目法人按照要求全面完成事故处理任务。项目法人应当将事故处理结果报事故调查单位备案。

工程处理所需费用原则上由事故责任单位承担。对因质量事故造成的其他损失和工期延误等,按合同约定进行处置。

工程处理需要进行设计变更的,应当按照设计变更管理相关规定组织编制设计变更文件、履行设计变更程序。涉及事故应急抢险的,可按要求实施后再履行相关变更手续。

事故部位处理完成后,应当按规定进行质量验收,合格后方可投入使用或者进入下一阶段施工。

(5) 按确定的处理方案对质量缺陷进行处理。

(6) 组织检查验收。在质量缺陷和质量事故处理完毕后,应组织有关人员对处理结果进行严格的检查、鉴定和验收。

模块四 质量事故处理鉴定

质量问题处理是否达到预期的目的,是否留有隐患,需要通过检查验收做出结论。事故处理质量检查验收,必需严格按施工验收规范中有关规定进行;必要时,还要通过实测实量、荷载试验、取样试压、仪表检测等方法来获取可靠的数据。这样才可能对事故做出明确的处理结论。

事故处理结论的内容有以下几种:

(1) 事故已排除,可以继续施工。

(2) 隐患已经消除,结构安全可靠。

(3) 经修补处理后,完全满足使用要求。

(4) 基本满足使用要求,但附有限制条件,如限制使用荷载,限制使用条件等。

(5) 对耐久性影响的结论。

（6）对建筑外观影响的结论。

（7）对事故责任的结论等。

此外，对一时难以做出结论的事故，还应进一步提出观测检查的要求。

事故处理后，还必须提交完整的事故处理报告，其内容包括：事故调查的原始资料、测试数据；事故的原因分析、论证；事故处理的依据；事故处理方案、方法及技术措施；检查验收记录；事故无须处理的论证；事故处理结论等。

任 务 训 练

1. 水利工程质量事故分类为（　　）。
   A. 特大、重大、较大、质量缺陷
   B. 特大、重大、较大、一般
   C. 特大、重大、较大、一般、质量缺陷
   D. 重大、较大、一般、质量缺陷

2. 混凝土薄壁工程发生质量事故后，事故处理所需物资、器材和设备、人工等直接损失费为 20 万元的事故属于（　　）。
   A. 特大质量事故　　　　　　　　B. 一般质量事故
   C. 重大质量事故　　　　　　　　D. 较大质量事故

3. 对工程造成延误较短工期，经处理后不影响正常使用但对工程使用寿命有一定影响的水利工程质量事故是（　　）。
   A. 重大事故　　　　　　　　　　B. 较大事故
   C. 一般事故　　　　　　　　　　D. 质量缺陷

4. 属于质量事故处理原则的内容是（　　）。
   A. 事故原因不查清不放过　　　　B. 事故主要责任人未受到教育不放过
   C. 补救措施不落实不放过　　　　D. 职工未受到教育不放过

5. 项目主管部门接事故报告后，按照管理权限向（　　）报告。
   A. 国务院　　　　　　　　　　　B. 水利部
   C. 上级水行政主管部门　　　　　D. 项目主管部门

6. 事故调查组提出的事故调查报告经（　　）同意后，调查工作即告结束。
   A. 项目法人　　　　　　　　　　B. 主持单位
   C. 项目主管部门　　　　　　　　D. 省级以上水行政主管部门

7. 特大质量事故由（　　）组织进行调查。
   A. 项目主管部门　　　　　　　　B. 省级以上水行政主管部门
   C. 水利部　　　　　　　　　　　D. 国务院主管部门

8. 事故处理需要进行设计变更的，需由（　　）提出设计变更方案。
   A. 项目法人　　　　　　　　　　B. 有资质的设计单位
   C. 原设计单位　　　　　　　　　D. 原设计单位或有资质的单位

9. 水利工程发生（　　）质量事故后，必须针对事故原因提出工程处理方案，经上级主管部门审定后实施，报省级水行政主管部门或流域备案。

A. 一般   B. 较大   C. 重大   D. 特大

10. 发生水利工程质量较大、重大、特大事故时，向有关单位提出书面报告的时限为（　　）。

A. 12h   B. 24h   C. 48h   D. 4h

11. 请叙述施工项目质量事故的处理程序是什么。

12. 请说出事故调查报告中包括的内容有哪些。

任务五 工程质量验收与评定

知识目标：了解工程质量验收的定义、工程质量验收的目的、工程质量验收依据，掌握工程验收主要工作内容，了解工程质量评定依据，掌握工程质量评定标准。

能力目标：能说出工程中各验收工作的内容，能正确判断出单元工程、分部工程、单位工程是否合格和优秀。

模块一 工程质量评定

1. 质量评定的意义

工程质量评定是将质量检验结果与国家和行业技术标准以及合同约定质量标准所进行的比较活动。水利水电工程按《水利水电工程施工质量检验与评定规程》（SL 176—2007）执行，其意义在于统一评定标准和方法，正确反映工程的质量，使之具有可比性；同时也考核企业等级和技术水平，促进施工企业提高质量。

工程质量评定以单元（工序）工程质量评定为基础，其评定的先后次序是单元（工序）工程、分部工程和单位工程。工程质量的评定在施工单位（承包商）自评的基础上，由建设（监理）单位复核，报政府质量监督机构核定。

2. 评定依据

合格标准是工程验收标准。不合格工程必须按要求处理合格后，才能进行后续工程施工或验收。水利水电工程施工质量等级评定的主要依据有以下内容：

（1）国家及相关行业技术标准。

（2）《单元工程评定标准》。

（3）经批准的设计文件、施工图纸、金属结构设计图样与技术条件、设计修改通知书、厂家提供的设备安装说明书及有关技术文件。

（4）工程承发包合同中采用的技术标准。

（5）工程施工期及试运行期的试验和观测分析成果。

3. 评定标准

水利水电工程施工质量验收评定表分为三个部分，第一部分为工程项目、单位、分部质量评定表，共计17个表；第二部分为单元（工序）质量评定表，共计435个表；第三部分为质量检测与质量评定备查资料表，共计11个表。

（1）单元（工序）工程质量评定标准。

《水利水电工程单元工程施工质量验收评定标准》（SL 631～637—2012）是单元（工序）工程质量等级标准，包括土石方工程、混凝土工程、地基处理与基础工程、堤防工程、水工金属结构安装工程、水轮发电机组安装工程、水力机械辅助设备系统安装工程等多项标准。

工序质量合格标准：主控项目检验结果应全部符合《水利水电工程单元工程施工质量验收评定标准》（SL 631～637—2012）要求；一般项目逐项应有70%及以上的检验点合格，且不合格点不应集中；各项报验资料应符合 SL 631～637—2012 要求。

工序质量优良标准：主控项目检验结果应全部符合《水利水电工程单元工程施工质量验收评定标准》（SL 631～637—2012）要求；一般项目逐项应有90%及以上的检验点合格，且不合格点不应集中；各项报验资料应符合 SL 631～637—2012 要求。

该标准将质量检验项目统一分为主控项目和一般项目：主控项目指对单元工程功能起决定作用或对安全、卫生、环境保护有重大影响的检验项目；一般项目指除主控项目外的检验项目。

单元工程合格标准：各工序施工质量验收评定应全部合格，各项报验资料应符合 SL 631～637—2012 要求。

单元工程优良标准：各工序施工质量验收评定应全部合格，其中优良工序应达到50%及以上，主要工序应达到优良等级；各项报验资料应符合 SL 631～637—2012 要求。

当单元工程达不到合格标准时，应及时处理。处理后的质量等级按下列规定确定：全部返工重做的，可重新评定质量等级；经加固补强并经设计和监理单位鉴定能达到设计要求时，其质量评为合格。处理后部分质量指标仍达不到设计要求时，经设计复核，项目法人及监理单位确认能满足安全和使用功能要求，可不再进行处理；或经加固补强后，改变外形尺寸或造成永久性缺陷的，经项目法人、监理及设计确认能基本满足设计要求，其质量可定为合格，但应按规定进行质量缺陷备案。

（2）分部工程质量评定标准。

分部工程质量合格的条件：①单元工程质量全部合格；②中间产品质量及原材料质量全部合格，金属结构及启闭机制造质量合格，机电产品质量合格；③质量事故及质量缺陷已按要求处理，并检验合格。

优良的条件是：①所含单元工程质量全部合格，其中70%以上达到优良，重要隐蔽单元工程以及关键部位单元工程质量优良率达90%以上，且未发生过质量事故；②中间产品质量全部合格，混凝土（砂浆）试件质量达到优良（当试件组数小于30时，试件质量合格）。原材料质量、金属结构及启闭机制造质量合格，机电产品质量合格。

（3）单位工程质量评定标准。

单位工程质量合格标准：①所含分部工程质量全部合格；②质量事故已按要求进行处理；③工程外观质量得分率达到70%以上；④单位工程施工质量检验与评定资料基本齐全；⑤工程施工期及试运行期，单位工程观测资料分析结果符合国家和行业技术标准以及合同约定的标准要求。

优良标准：①所含分部工程质量全部合格，其中70%以上达到优良等级，主要分部工程质量全部优良，且施工中未发生过较大质量事故；②质量事故已按要求进行处理；③外观质量得分率达到85%以上；④单位工程施工质量检验与评定资料齐全；⑤工程施工期及试运行期，单位工程观测资料分析结果符合国家和行业技术标准以及合同约定的标准要求。

（4）工程质量评定标准。

合格标准：①单位工程质量全部合格；②工程施工期及试运行期，各单位工程观测资料分析结果均符合国家和行业技术标准以及合同约定的标准要求。

优良标准：①单位工程质量全部合格，其中70%以上单位工程质量优良等级，且主要单位工程质量全部优良；②工程施工期及试运行期，各单位工程观测资料分析结果符合国家和行业技术标准以及合同约定的标准要求。

4. 质量评定程序

单元（工序）工程质量在施工单位自评合格后，由监理单位复核，监理工程师核定质量等级并签证认可，具体做法是单元（工序）工程在施工单位自检合格填写《水利水电工程施工质量评定表》终检人员签字后，报监理工程师复核评定。

重要隐蔽单元工程及关键部位单元工程质量经施工单位自评合格，监理机构抽检后，由项目法人（或委托监理）、监理、设计、施工、工程运行管理（施工阶段已经有时）等单位组成联合小组，共同检查核定其质量等级并填写签证表，报质量监督机构核备。

分部工程质量，在施工单位自评合格后，由监理单位复核，项目法人认定。分部工程验收的质量结论由项目法人报质量监督机构核备。大型枢纽工程主要建筑物的分部工程验收的质量结论由项目法人报工程质量监督机构核定。

单位工程质量，在施工单位自评合格后，由监理单位复核，项目法人认定。单位工程验收的质量结论由项目法人报质量监督机构核定。

工程项目质量，在单位工程质量评定合格后，由监理单位进行统计并评定工程项目质量等级，经项目法人认定后，报质量监督机构核定。

【例7-5】 某综合利用水利枢纽工程位于我国西北某省，枯水期流量很少；坝型为土石坝，黏土心墙防渗；坝址处河道较窄，岸坡平缓。工程中的某分部工程包括坝基开挖、坝基防渗及坝体填筑，该分部工程验收结论为"本分部工程划分为80个单元工程，其中合格30个，优良50个，主要单元工程、重要隐蔽工程及关键部位的单元工程质量优良，且未发生过质量事故；中间产品质量全部合格，其中混凝土拌和物质量达到优良，故本分部工程优良。"

问题：

(1) 根据水利水电工程有关质量评定规程，质量评定时项目划分为哪几级？

(2) 根据水利水电工程有关质量评定规程，上述验收结论应如何修改？

【解】 (1) 根据水利水电工程有关质量评定规程，质量评定时项目划分为：单元工程、分部工程、单位工程等三级。

(2) 根据水利水电工程有关质量评定规程，上述验收结论应修改为："本分部工程划分为80个单元工程，单元工程质量全部合格，其中有50%（单元工程优良率为62.5%）以上达到优良，主要单元工程、重要隐蔽工程及关键部位的单元工程质量优良，且未发生过质量事故；中间产品质量全部合格，其中混凝土拌和物质量达到优良，故本分部工程优良。"

【例7-6】 某承包商在混凝土重力坝施工过程中，采用分缝分块常规混凝土浇筑方法。由于工期紧，浇筑过程中气温较高，为保证混凝土浇筑质量，承包商积极采取了降低混凝土的入仓温度等措施。

在某分部工程施工过程中，发现某一单元工程混凝土强度严重不足，承包商及时组织人员全部进行了返工处理，造成直接经济损失20万元。返工处理后经检验，该单元工程质量符合优良标准，自评为优良。

分部工程施工完成后，质检部门及时统计了该分部工程的单元工程施工质量评定情况：20个单元工程质量全部合格，其中12个单元工程被评为优良，优良率60%；关键部位单元工程质量优良；原材料、中间产品质量全部合格，其中混凝土拌和质量优良。该分部工程自评结果为优良。

问题：

(1) 该质量事故等级？这种质量事故对质量评定有何影响？

(2) 上述经承包商返工处理的单元工程质量能否自评为优良？为什么？

(3) 分部工程质量评定等级？

【解】 (1) 一般质量事故；一般质量事故对单元和单位工程质量评定没有影响，而对分部工程质量评定有影响，如发生一般质量事故及以上不能评定为优良。

(2) 对单元工程若经过全部返工处理，可重新评定质量等级。返工处理后检验符合优良标准，可自评为优良。

(3) 该分部工程质量等级为合格。其他各项标准也达到优良，但该分部工程施工过程中，发生了质量事故，同时该分部工程的优良率只有60%，故不能评为优良。

模块二　工　程　质　量　验　收

1. 工程质量验收定义

根据《水利水电建设工程验收规程》（SL 223—2022），工程质量验收是在工程质量评定的基础上，依据一个既定的验收标准，采取一定的手段来检验工程产品的特性是否满足验收标准的过程。

水利水电建设工程验收按验收主持单位可分为法人验收和政府验收。法人验收应包括分部工程验收、单位工程验收、水电站（泵站）中间机组启动验收、合同工程完工验收等；政府验收应包括阶段验收、专项验收、竣工验收等。验收主持单位可根据工程建设需要增设验收的类别和具体要求。政府验收应由验收主持单位组织成立的验收委员会负责，法人验收应由项目法人组织成立的验收工作组负责，验收委员会（工作组）由有关单位代表和有关专家组成。

2. 工程质量验收依据

验收工作的依据有：①国家现行有关法律、法规、规章和技术标准；②有关主管部门的规定；③经批准的工程立项文件、初步设计文件、调整概算文件；④经批准的设计文件及相应的工程变更文件；⑤施工图纸及主要设备技术说明书等；⑥法人验收还应以施工合同为依据。

当工程具备验收条件时，应及时组织验收。未经验收或验收不合格的工程不得交付使用或进行后续工程施工。验收工作应相互衔接，不应重复进行。

3. 工程验收的主要工作

（1）分部工程验收。

分部工程验收应由项目法人（或委托监理单位）主持，验收工作组应由项目法人、勘测、设计、监理、施工、主要设备制造（供应）商等单位的代表组成，运行管理单位可根据具体情况决定是否参加。

分部工程验收应具备的条件是：所有单元工程已完成；已完单元工程施工质量经评定全部合格，有关质量缺陷已处理完毕或有监理机构批准的处理意见；合同约定的其他条件。

分部工程验收的主要工作是：鉴定工程是否达到设计标准；按现行国家或行业技术标准，评定工程质量等级；对验收遗留问题提出处理意见。分部工程验收的图纸、资料和成果是竣工验收资料的组成部分。

（2）单位工程验收。

单位工程验收应由项目法人主持。验收工作组由项目法人、勘测、设计、监理、施工、主要设备制造（供应）商、运行管理等单位的代表组成。必要时，可邀请上述单位以外的专家参加。

单位工程验收应具备的条件是：所有分部工程已完建并验收合格；分部工程验收遗留问题已处理完毕并通过验收，未处理的遗留问题不影响单位工程质量评定并有处理意见；合同约定的其他条件。

单位工程验收的主要内容是：检查工程是否按批准的设计内容完成；评定工程施工质量等级；检查分部工程验收遗留问题处理情况及相关记录；对验收中发现的问题提出处理意见。

（3）阶段验收。

根据工程建设需要，当工程建设达到一定关键阶段时（如基础处理完毕、截流、水库蓄水、机组启动、输水工程通水等），应进行阶段验收。阶段验收应包括枢纽工程导（截）流验收、水库下闸蓄水验收、引（调）排水工程通水验收、水电站（泵站）首（末）台机组启动验收、部分工程投入使用验收以及竣工验收主持单位根据工程建设需要增加的其他验收。

阶段验收应由竣工验收主持单位或其委托的单位主持。阶段验收委员会由验收主持单位、质量和安全监督机构、运行管理单位的代表以及有关专家组成；必要时，可邀请地方人民政府以及有关部门参加。工程参建单位应派代表参加阶段验收，并作为被验收单位在验收鉴定书上签字。

阶段验收的主要工作是：检查已完工程的质量和形象面貌；检查在建工程建设情况；检查待建工程的计划安排和主要技术措施落实情况，以及是否具备施工条件；检查拟投入使用工程是否具备运用条件；对验收遗留问题提出处理要求等。

（4）合同完工验收。

施工合同约定的建设内容完成后，应进行合同工程完工验收。当合同工程仅包含一个单位工程（分部工程）时，宜将单位工程（分部工程）验收与合同工程完工验收一并进行，但应同时满足相应的验收条件。

合同工程完工验收应由项目法人主持。验收工作组应由项目法人以及与合同工程有关的勘测、设计、监理、施工、主要设备制造（供应）商等单位的代表组成。

合同完工验收的主要工作是：检查工程是否按批准设计完成；检查工程质量，评定质量等级，对工程缺陷提出处理要求；对验收遗留问题提出处理要求；按照合同规定，施工单位向项目法人移交工程。

（5）竣工验收。

竣工验收应在工程建设项目全部完成并满足一定运行条件后1年内进行。不能按期进行竣工验收的，经竣工验收主持单位同意，可适当延长期限，但最长不得超过6个月。一定运行条件是指：泵站工程经过一个排水或抽水期、河道疏浚工程完成后、其他工程经过6个月（经过一个汛期）至12个月。

竣工验收应具备的条件是：工程已按批准设计规定的内容全部建成；各单位工程能正常运行；历次验收所发现的问题已基本处理完毕；归档资料符合工程档案资料管理的有关规定；工程建设征地补偿及移民安置等问题已基本处理完毕，工程主要建筑物安全保护范围内的迁建和工程管理土地征用已经完成；工程投资已经全部到位；竣工决算已经完成并通过竣工审计。

竣工验收的程序是：项目法人组织进行竣工验收自查、项目法人提交竣工验收申请报告、竣工验收主持单位批复竣工验收申请报告、进行竣工技术预验收、召开竣工验收会议、印发竣工验收鉴定书。

竣工验收的主要工作是：审查项目法人编制的《工程建设管理工作报告》和初步验收工作组编制的《初步验收工作报告》；检查工程建设和运行情况；协调处理有关问题；讨论并通过"竣工验收鉴定书"。

【例7-7】 某装机容量50万kW的水电站工程建于山区河流上，拦河大坝为2级建筑物，采用碾压式混凝土重力坝，坝高60m，坝体浇筑施工期近2年，施工导流采取全段围堰、隧洞导流的方式。工程蓄水前，由有关部门组织进行蓄水验收，验收委员会听取并研究了工程度汛措施计划报告、工程蓄水库区移民初步验收报告等有关方面的报告。

问题：

根据蓄水验收有关规定，除度汛措施计划报告、库区移民初步验收报告外，验收委员会还应听取并研究哪些方面的报告？

【解】 蓄水验收应属于阶段验收，验收委员会还应听取建设、设计、施工、监理、质量监督等单位的报告以及工程蓄水安全鉴定报告。

任 务 训 练

1. 工程验收包括（   ）。

    A. 分部工程验收　　　　　　　　B. 阶段验收
    C. 单位工程验收　　　　　　　　D. 竣工初步验收
    E. 竣工验收

2. 根据《水利水电工程施工质量检验与评定规程》（SL 176—2007），单元工程质量达不到《评定标准》合格规定时，经加固补强并经鉴定能达到设计要求，其质量可评为（　　）。

  A. 合格   B. 优良   C. 优秀   D. 部分优良

3. 单位工程质量优良评定标准包括（　　）。

  A. 分部工程质量全部合格，其中 70% 以上达到优良，主要分部工程质量优良，且施工中未发生过质量事故

  B. 中间产品质量合格，其中混凝土拌和质量优良，原材料质量、金属结构及启闭机制造质量合格，机电设备质量合格

  C. 原材料、中间产品全部合格，金属结构及启闭机制造质量合格，机电设备质量合格

  D. 外观质量得分率达到 85% 以上（不含 85%）

  E. 施工质量检验及评定资料齐全

4. 分部工程质量优良评定标准包括（　　）。

  A. 单元工程质量全部合格，其中 70% 以上达到优良

  B. 主要单元工程、重要隐蔽工程单元工程质量优良率达 90% 以上，且未发生过质量事故

  C. 中间产品质量全部优良

  D. 外观质量得分率达到 85% 以上（不含 85%）

  E. 原材料质量、金属结构及启闭机制造质量优良、机电产品质量合格

项目八 水利工程施工进度管理

项目重点：水利工程施工项目进度管理的概念及影响因素；水利工程施工项目进度控制的内容及措施；水利工程施工项目进度计划的控制方法；水利工程施工项目进度计划的调整方法。

教学目标：了解进度管理的概念及影响因素；掌握进度控制的内容及措施；重点掌握进度控制的五个方法；当实际进度与计划进度出现偏差时，能够及时调整进度计划。

项目引入：黄河孕育了中华文明，黄河流域是中华民族的发祥地，黄河流域生态保护和高质量发展已上升为重大国家战略。黄河宁蒙河段二期防洪治理工程位于内蒙古和宁夏的黄河河段，涉及内蒙古和宁夏的多个盟市和旗县区，在2023年入选中国特色社会主义新时代的治水工程。工程从2015年底开工，施工进度历时三年多，圆满完成了建设任务。工程建设显著提升黄河宁蒙河段的防洪能力，极大地改善黄河沿岸的生态环境，新建大量的堤顶路面、护坡、防渗工程和河道整治工程，新建了防浪林和护堤林，极大地提高了防洪运输通行保障能力和生态环境质量。

任务一 进度管理的概念和影响因素

知识目标：理解进度管理的概念、目的及内容；了解进度计划的概念、设计原则及作用；掌握进度控制的概念、步骤及原理；了解影响工程进度的主要因素，了解工程推迟的分类及处理方法。

能力目标：理解进度管理的概念，分别掌握进度计划和进度控制内容，当工程进度推迟时，能够分析推迟的因素，并分析推迟的责任人及处理方法。

模块一 工程项目进度管理概念

1. 工程项目进度计划

工程项目进度计划，是指在项目实施之前，先对工程项目各建设阶段的工作内容、工作程序、持续时间和衔接关系等制定出一个切实可行的、科学的进度计划，然后再按计划逐步实施。进度计划是一项系统性工程，一个完整的项目进度计划既要反映关键设计或者施工工序以及前后其他工序之间的逻辑关系，还要覆盖项目组织设计、施工管理，既要反映项目生产要素配置问题，又要力求保证项目实施的连续性和均衡性。项目进度计划可以划分为总体进度计划、分项进度计划、年度进度计划。

2. 工程项目进度控制

工程项目进度控制，是指在项目进度计划制定之后，在项目实施过程中，针对项目进展情况进行检验、比对、分析、调整,以确保项目进度计划总体目标得以实现的过程。即在实施过程中经常检查实际进度是否按照计划要求顺利进行,对出现的偏差分析缘由,采取纠正措施或调整、修改原计划,直至竣工,交付使用。

工程项目进度控制最终目的是确保项目进度计划目标的实现,实现施工合同约定的竣工日期,其总目标是建设工期。工程项目进度控制的步骤如下:

(1) 制定进度计划。

项目进度计划是施工项目中各个单位工程或各个分项工程的施工顺序、开工和竣工时间以及相互衔接关系的计划。项目投标时虽然已按照招标文件的要求编制了初步进度的计划。但在中标后,还应该按照现场施工的具体的条件和合同中的工期等具体要求编制出更为翔实的进度计划。

(2) 进度计划的实施。

要保证实现材料、人力和设备等资源的最优配置,施工过程中要及时检查、发现和记录影响进度的问题,努力找出问题发生的原因,根据其发生的原因采取相应的组织和技术措施,以便做好剩余工程的进度计划,保证项目各项工作按照计划要求进行。

(3) 施工进度检查。

项目进度检查与计划实施往往是同时进行。施工进度计划的检查是进度控制中最关键的一步,它是将实际进度与计划进度进行比对,找出存在的偏差,采取相应的措施来进行调整,以保证工期目标的顺利实现。偏差一般通过与网络计划和横道图计划进行比较来确定。

(4) 计划进度的调整。

在进度控制中,一般是利用网络计划的方法来对项目计划进行纠偏,当发现实际进度与计划进度出现不相符时,改变关键路线上工作执行的时间,对非关键路线上的工作资源进行重新配置,以保证最合理的资源配置,进而保证工期目标的顺利实现。

3. 工程项目进度管理

工程项目进度管理,又称工期管理,是指在限定的时间范围内,以合同进度计划为依据,对整个建设过程进行监督、检查、指导和修正的过程,是在项目实施过程中针对各项目各阶段进展程度以及最后完成的期限进行的管理。其目的是保证项目能在满足其时间约束条件前提下实现其总体目标,是保证项目如期完成和合理安排资源供应、节约工程成本的重要措施之一。它是一项系统性的工程,具有阶段性和不均衡性,是一个动态的管理。

工程项目进度管理是项目管理的一个重要方面,它与项目成本管理、项目质量管理等同为项目管理的重要组成部分。它们之间有着相互依赖和相互制约的关系,工程管理人员在实际工作中要对这三项工作全面、系统、综合地加以考虑,正确处理好进度、质量和成本的关系,提高工程建设的综合效益。特别是对一些投资较大的工程,如何确保进度目标的实现,往往对经济效益产生很大影响。在这三大管理目标中,不能只片面强调某一方面的管理,而是要相互兼顾、相辅相成,这样才能真正实现项目管理的总目标。工程项目进度管理包括工程项目进度计划的制定和工程项目进度计划的控制两大任务。

模块二　影响工程项目进度的因素

由于水利水电工程项目的施工特点，尤其是大型和复杂的施工项目，工期较长，影响进度的因素较多，编制和控制计划时必须充分认识和考虑这些因素，才能克服其影响，使施工进度尽可能按计划进行。工程项目进度的主要影响因素有以下几个方面。

1. 工程建设相关单位的影响

影响工程项目施工进度的单位不只是施工承包单位。事实上，只要是与工程建设有关的单位（如政府有关部门、业主，设计单位、物资供应单位、资金贷款单位，以及运输、通信、供电等部门），其工作进度的拖后必将对施工进度产生影响。因此，控制施工进度仅仅考虑施工承包单位是不够的，必须充分发挥监理的作用，协调各相关单位之间的进度关系。而对于那些无法进行协调控制的进度关系，在进度计划的安排中应留有足够的机动时间。

2. 物资供应进度的影响

施工过程中需要的材料、构配件、机具和设备等如果不能按期运抵施工现场或者运抵施工现场后发现其质量不符合有关标准的要求，都会对施工进度产生影响。因此，项目进度控制人员应严格把关，采取有效措施控制好物资供应进度。

3. 资金的影响

工程要顺利施工必须有足够的资金作为保障。一般来说，资金的影响主要来自业主，或者是由于没有及时给足工程预付款，或者是由于拖欠了工程进度款，这些都会影响到承包流动资金的周转，进而殃及施工进度。项目进度控制人员应根据业主的资金供应能力，安排好施工进度计划，并督促业主及时拨付工程预付款和工程进度款，以免因资金供应不足而拖延进度，导致工期索赔。

4. 设计变更的影响

在施工过程中，出现设计变更是难免的，或者是由于原设计有问题需要修改，或者是由于业主提出了新的要求。项目进度控制人员应加强图纸审查，严格控制随意变更，特别对业主的变更要求应引起重视。

5. 施工条件的影响

在施工过程中，一旦遇到气候、水文、地质及周围环境等方面的不利因素，必然会影响到施工进度。此时，承包单位应利用自身的技术组织能力予以克服。监理工程师应积极疏通关系，协助承包单位解决那些自身不能解决的问题。

6. 各种风险因素的影响

风险因素包括政治、经济、技术及自然等方面的各种不可预见的因素。政治方面的有战争、内乱、罢工、拒付债务、制裁等；经济方面的有延迟付款、汇率浮动、换汇控制、通货膨胀、分包单位违约等；技术方面的有工程事故、试验失败、标准变化等；自然方面的有地震、洪水等。

7. 承包单位自身管理水平的影响

施工现场的情况千变万化，如果承包单位的施工方案不当，计划不周，管理不善，解决问题不及时等，都会影响工程项目的施工进度。

任 务 训 练

1. 建设工程项目进度控制的目的是（　　）。
   A. 通过控制以实现工程的进度目标　　B. 编制进度计划
   C. 论证进度目标是否合理　　D. 跟踪检查进度计划
2. 建设工程项目进度计划的主要工作环节包括：①进度目标的分析和论证；②进度计划的跟踪检查；③进度计划的编制；④进度计划的调整。其正确的控制程序是（　　）。
   A. ①—③—②—④　　B. ③—①—②—④
   C. ②—①—③—④　　D. ③—②—①—④
3. 建设工程项目是在开放环境下实施的，因此进度控制是一个（　　）的管理过程。
   A. 动态　　B. 静态　　C. 封闭　　D. 开放
4. 建设工程项目总进度目标控制是（　　）项目管理的任务。
   A. 施工方　　B. 供货方　　C. 管理方　　D. 业主方
5. 业主方进度控制的任务是控制（　　）的进度。
   A. 项目设计阶段　　B. 整个项目实施阶段
   C. 项目施工阶段　　D. 整个项目决策阶段
6. 建设工程进度控制的总目标是（　　）。
   A. 建设工期　　B. 合同工期
   C. 定额工期　　D. 确保提前交付使用
7. 下列对工程进度造成影响的因素中，属于业主因素的有（　　）。
   A. 不能及时向施工承包单位付款　　B. 不明的水文气象条件
   C. 施工安全措施不当　　D. 临时停水、停电、断路
8. 影响建设工程进度的不利因素有很多，其中属于组织管理因素的有（　　）。
   A. 地下埋藏文物的保护及处理　　B. 临时停水、停电、断路
   C. 外单位临近工程施工干扰　　D. 计划安排原因导致相关作业脱节

任务二　进度控制的内容和措施

知识目标：掌握进度控制的内容；了解进度控制的主要方法和措施；了解进度控制的实施系统。

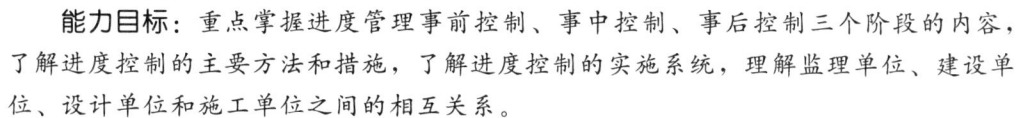

能力目标：重点掌握进度管理事前控制、事中控制、事后控制三个阶段的内容，了解进度控制的主要方法和措施，了解进度控制的实施系统，理解监理单位、建设单位、设计单位和施工单位之间的相互关系。

模块一　工程建设项目进度控制的内容

工程建设项目的进度控制是指对工程项目各建设阶段的工作内容、工作程序、持续时间和逻辑关系编制计划，将该计划付诸实施。在实施过程中经常检查实际进度是否按计划要求进行，对出现的偏差分析原因，采取补救措施或调整、修改原计划，直至工程竣工，交付使用。进度控制的最终目标是确保进度目标的实现。

工程建设项目施工阶段进度控制的主要内容包括事前进度控制、事中进度控制和事后进度控制。

1. 事前进度控制

事前进度控制，又称预先进度控制，是指项目正式施工前所进行的进度控制，其行为主体是监理单位和施工单位的进度控制人员，其具体内容如下：

（1）编制施工阶段进度控制工作细则：控制工作细则是针对具体的施工项目来编制的，它是实施进度控制的一个指导性文件。

（2）编制或审核施工总进度计划：总进度计划的开、竣工日期必须与项目合同工期的时间要求相一致。为此，要审核承包商编制的总进度计划。当采用多标发包形式施工时，施工总进度计划的编制要保证标与标之间的施工进度保持衔接关系。

（3）审核单位工程施工进度计划：通常，施工单位在编制单位工程施工进度计划时，除满足关键控制日期的要求外，大多数施工过程的安排具有相当大的灵活性，以协调其本身内部各方面的关系。只要不影响合同规定和关键控制工作的进度目标的实现，业主、监理工程师可不予以干涉。

（4）进度计划系统的综合：业主、监理工程师在对施工单位提交的施工进度计划进行审核后，往往要把若干个相互关系的处于同一层次或不同层次的施工进度计划综合成一个多阶群体的施工总进度计划，以利于进度总体控制。这是因为当工程规模较大时，若不进行综合，而只是形成若干个独立部分，那么要想迅速、准确地了解某一局部对另一局部的影响或其对总体的影响是非常困难的。

（5）编制年度、季度、月度工程进度计划：进度控制人员应以施工总进度计划为基础编制年度进度计划，安排年度工程投资额、单项工程的项目、进度和所需各种资源（包括资金、设备材料和施工力量），做好综合平衡，相互衔接。年度计划可作为建设单位拨付工程款和备用金的依据。此外，还需编制季度和月度进度计划，作为施工单位近期执行的指令性计划，以保证施工总进度计划的实施。最后适时发布开工令。

2. 事中进度控制

事中进度控制，又称同步进度控制，是指项目施工过程中进行的进度控制，这是施工进度计划能否付诸实现的关键过程。进度控制人员一旦发现实际进度与目标偏离，必须及时采取措施以纠正这种偏差。项目施工过程中进度控制的执行主体是工程施工单位，进度控制主体是监理单位。事中进度控制包括以下具体内容：

（1）建立现场办公室，以保证施工进度的顺利实施。

（2）协助施工单位实施进度计划，随时注意施工进度计划的关键控制点，了解进度实施的动态。

（3）及时检查和审核施工单位提交的进度统计分析资料和进度控制报表。

（4）严格进行检查：为了解施工进度的实际状况，避免承包单位谎报工作量，需进行必要的现场跟踪检查，以检查现场工作量的实际完成情况，为进度分析提供可靠的数据资料。

（5）做好工程施工进度记录。

（6）对收集的进度数据进行整理和统计，并将计划与实际进行比较，从中发现是否有进度偏差。

（7）分析进度偏差将带来的影响并进行工程进度预测，从而提出可行的修改措施。

（8）重新调整进度计划并付诸实施。

（9）定期向建设单位汇报工程实际进展状况，按期提供必要的进度报告。

（10）组织定期和不定期的现场会议，及时分析、通报工程施工进度状况，并协调施工单位之间的生产活动。

（11）核实已完工程量，签发应付工程进度款。

3. 事后进度控制

事后进度控制，又称反馈进度控制，是指完成整个施工任务后进行的进度控制工作，具体内容有：

（1）及时组织验收工作。

（2）处理工程索赔。

（3）整理工程进度资料：施工过程中的工程进度资料一方面为业主提供有用信息，另一方面也是处理工程索赔必不可少的资料，必须认真整理，妥善保存。

（4）工程进度资料的归类、编目和建档：施工任务完成后，这些工程进度资料将作为今后类似项目施工阶段进度控制的有用参考资料，应将其编目和建档。

（5）根据实际施工进度，及时修改和调整验收阶段进度计划及监理工作计划，以保证下一阶段工作的顺利开展。

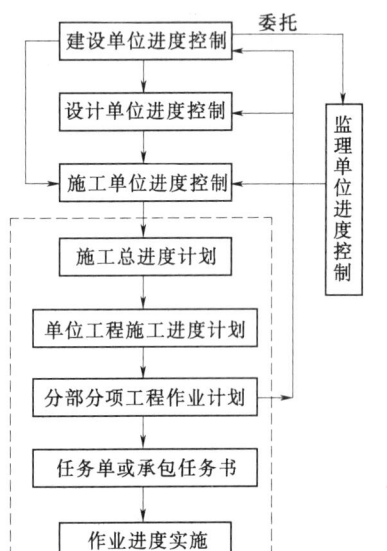

图 8-1 建设项目进度控制的实施系统

建设项目进度控制的实施系统如图 8-1 所示，

监理单位根据建设监理合同分别对建设单位、设计单位、施工单位的进度控制实施监督。各单位都按本单位编制的各种进度计划实施，并接受监理单位监督。各单位的进度控制实施又相互衔接和联系，进行合理而协调的运行，从而保证进度控制总目标的实现。

模块二　进度控制的措施

进度控制的措施包括组织措施、技术措施、合同措施、经济措施和信息管理措施等。

1. 组织措施

组织协调是实现进度控制的有效措施。进度控制的组织措施主要包括：建立进度控制目标体系，明确工程现场监理机构进度控制人员、具体控制任务和管理职责分工；进行项目分解，如按项目结构分、按项目进展阶段分、按合同结构分，并建立编码体系；建立工程进度报告制度及进度信息沟通网络，建立进度计划审核制度和进度计划实施中的检查分析制度；确定进度协调会议制度，包括协调会议举行的时间、地点、参加人员等；建立图纸审查、工程变更和设计变更管理制度；对影响进度目标实现的干扰和风险因素进行分析。风险分析要有依据，主要是根据多年统计资料的积累，对各种因素影响进度的概率及进度拖延的损失值进行计算和预测，并应考虑有关项目审批部门对进度的影响等。

2. 技术措施

工程项目进度控制的技术措施是指采用先进的施工工艺、方法等加快施工进度。进度控制的技术措施主要包括：审查和完善承包商提交的进度计划，使承包商能在合理的状态下施工；编制进度控制工作流程和细则，指导现场管理人员实施进度控制；采用网络计划技术及其他科学适用的计划方法，并结合计算机的应用，对建设工程进度实施动态控制；采用新工艺、新技术加快工程进度。

3. 合同措施

工程项目进度控制的合同措施是指对分包单位签订施工合同的合同工期与有关进度计划目标相协调。进度控制的合同措施主要包括：推行CM承发包模式，对建设工程实行分段设计、分段发包和分段施工；加强合同管理，协调合同工期与进度计划之间的关系，保证进度目标的实现；严格控制合同变更，对各方提出的工程变更和设计变更，监理工程师应严格审查后再补入合同文件之中；加强风险管理，在合同中应充分考虑风险因素及其对进度的影响，以及相应的处理方法；加强索赔管理，公正地处理索赔。

4. 经济措施

工程项目进度控制的经济措施是指实现进度计划的资金保证措施。进度控制的经济措施主要包括：及时办理工程预付款及工程进度款支付手续；对应急赶工给予优厚的赶工费用；对工期提前给予奖励；对工程延误收取误期损失赔偿金。

5. 信息管理措施

工程项目进度控制的信息管理措施是指不断地收集施工实际进度的有关资料，进行整理统计与计划进度比较,定期地向建设单位提供比较报告。

任 务 训 练

1. 工程项目进度控制中的事前控制内容有哪些?
2. 工程项目进度控制的措施有哪些?

任务三　进度计划的控制方法

知识目标：掌握进度计划的五种控制方法。

能力目标：掌握进度计划的五种控制方法，对五种方法进行分析，能够将工程项目实际进度与计划进度进行比较。

8-3

模块一　横道图比较法

横道图比较法是指将项目实施过程中检查实际进度收集到的数据，经加工整理后直接用横道线平行绘于原计划的横道线处，比较实际进度与计划进度的方法。采用横道图比较法，可以形象、直观地反映实际进度与计划进度的比较情况。

例如，某水利工程项目溢洪道工程的计划进度和截至第 8 周末的实际进度如图 8-2 所示，其中双线条表示该工程计划进度，粗实线表示实际进度。从图中实际进度与计划进度的比较可以看出，到第 8 周末进行实际进度检查时，挖土方工作已经完成；支模板按计划也应该完成，但实际只完成了 75%，任务量拖欠 25%；绑扎钢筋按计划应该完成 60%，而实际只完成了 40%，任务量拖欠 20%；浇筑混凝土实际进度与计划进度一致，完成了 25%，无拖欠。

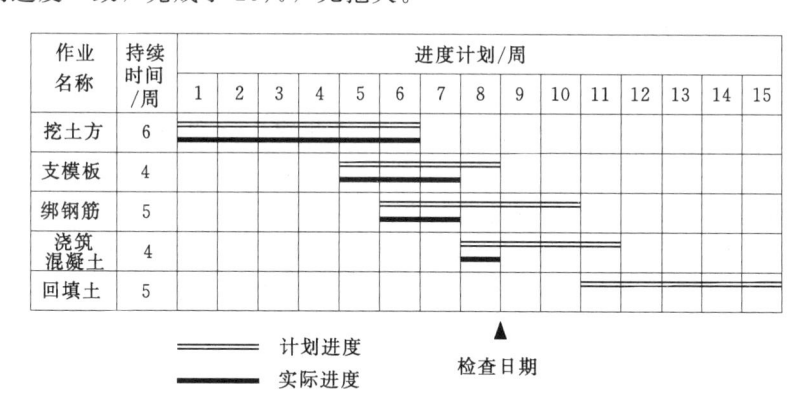

作业名称	持续时间/周	进度计划/周														
		1	2	3	4	5	6	7	8	9	10	11	12	13	14	15
挖土方	6															
支模板	4															
绑钢筋	5															
浇筑混凝土	4															
回填土	5															

图 8-2　某溢洪道工程实际进度与计划进度比较

根据各项工作的进度偏差，进度控制者可以采取相应的纠偏措施对进度计划进行调整，以确保该工程按期完成。

图 8-2 所表达的比较方法仅适用于工程项目中的各项工作都是匀速进展的情况，即每项工作在单位时间内完成的任务量都相等的情况。事实上，工程项目中各项工作的进展不一定是匀速的。根据工程项目中各项工作的进展是否匀速，可分别采用以下两种方法进行实际进度与计划进度的比较。

1. 匀速进展横道图比较法

匀速进展是指在工程项目中，每项工作在单位时间内完成的任务量都是相等的，即每项工作累计完成的任务量与时间呈线性关系，如图 8-3 所示。完成的任务量可以用实物工程量、劳动消耗量或费用支出表示。为了便于比较，常用上述物理量的百分比表示。

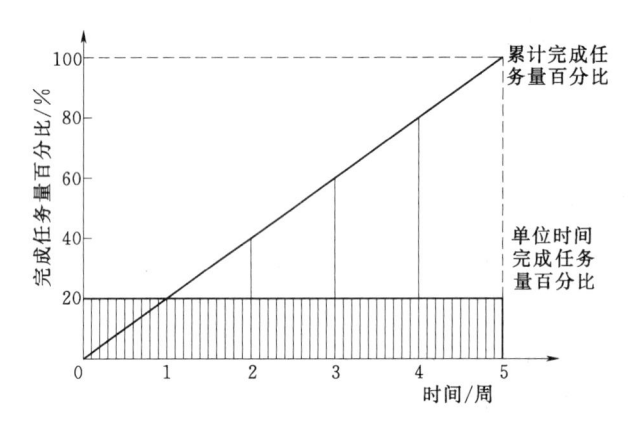

图 8-3 工作匀速进展时任务量与时间关系曲线

采用匀速进展横道图比较法时,其步骤如下:
(1) 编制横道图进度计划。
(2) 在进度计划上标出检查日期。

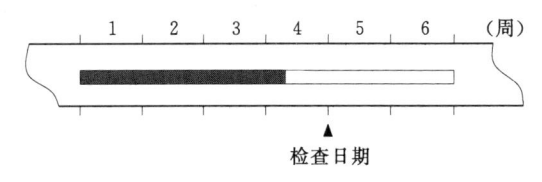

图 8-4 匀速进展横道图比较图

(3) 将检查收集到的实际进度数据经过加工整理后按比例用粗黑线标于计划进度的下方,如图 8-4 所示。

对比分析实际进度与计划进度:如果涂黑的粗线右端落在检查日期左侧(右侧),表明实际进度拖后(超前);如果涂黑的粗线右端与检查日期重合,表明实际进度与计划进度一致。必须指出,该方法仅适用于工作从开始到结束的整个过程中,其进展速度均为固定不变的情况。如果工作的进展速度是变化的,则不能采用这种方法进行实际进度与计划进度的比较;否则,会得出错误的结论。

2. 非匀速进展横道图比较法

当工作在不同单位时间里的进展速度不相等时,累计完成的任务量与时间的关系就不可能是线性关系。此时,应采用非匀速进展横道图比较法进行工作实际进度与计划进度的比较。

非匀速进展横道图比较法在用涂黑粗线表示工作实际进度的同时,还要标出其对应时刻完成任务量的累计百分比,并将该百分比与其同时可计划完成任务量的累计百分比相比较,判断工作实际进度与计划进度之间的关系。下面以一简例说明非匀速进展横道图比较法的步骤。

【例 8-1】 某水利工程项目中的隧洞开挖工作按施工进度计划安排需要 6 周完成,每周计划完成的任务量百分比如图 8-5 所示。
(1) 编制横道图进度计划,如图 8-6 所示。
(2) 在横道线上方标出隧洞开挖工作每周计划累计完成任务量的百分比,分别为 10%、25%、45%、70%、85% 和 100%。

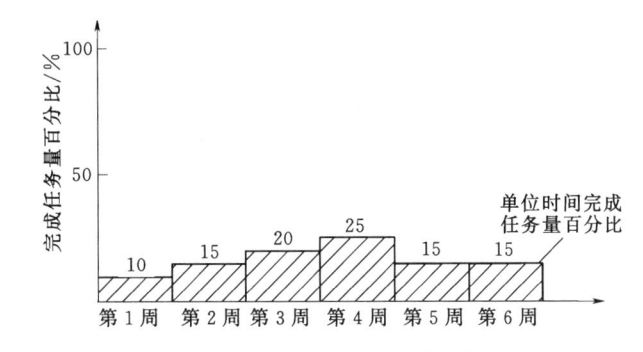

图 8-5 隧洞开挖工作进展时间与完成任务量关系图

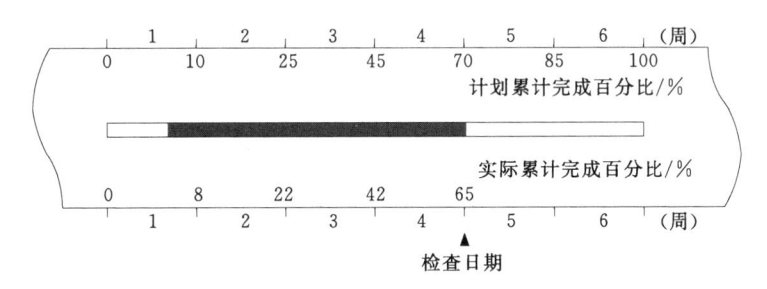

图 8-6 非匀速进展横道图

(3) 在横道线下方标出第 1 周至检查日期（第 4 周）每周实际累计完成任务量的百分比，分别为 8%、22%、42% 和 65%。

(4) 用涂黑粗线标出实际投入的时间。图 8-6 表明，该工作实际开始时间晚于计划开始时间，在开始后连续工作，没有间断。

(5) 比较实际进度与计划进度。从图 8-6 可以看出，该工作在第一周实际进度比计划进度拖后 2%，以后各周累计拖后分别为 3%、3% 和 5%。

由于工作进展速度是变化的，因此，在图中的横道线，无论是计划的还是实际的，只能表示工作的开始时间、完成时间和持续时间，并不表示计划完成的任务量和实际完成的任务量。此外，采用非匀速进展横道图比较法，不仅可以进行某一时刻（如检查日期）实际进度与计划进度的比较，而且还能进行某一时间段实际进度与计划进度的比较。当然，这需要实施部门按规定的时间记录当时的任务完成情况。

横道图比较法虽有记录和比较简单、形象直观、易于掌握、使用方便等优点，但由于其以横道计划为基础，因而带有不可克服的局限性。在横道计划中，各项工作之间的逻辑关系表达不明确，关键工作和关键线路无法确定。一旦某些工作实际进度出现偏差时，难以预测其后续工作和工程总工期的影响。也就难以确定相应的进度计划调整方法。因此，横道图比较法主要用于工程项目中某些工作实际进度与计划进度的局部比较。

模块二　S 曲 线 比 较 法

S 曲线比较法是以横坐标表示时间，纵坐标表示累计完成任务量，绘制一条按计划时间累计完成任务量的 S 曲线；然后将工程项目实施过程中各检查时间实际累计完成任务量曲线也绘制在同一坐标系中，进行实际进度与计划进度比较的一种方法。

从整个工程项目进展全过程来看，单位时间投入的资源量一般是开始和结束时较少，中间阶段较多，与其相对应，单位时间完成的任务量也呈现相同的变化规律，如图 8-7（a）所示。而随工程进展累计完成的任务量则应呈 S 形变化，如图 8-7（b）所示。

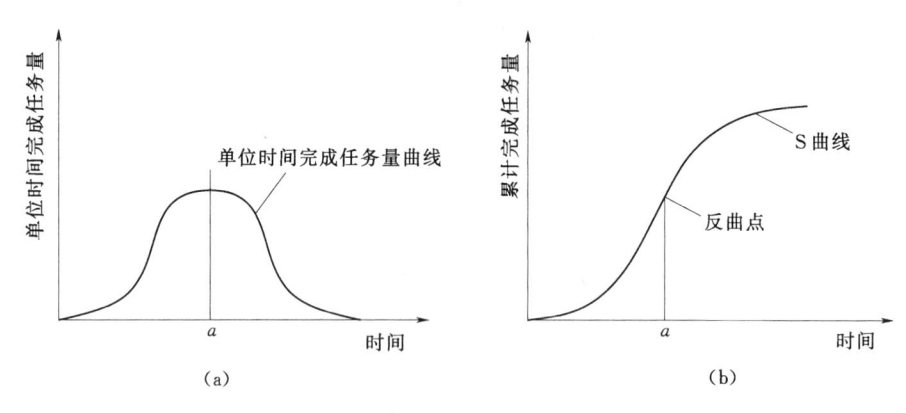

图 8-7 时间与完成任务量关系曲线

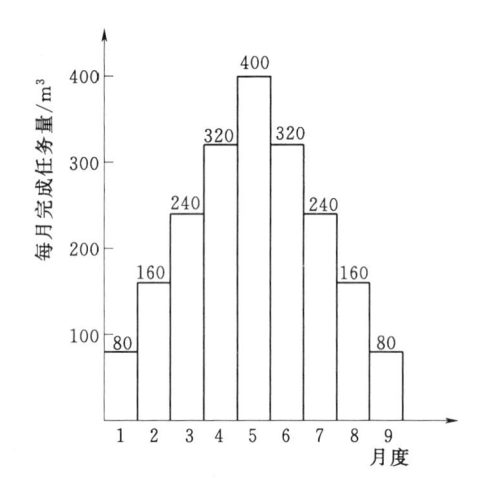

图 8-8 时间与完成任务量关系图

1. S 曲线的绘制方法

下面以一简例说明 S 曲线的绘制方法。

【例 8-2】 某大坝工程的坝体填筑总量为 2000m³，按照施工方案，计划 9 个月完成，每月计划完成的坝体填筑量如图 8-8 所示，试绘制该大坝工程的计划 S 曲线。

【解】 根据已知条件解答如下：

（1）确定单位时间计划完成任务量。在本例中，将每月计划完成坝体填筑量列于表 8-1 中。

（2）计算不同时间累计完成任务量。在本例中，依次计算每月计划累计完成的坝体填筑量，结果列于表 8-1 中。

表 8-1 完 成 工 程 量 汇 总

月度	1	2	3	4	5	6	7	8	9
每月完成量/m³	80	160	240	320	400	320	240	160	80
累计完成量/m³	80	240	480	800	1200	1520	1760	1920	2000

（3）根据累计完成任务量绘制 S 曲线。在本例中，根据每月计划累计完成坝体填筑量而绘制的 S 曲线如图 8-9 所示。

2. 实际进度与计划进度比较

同横道图比较法一样，S 曲线比较法也是在图上进行工程项目实际进度与计划进度的直观比较。在工程项目实施过程中，按照规定时间将检查收集到的实际累计完成任务量绘制在原计划 S 曲线图上，即可得到实际进度 S 曲线，如图 8-10 所示。

通过比较实际进度 S 曲线和计划进度 S 曲线，可以获得如下信息：

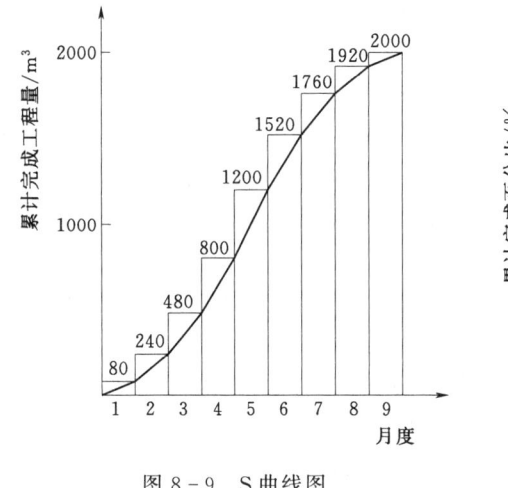

图 8-9　S 曲线图

图 8-10　S 曲线比较图

（1）工程项目实际进展状况。如果工程实际进展点落在计划 S 曲线左侧，表明此时实际进度比计划进度超前，如图 8-10 中的 a 点；如果工程实际进展点落在 S 计划曲线右侧，表明此时实际进度拖后，如图 8-10 中的 b 点；如果工程实际进展点正好落在计划 S 曲线上，则表示此时实际进度与计划进度一致。

（2）工程项目实际进度超前或拖后的时间。在 S 曲线比较图中可以直接读出实际进度比计划进度超前或拖后的时间。如图 8-10 所示，ΔT_a 表示 T_a 时刻实际进度超前的时间；ΔT_b 表示 T_b 时刻实际进度拖后的时间。

（3）工程项目实际超额或拖欠的任务量。在 S 曲线比较图中也可直接读出实际进度比计划进度超额或拖欠的任务量。如图 8-10 所示，ΔQ_a 表示 ΔT_a 时刻超额完成的任务量，ΔQ_b 表示 ΔT_b 时刻超额完成的任务量。

（4）后期工程进度预测。如果后期工程按原计划速度进行，则可做出后期工程计划 S 曲线，如图 8-10 中虚线所示，从而可以确定工期拖延预测值 ΔT。

模块三　香蕉曲线比较法

香蕉曲线是两种 S 形曲线组合的闭合曲线。一般说来，按任何一个计划，都可以绘制出两种曲线：一是以各项工作最早开始时间安排进度而绘制的 S 曲线，称为 ES 曲线；二是以各项工作最迟开始时间安排进度而绘制的 S 曲线，称为 LS 曲线。两条 S 曲线都是从计划的开始时间开始和完成时间结束，因此两条曲线是闭合的。一般情况下，ES 曲线上的各点均落在 LS 曲线相应的左侧，形成一个形如香蕉的曲线闭合，如图 8-11 所示。

1. 香蕉曲线比较法的作用

香蕉曲线比较法能直观地反映工程项目的实际进展情况，并可以获得比 S 曲线更多的信息。其主要作用有以下几点：

（1）合理安排工程项目进度计划：如果工程项目中的各项工作均按其最早开始时间安排进度，将导致项目的投资加大；而如果各项工作都按其最迟开始时间安排进度，则一旦受到进度影响因素的干扰，又将导致工期拖延，使工程进度风险加大。因此，一个科学合理的进度计划优化曲线应处于香蕉曲线所包络的区域之内，如图 8-11 中的点画线所示。

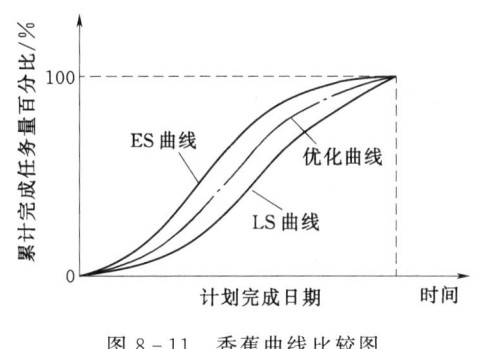

图 8-11 香蕉曲线比较图

（2）定期比较工程项目的实际进度与计划进度：在工程项目的实施过程中，根据每次检查收集到的实际完成任务量，绘制出实际进度 S 曲线，便可以与计划进度进行比较。工程项目实施进度的理想状态是任一时刻工程实际进展点应落在香蕉曲线图的范围之内。如果工程实际进展点落在 ES 曲线的左侧，表明此刻实际进度比各项工作按其最早开始时间安排的计划进度超前；如果工程实际进展点落在 LS 曲线的右侧，则表明此刻实际进度比各项工作按其最迟开始时间安排的计划进度落后。

（3）预测后期工程进展趋势：利用香蕉曲线可以对后期工程的进展情况进行预测。例如在图 8-12 中，该工程项目在检查日实际进度超前。检查日期之后的后期工程进度安排如图中虚线所示，预计该工程项目将提前完成。

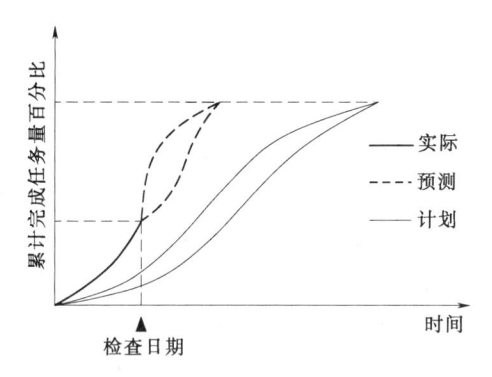

图 8-12 工程进展趋势预测图

2. 香蕉曲线的绘制方法

香蕉曲线的绘制方法与 S 曲线的绘制方法基本相同，所不同之处在于香蕉曲线是以工作按其最早开始时间安排进度和按最迟开始时间安排进度分别绘制的两条 S 曲线组合而成。

在工程项目实施过程中，根据检查得到的实际累计完成任务量，在原计划香蕉曲线图上绘出实际进度曲线，便可以进行实际进度与计划进度的比较。

【例 8-3】 某工程项目网络计划如图 8-13 所示，图中箭线上方括号内数字表示各项工作计划完成的任务量，以劳动消耗量表示；箭线下方数字表示各项工作的持续时间（周）。试绘制香蕉曲线。

【解】 假设各项目工作都以匀速进展，即各项工作每周的劳动消耗量相等。

（1）确定各项工作每周的劳动消耗量。

工作 A：$45 \div 3 = 15$ 工作 B：$60 \div 5 = 12$

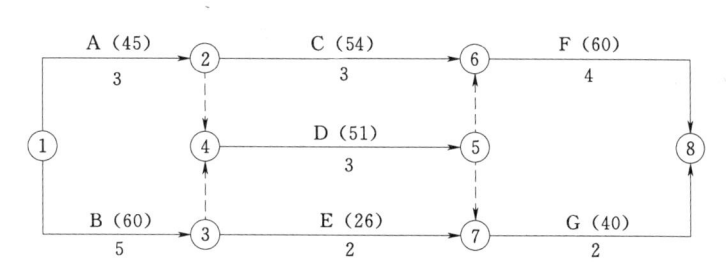

图 8-13 某工程项目网络计划

工作 C：54÷3＝18　　工作 D：51÷3＝17
工作 E：26÷2＝13　　工作 F：60÷4＝15
工作 G：40÷2＝20

（2）计算工程项目劳动消耗量：
$$Q=45+60+54+51+26+60+40=336$$

（3）根据各项工作按最早开始时间安排的进度计划。确定工程项目每周计划劳动消耗量及隔周累计劳动消耗量，如图 8-14 所示。

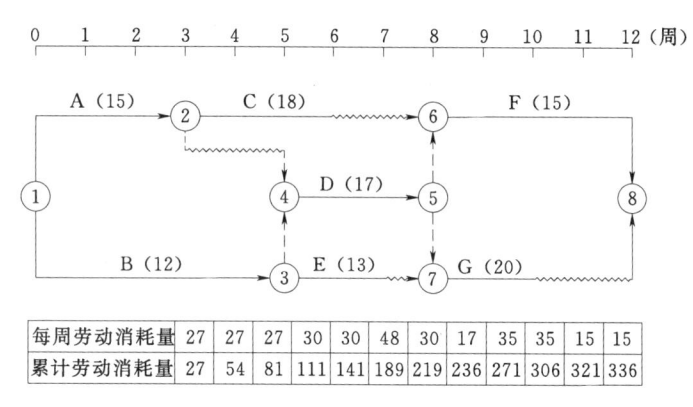

每周劳动消耗量	27	27	27	30	30	48	30	17	35	35	15	15
累计劳动消耗量	27	54	81	111	141	189	219	236	271	306	321	336

图 8-14 按工作最早开始时间安排的进度计划及劳动消耗量

（4）根据各项工作按最迟开始时间安排的进度计划，确定工程项目每周计划劳动消耗量及各周累计劳动消耗量，如图 8-15 所示。

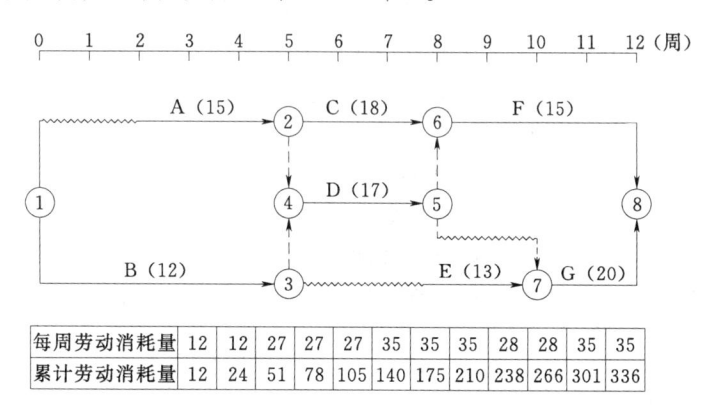

每周劳动消耗量	12	12	27	27	27	35	35	35	28	28	35	35
累计劳动消耗量	12	24	51	78	105	140	175	210	238	266	301	336

图 8-15 按工作最迟开始时间安排的进度计划及劳动消耗量

(5) 根据不同的累计劳动消耗量分别绘制 ES 曲线和 LS 曲线，便得到香蕉曲线，如图 8-16 所示。

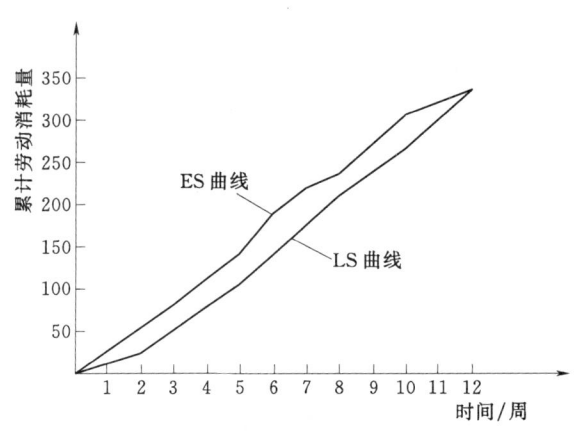

图 8-16 香蕉曲线图

模块四 前锋线比较法

前锋线比较法主要适用于时标网络计划。前锋线是指在原时标网络计划上，从检查时刻的时标点出发，用点画线依此将各项工作实际进展位置点连接而成的折线。前锋线比较法就是通过实际进度前锋线与原进度计划中各工作箭线交点的位置来判断工作实际进度与计划进度的偏差，进而判定该偏差对后续工作及总工期影响程度的一种方法。

采用前锋线比较法进行实际进度与计划进度的比较，其步骤如下。

1. 绘制时标网络计划图

工程项目实际进度前锋线是在时标网络计划图上标示，为清楚起见，可在时标网络计划图的上方和下方各设一时间坐标。

2. 绘制实际进度前锋线

一般从时标网络计划图上方时间坐标的检查日期开始绘制，依次连接相邻工作的实际进展位置点，最后与时标网络计划图下方坐标的检查日期相连接。

工作实际进展位置点的标定方法有两种：

(1) 按该工作已完任务量比例进行标定。

(2) 按尚需作业时间进行标定。

3. 进行实际进度与计划进度的比较

前锋线可以直观地反映出检查日期有关工作实际进度与计划进度之间的关系。对某项工作来说，其实际进度与计划进度之间的关系可能存在以下三种情况：

(1) 工作实际进展位置点落在检查日期的左侧，表明该工作实际进度拖后，拖后的时间为二者之差。

(2) 工作实际进展位置点与检查日期重合，表明该工作实际进度与计划进度一致。

(3) 工作实际进展位置点落在检查日期的右侧，表明该工作实际进度超前，超前的时间为二者之差。

4. 预测进度偏差对后续工作及总工期的影响

通过实际进度与计划进度的比较确定进度偏差后，还可根据工作的自由时差和总时差预测该进度偏差对后续工作及项目总工期的影响。由此可见，前锋线比较法既适用于工作实际进度与计划进度之间的局部比较，又可用来分析和预测工程项目整体进度状况。

【例 8-4】 某分部工程施工网络计划如图 8-17 所示，在第 6 天下班时检查，发现工作 A 和 B 已经全部完成，工作 D 和 E 分别完成计划任务量的 20% 和 50%，工作 C 尚需 3 天完成，试用前锋线法进行实际进度与计划进度的比较。

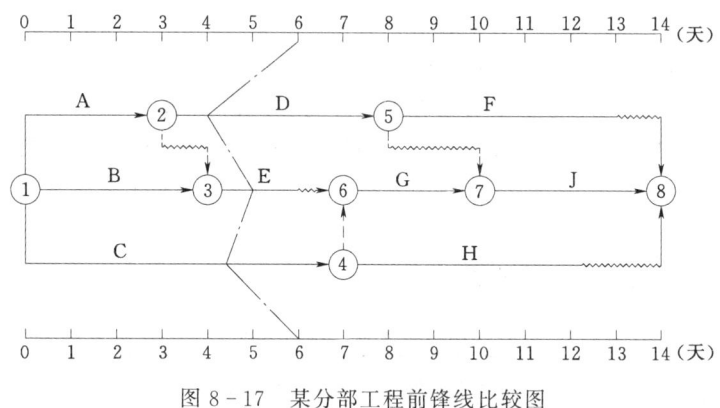

图 8-17 某分部工程前锋线比较图

【解】 根据第 6 天实际进度的检查结果绘制前锋线，如图 8-17 中点划线所示。通过比较可以看出：

(1) 工作 D 实际进度拖后 2 天，将使其后续工作 F 最早开始时间推迟 2 天，并使总工期延长 1 天。

(2) 工作 E 实际进度拖后 1 天，既不影响总工期，也不影响其后续工作的正常进行。

(3) 工作 C 实际进度拖后 1 天，将使其后续工作 G、H、J 的最早开始时间推迟 2 天。由于工作 G、J 开始时间的推迟，从而使总工期延长 2 天。

综上所述，如果不采取措施加快进度，该工程项目的总工期将延长 2 天。

模块五 列 表 比 较 法

当工程进度计划用非时标网络图表示时，可以采用列表比较法进行实际进度与计划进度的比较。这种方法是记录检查日期应该进行的工作名称及其已经作业的时间，然后列表计算有关时间参数，并根据工作总时差进行实际进度与计划进度比较的方法。

采用列表比较法进行实际进度与计划进度的比较，其步骤如下：

(1) 对于实际进度检查日期应该进行的工作，根据已经作业的时间，确定其尚需作业时间。

（2）根据原进度计划计算检查日期应该进行的工作从检查日期到原计划最迟完成时尚余时间。

（3）计算工作尚有总时差，其值等于工作从检查日期到原计划最迟完成尚余时间与该工作尚需作业时间之差。

（4）比较实际进度与计划进度，可能有以下几种情况：

如果工作尚有总时差与原有总时差相等，说明该工作实际进度与计划进度一致。

如果工作尚有总时差大于原有总时差，说明该工作实际进度超前，超前的时间为二者之差。

如果工作尚有总时差小于原有总时差，且仍为非负值，说明该工作实际进度拖后，拖后的时间为二者之差，但不影响总工期。

如果工作尚有总时差小于原有总时差，且为负值，说明该工作实际进度拖后，拖后的时间为二者之差，此时工作实际进度偏差将影响总工期。

【例 8-5】 已知网络计划如图 8-17 所示，该计划执行到第 10 天下班时检查，发现工作 A、B、C、D、E 已经全部完成，工作 F 已进行了 1 天，工作 G 和工作 H 均已进行了 2 天，试用列表比较法进行实际进度与计划进度的比较。

【解】 工程进度检查比较见表 8-2。

表 8-2　　　　　　　　　　工程进度检查比较表

工作代号	工作名称	检查计划时尚需作业天数	到计划最迟完成时尚余天数	原有总时差/天	尚有总时差/天	情况判断
5—8	F	4	4	1	0	拖后 1 天，但不影响总工期
6—7	G	1	0	0	−1	拖后 1 天，影响工期 1 天
4—8	H	3	4	2	1	拖后 1 天，但不影响工期

任 务 训 练

1. 在建设工程进度计划实施中，进度监测的系统过程包括以下工作内容：①实际进度与计划进度的比较；②收集实际进度数据；③数据整理、统计、分析；④建立进度数据采集系统；⑤进入进度调整系统。其正确的顺序是（　　）。

　　A. ①—③—④—②—⑤　　　　　　B. ④—③—②—①—⑤
　　C. ④—②—③—①—⑤　　　　　　D. ②—④—③—①—⑤

2. 当采用匀速进展横道图比较工作实际进度与计划进度时，如果表示实际进度的横道线右端点落在检查日期的右侧，则该端点与检查日期的距离表示工作（　　）。

　　A. 实际多投入的时间　　　　　　　B. 进度超前的时间
　　C. 实际少投入的时间　　　　　　　D. 进度拖后的时间

3. 当利用 S 曲线进行实际进度与计划进度比较时，如果检查日期实际进展点落在计划 S 曲线的左侧，则该实际进展点与计划 S 曲线的垂直距离表示工程项目（　　）。

A. 实际超额完成的任务量　　　　　　B. 实际拖欠的任务量
C. 实际进度超前的时间　　　　　　　D. 实际进度拖后的时间

4. 当利用 S 曲线比较工程项目的实际进度与计划进度时，如果检查日期实际进展点落在计划 S 曲线的左侧，则该实际进展点与计划 S 曲线在水平方向的距离表示工程项目（　　）。

A. 实际超额完成的任务量　　　　　　B. 实际拖欠的任务量
C. 实际进度拖后的时间　　　　　　　D. 实际进度超前的时间

5. 采用非匀速进展横道图比较法比较工作实际进度与计划进度时，涂黑粗线的长度表示该工作的（　　）。

A. 计划完成任务量　　　　　　　　　B. 实际完成任务量
C. 实际进度偏差　　　　　　　　　　D. 实际投入的时间

6. 在建设工程进度计划的实施过程中，监理工程师控制进度的关键步骤是（　　）。

A. 加工处理收集到的实际进度数据
B. 调查分析进度偏差产生的原因
C. 实际进度与计划进度的对比分析
D. 跟踪检查进度计划的执行情况

7. 关于横道图的说法，错误的是（　　）。

A. 横道图上所能表达的信息量较少，不能表示活动的重要性
B. 横道图不能确定计划的关键工作、关键路线与时差
C. 横道图适用于手工编制计划
D. 横道图能清楚表达工序（工作）之间的逻辑关系

8. 在应用前锋线比较法进行工程实际进度与计划进度比较时，工作实际进展点可以按该工作的（　　）进行标定。

A. 尚余自由时差　　　　　　　　　　B. 已消耗劳动量
C. 尚需作业时间　　　　　　　　　　D. 尚余总时差

9. 下列关于双代号时标网络计划的表述中，正确的有（　　）。

A. 工作箭线左端节点中心所对应的时标值为该工作的最早开始时间
B. 工作箭线中波形线的水平投影长度表示该工作与其紧后工作之间的时距
C. 工作箭线中不存在波形线时，表明该工作的总时差为零
D. 工作箭线中不存在波形线时，表明该工作与其紧后工作之间的时间间隔为零

10. 下图所示的某工程双代号时标网络计划，在执行到第 4 周末和第 10 周末时，检查其实际进度如下图中前锋线所示，检查结果表明（　　）。

A. 第 4 周末检查时，工作 B 拖后 2 周，但不影响工期
B. 第 4 周末检查时，工作 A 拖后 1 周，影响工期 1 周
C. 第 10 周末检查时，工作 I 提前 1 周，可使工期提前 1 周
D. 第 5～10 周内，工作 E 和工作 F 的实际进度正常

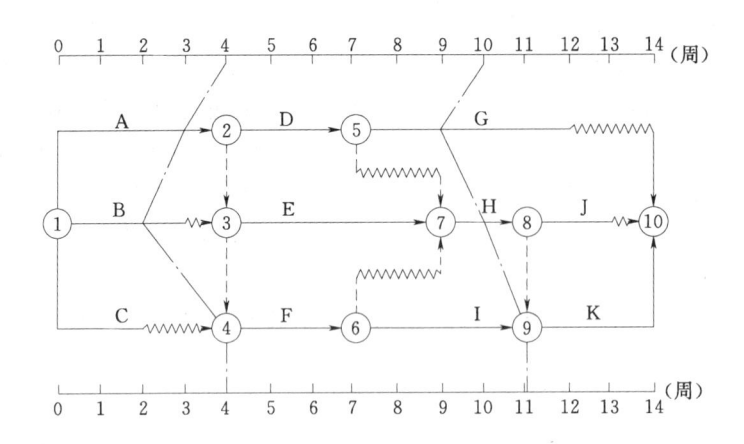

任务四　进度计划的调整方法

知识目标：分析进度偏差对工程项目的影响，掌握进度计划的调整方法。

能力目标：根据进度偏差对工程项目的影响程度，制订相应的纠偏措施进行调整，以获得符合实际进度情况和计划目标的新进度计划。

模块一　分析进度偏差对工程项目的影响

工程项目实施过程中，通过实际进度与计划进度的比较，发现有进度偏差时，需要分析该偏差对后续工作及总工期的影响，从而采取相应的调整措施对原进度计划进行调整，以确保工期目标的顺利实现。进度偏差的大小及其所处的位置不同，对后续工作和总工期的影响程度是不同的，分析时需要利用网络计划中工作总时差和自由时差的概念进行判断。分析步骤如下：

（1）分析出现进度偏差的工作是否为关键工作：如果出现进度偏差的工作为关键工作，则无论其偏差有多大，都将对后续工作和总工期产生影响，必须采取相应的调整措施；如果出现偏差的工作是非关键工作，则需要根据进度偏差值与总时差和自由时差的关系做进一步分析。

（2）分析进度偏差是否超过总时差：如果工作的进度偏差大于该工作的总时差，则此进度偏差必将影响其后续工作和总工期，必须采取相应的调整措施；否则，则此进度偏差不影响总工期。至于对后续工作的影响程度，还需要根据偏差值与其自由时差的关系做进一步分析。

（3）分析进度偏差是否超过自由时差：如果工作的进度偏差大于该工作的自由时差，则此进度偏差将对其后续工作产生影响，此时应根据后续工作的限制条件确定调整方法；如果工作的进度偏差未超过该工作的自由时差，则此进度偏差不影响后续工作，因此原进度计划可以不做调整。

通过分析，进度控制人员可以根据进度偏差的影响程度，制订相应的纠偏措施进行调整，以获得符合实际进度情况和计划目标的新进度计划。

模块二 进度计划的调整方法

当实际进度偏差影响到后续工作、总工期而需要调整进度计划时，其调整方法主要有三种。

1. 调整工作顺序，改变某些工作间的逻辑关系

当工程项目实施中产生的进度偏差影响到总工期，且有关工作的逻辑关系允许改变时，可以改变关键线路和超过计划工期的非关键线路上的有关工作之间的逻辑关系，达到缩短工期的目的。例如，将顺序进行的工作改为平行作业、搭接作业以及分段组织流水作业等，都可以有效地缩短工期。

【例 8-6】 某建设项目分部工程包括 A、B、C、D 四个工作，各工作的持续时间分别为 18 天、12 天、9 天和 6 天，如果采取顺序作业方式进行施工，则其总工期为 45 天。为缩短该分部工程总工期，在工作面及资源供应允许的条件下，将分部工程划分为工程量大致相等的 3 个施工段组织流水作业，试绘制该分部工程流水作业网络计划，并确定其计算工期。

【解】 该分部工程流水作业网络计划如图 8-18 所示。通过组织流水作业，使得该分部工程的计算工期由 45 天缩短为 27 天。

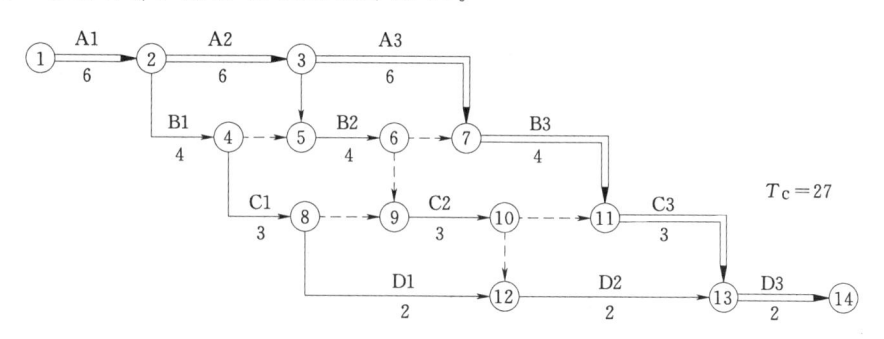

图 8-18 某分部工程流水作业网络计划

2. 缩短某些工作的持续时间

这种方法是不改变工作之间的逻辑关系，而是缩短某些工作的持续时间，而使施工进度加快，并保证实现计划工期的方法。这些被压缩持续时间的工作是位于关键线路和超过计划工期的非关键线路上的工作。同时，这些工作又是持续时间可被压缩的工作。这种方法实际上就是网络计划优化中的工期优化方法和工期与费用优化的方法，通常可以在网络图上直接进行。其调整方法视限制条件及对其后续工作的影响程度的不同而有所区别，一般可分为以下三种情况：

(1) 网络计划中某项工作进度拖延的时间已超过其自由时差但未超过其总时差。如前所述，此时该工作的实际进度不会影响总工期，而只对其后续工作产生影响。因此，在进行调整前，需要确定其后续工作允许拖延的时间限制，并以此作为进度调整的限制条件。该限制条件的确定常常较复杂，尤其是当后续工作由多个平行的承包单位负责实施时更是如此。后续工作如不能按原计划进行，在时间上产生的任何变化都可能使合同不能正常履行，而导致蒙受损失的一方提出索赔。因此，必须寻求合理的

调整方案，把进度拖延对后续工作的影响减少到最低程度。

【例 8-7】 某工程项目双代号时标网络计划如图 8-19 所示，该计划执行到第 35 天下班时刻检查时，其实际进度如图中前锋线所示。试分析目前实际进度对后续工作和总工期的影响，并提出相应的进度调整措施。

【解】 从图中可以看出，目前只有工作 D 的开始时间拖后 15 天，而影响其后续工作 G 的最早开始时间，其他工作的实际进度均正常。由于工作 D 的总时差为 30 天，故此时工作 D 的实际进度不影响总工期。

该进度计划是否需要调整，取决于工作 D 和 G 的限制条件。

1) 后续工作拖延的时间无限制：如果后续工作拖延的时间完全被允许时，可将拖后的时间参数带入原计划，并化简网络图（即去掉已执行部分，以进度检查日期为起点，将实际数据带入，绘制出未实施部分的进度计划），即可得调整方案。例如，在本例中，以检查时刻第 35 天为起点，将工作 D 的实际进度数据及工作 G 被拖延后的时间参数带入原计划（此时工作 D、G 的开始时间分别为第 35 天和第 65 天），可得如图 8-20 所示的调整方案。

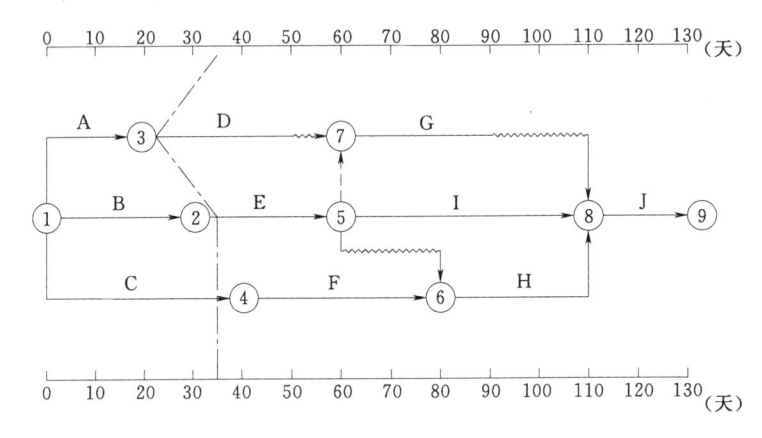

图 8-19 某工程项目时标网络计划

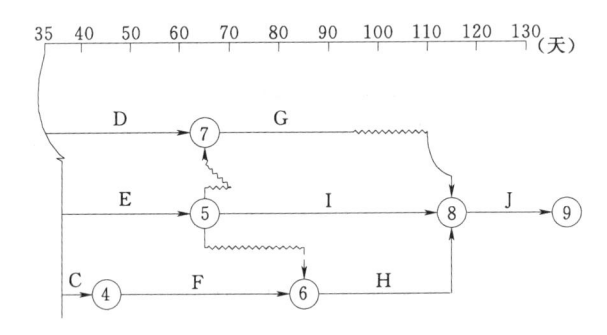

图 8-20 后续工作拖延的时间无限制时的网络进度计划

2) 后续工作拖延的时间有限制：如果后续工作不允许拖延或拖延的时间有限制时，需要根据限制条件对网络计划进行调整，寻求最优方案。例如，在本例中，如果工作 G 的开始时间不允许超过第 60 天，则只能将其紧前工作 D 的持续时间压缩为 25

天，调整后的网络计划如图 8-21 所示。

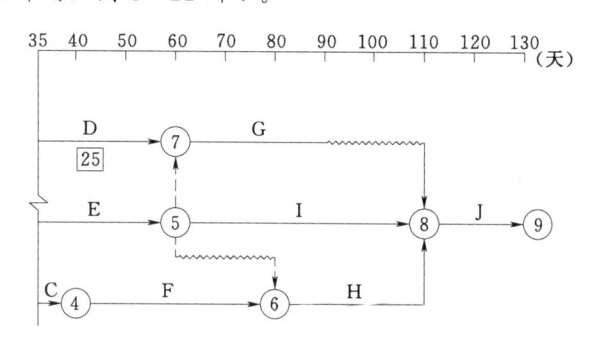

图 8-21 后续工作拖延的时间有限制时的网络进度计划

如果在工作 D、G 之间还有多项工作，则可以利用工期优化的原理确定应压缩的工作，得到满足工作 G 限制条件的最优调整方案。

(2) 网络计划中某项工作进度拖延的时间超过其总时差。如果网络计划中某项工作进度拖延的时间超过其总时差，则无论该工作是否为关键工作，其实际进度都将对后续工作和总工期产生影响。此时，进度计划的调整方法又可分为以下三种情况。

1) 项目总工期不允许拖延。如果工程项目必须按照原计划工期完成，则只能采取缩短关键线路上后续工作持续时间的方法来达到调整计划的目的。这种方法实质上就是工期优化的方法。

【例 8-8】 仍以图 8-20 网络计划为例，如果在计划执行到第 40 天下班时刻检查时，其实际进度如图 8-22 中前锋线所示，试分析目前实际进度对后续工作和总工期的影响，并提出相应的进度调整措施。

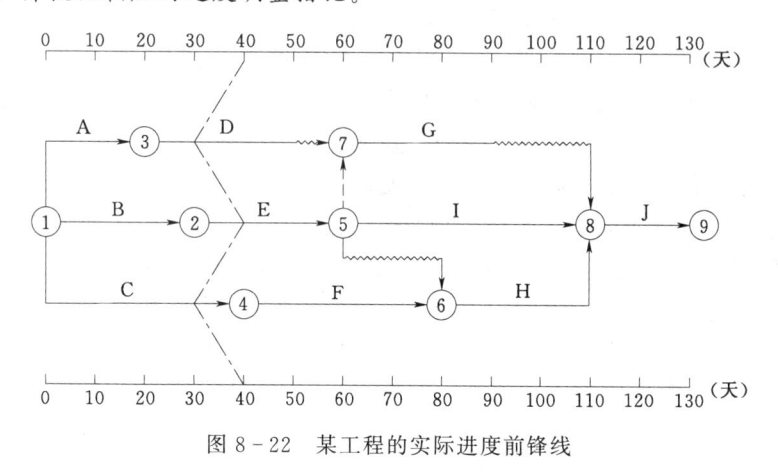

图 8-22 某工程的实际进度前锋线

【解】 从图中可看出：

工作 D 实际进度拖后 10 天，但不影响其后续工作，也不影响总工期。

工作 E 实际进度正常，既不影响后续工作，也不影响总工期。

工作 C 实际进度拖后 10 天，由于其为关键工作，故其实际进度将使总工期延长 10 天，并使其后续工作 F、H 和 J 的开始时间推迟 10 天。

如果该工程项目总工期不允许拖延，则为了保证其按原计划工期130天完成，必须采用工期优化的方法，缩短关键线路上后续工作的持续时间。现假设工作C的后续工作F、H和J均可压缩10天，通过比较，压缩工作H的持续时间所需付出的代价最小，故将工作H的持续时间由30天缩短为20天。调整后的网络计划如图8-23所示。

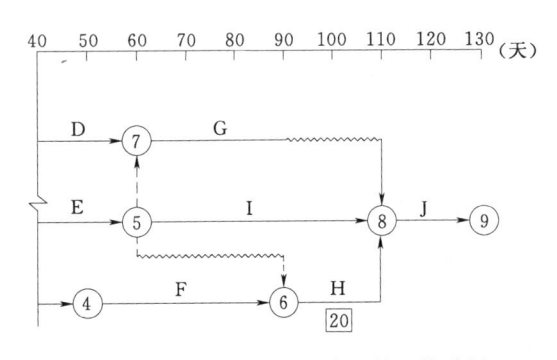

图8-23 调整后工期不拖延的网络计划

2) 项目总工期允许拖延。如果项目总工期允许拖延，则此时只需以实际数据取代原计划数据，并重新绘制实际进度检查日期之后的简化网络计划即可。

3) 项目总工期允许拖延的时间有限。如果项目总工期允许拖延，但允许拖延的时间有限。则当实际进度拖延的时间超过此限制时，也需要对网络计划进行调整，以便满足要求。

具体的调整方法是以总工期的限制时间作为规定工期，对检查日期之后尚未实施的网络计划进行工期优化，即通过缩短关键线路上后续工作持续时间的方法来使总工期满足规定工期的要求。

以上三种情况均是以总工期为限制条件调整进度计划的。值得注意的是，当某项工作实际进度拖延的时间超过其总时差而需要对进度计划进行调整时，除需考虑总工期的限制条件外，还应考虑网络计划中后续工作的限制条件，特别是对总进度计划的控制更应注意这一点。因为在这类网络计划中，后续工作也许就是一些独立的合同段。时间上的任何变化，都会带来协调上的麻烦或者引起索赔。因此，当网络计划中某些后续工作对时间的拖延有限制时，同样需要以此为条件，按前述方法进行调整。

（3）网络计划中某项工作进度超前。在建设工程计划阶段所确定的工期目标，往往是综合考虑了各方面因素确定的合理工期。因此，时间上的任何变化，无论是进度拖延还是超前，都可能造成其他目标的失控。例如，在一个建设工程施工总进度计划中，由于某项工作的进度超前，致使资源的需求发生变化，而打乱了原计划对人、材、物等资源的合理安排，也将影响资金计划的使用和安排；特别是当多个平行的承包单位进行施工时，由此引起后续工作时间安排的变化，势必给监理工程师的协调工作带来许多麻烦。因此，如果建设工程实施过程中出现进度超前的情况，进度控制人员必须综合分析进度超前对后续工作产生的影响，并同承包单位协商，提出合理的进度调整方案，以确保工期总目标的顺利实现。

3. 增、减工作项目

（1）增、减工作项目应做到不打乱原计划总的逻辑关系，只对局部逻辑关系进行调整。

（2）在增、减工作项目以后，应重新计算时间参数，分析对原网络计划的影响。当对工期有影响时，应采取调整措施，以保证计划工期不变。

4. 调整项目进度计划

重新安排工作次序，调整力量，重新编制网络计划。

任 务 训 练

1. 下列关于某项工作进度偏差对后续工作及总工期的影响的说法中，正确的是（　　）。

   A. 工作的进度偏差大于该工作的总时差时，则此进度偏差只影响后续工作
   B. 工作的进度偏差大于该工作的总时差时，则此进度偏差只影响总工期
   C. 工作的进度偏差未超过该工作的自由时差时，则此进度偏差不影响后续工作
   D. 非关键工作出现进度偏差时，则此进度偏差不会影响后续工作

2. 当关键线路的实际进度比计划进度拖后时，应在尚未完成的关键工作中，选择（　　）的工作，压缩其作业持续时间。

   A. 资源强度小且持续时间短　　　　B. 资源强度小或费用低
   C. 资源强度大或持续时间短　　　　D. 资源强度大且费用高

3. 调整工程网络计划时，调整内容一般包括（　　）。

   A. 关键工作时差　　　　　　　　　B. 关键线路长度
   C. 工作组织关系　　　　　　　　　D. 工作工艺工程

4. 某工程网络计划中工作 M 的总时差为 3 天，自由时差为 0。该计划执行过程中，只有工作 M 的实际进度拖后 4 天，则工作 M 的实际进度将其紧后工作的最早开始时间推迟和使总工期延长的时间分别为（　　）。

   A. 3 天和 0 天　　　　　　　　　　B. 3 天和 1 天
   C. 4 天和 0 天　　　　　　　　　　D. 4 天和 1 天

5. 网络计划调整的内容不包括（　　）。

   A. 增、减工作项目　　　　　　　　B. 调整自由时差
   C. 调整非关键工作时差　　　　　　D. 对资源的投入作相应调整

6. 非关键工作时差的调整方法不包括（　　）。

   A. 将工作在其最早开始时间与最迟完成时间范围外移动
   B. 延长工作的持续时间
   C. 将工作在其最早开始时间与最迟完成时间范围内移动
   D. 缩短工作的持续时间

7. 在网络计划的执行过程中，当发现某工作进度出现偏差后，需要调整原进度计划的情况有（　　）。

   A. 项目总工期允许拖延，但工作进度偏差已超过自由时差
   B. 后续工作允许拖延，但工作进度偏差已超过自由时差
   C. 项目总工期不允许拖延，但工作偏差已超过总时差
   D. 项目总工期和后续工作允许拖延，但工作进度偏差已超过总时差

8. 下列有关进度计划调整的表述正确的是（　　）。

231

A. 当关键线路的实际进度比计划进度提前时，必须要对进度计划进行调整

B. 网络计划调整的内容包括调整工作之间的逻辑关系

C. 必须要定期进行网络计划的调整

D. 实际进度检查记录的方式均可采用实际进度前锋线记录计划实际执行情况，进行实际进度与计划进度的比较

9. 当工程网络计划的计算工期大于要求工期时，为满足要求工期，进行工期优化的基本方法是（　　）。

A. 减少相邻工作之间的时间间隔　　B. 缩短关键工作的持续时间

C. 减少相邻工作之间的时距　　　　D. 缩短关键工作的总时差

10. 已知某工程网络计划中工作 M 的自由时差为 3 天，总时差为 5 天。该工作的实际进度拖后，且影响总工期 1 天。在其他工作均正常进行的前提下，工作 M 的实际进度拖后（　　）。

A. 3 天　　　　B. 4 天　　　　C. 5 天　　　　D. 6 天

项目九　水利工程施工成本管理

项目重点：记住施工成本管理的概念，掌握施工成本管理的基本内容；理解施工成本控制的两种方法；运用施工成本降低的措施。

教学目标：能够熟悉运用施工成本控制的方法及运用。

项目引入：党的二十大报告指出，要坚守中华文化立场，提炼展示中华文明的精神标识和文化精髓，增强中华文明传播力影响力。《营造法式》是宋代李诫创作的中国古代最完整的建筑技术书籍，该书籍分为总释总例、各作制度、功限、料例、图样五大部分，代表了我国古代建设科学与艺术巅峰。该书在强调加强质量管理的同时，也主张对生产成本予以详细核算，规定了各工种的劳动定额、用料定额、计算方法。此外，清朝工部颁布的《工程做法则例》，也是一部优秀算工算料的著作，有许多关于工程材料费用控制的说明。

任务一　施工成本的概念

知识目标：记住施工成本的概念及构成要素。

能力目标：熟练掌握施工成本内涵。

模块一　成本的概念

成本是商品经济的价值范畴，是商品价值的重要组成部分。人们要进行生产经营活动或达到一定的目的，就必须耗费一定的资源（人力、物力和财力），其所费资源的货币表现及其对象化称之为成本。它有以下几方面的含义：

（1）成本属于商品经济的价值范畴，即成本是构成商品价值的重要组成部分，是商品生产中生产要素耗费的货币表现。

（2）成本具有补偿的性质，它是为了保证企业再生产而应从销售收入中得到补偿的价值。

（3）成本本质上是一种价值牺牲，它作为实现一定的目的而付出资源的价值牺牲，可以是多种资源的价值牺牲，也可以是某些方面的资源价值牺牲；甚至从更广的含义看，成本是为达到一种目的而放弃另一种目的所牺牲的经济价值，在经营决策中所用的机会成本就有这种含义。

模块二　施工成本的组成

施工成本是指在建设工程项目的施工过程中所发生的全部生产费用的总和，包括：所消耗的原材料、辅助材料、构配件等费用；周转材料的摊销费和租赁费；施工机械的使用费或租赁费；支付给生产工人的工资、奖金、工资性质的津贴；以及进行施工组织与管理所发生的全部费用支出等。

建设工程施工成本包括直接成本和间接成本。

1．直接成本

直接成本是指施工过程中耗费的构成工程实体或有助于工程实体形成的各项费用支出，是可以直接计入工程对象的费用，也称为直接工程费，由直接费、其他直接费、现场经费组成。

直接费：包括人工费、材料费、施工机械使用费。

其他直接费：包括冬雨期施工增加费、夜间施工增加费、特殊地区施工增加费和其他。冬雨期施工增加费指冬雨期施工期间为保证工程质量和安全生产所需增加的费用。夜间施工增加费指施工场地和公用施工道理的照明费用。照明线路工程费用包括在临时设施费中；施工附属企业系统，加工厂、车间的照明，列入相应的产品中，均不包括在本项费用之内。特殊地区施工增加费指在高海拔和原始森林等特殊地区施工而增加的费用。其他包括施工工具用具使用费、检验试验费、工程定位复测、工程点交、竣工场地清理、工程项目及设备仪表移交生产前的维护观察费。

现场经费：包括临时设施费和现场管理费。临时设施费指施工企业为进行建筑安装工程施工所必需的但又未被划入施工临时工程的临时建筑物、构筑物和各种临时设施的建设、维修、拆除、摊销等费用，如场内施工排水、场地平整、供水（支线）等。现场管理费主要包括现场管理人员的基本工资、辅助工资、工资附加费和劳动保护费。

2．间接成本

为施工准备、组织和管理施工生产的全部费用的支出，非直接用于也无法直接计入工程对象，但是进行工程施工所必须发生的费用。它构成产品成本，通常称间接费，由企业管理费、财务费用和其他费用组成。

企业管理费是指施工企业为组织施工生产经营活动所发生的费用。

财务费用是指施工企业为筹集资金而发生的各项费用，包括企业经营期间发生的短期融资利息净支出、汇兑净损失，以及投标和承包工程发生的保函手续费等。

其他费用指企业定额测定费及施工企业进退场补贴费。

任 务 训 练

1．什么是成本、施工成本？
2．施工成本的构成要素有哪些？

任务二　施工成本管理的基本内容

知识目标：掌握施工成本管理内容。
能力目标：了解施工成本管理原则，认真领悟施工成本管理的基本内容。

成本管理是指为实现项目成本控制目标所进行的预测、计划、控制、核算、分析和考核等活动。

施工成本管理就是要在保证工期和质量满足要求的情况下，采取相应管理措施，包括组织措施、经济措施、技术措施、合同措施，把成本控制在计划范围内，并进一步寻求最大限度地成本节约。

模块一　施工成本管理的原则

施工成本管理是企业成本管理的基础和核心，必须遵循以下基本原则。

1. 成本较低化原则

施工项目成本控制的根本目的，在于通过运用成本控制的各种手段，不断降低施工项目成本，以达到可能实现最低目标成本的要求。但是，在实行成本较低化原则时，应注意研究降低成本的可能性和合理的成本最低化，一方面要挖掘各种降低成本的潜力，使可能性变为现实；另一方面要从实际出发，制定通过主观努力可能达到的合理的最低成本的措施方案，并据此进行分析、考评评比。

2. 全面成本控制原则

全面成本控制是指对施工项目成本进行全过程、全员和全方位的控制；全过程成本控制是指施工项目从设计开始直至竣工验收交付使用到报废为止的整个过程中，都要有成本控制的理念；全员成本控制是指参与工程建设的每个人都要关心成本的节超情况；全方位成本控制是指涉及成本发生的各部门、单位、班组都有成本控制的责任。

3. 成本责任制原则

为了实现全面成本控制，必须对施工项目成本进行层层分解，以分级、分工到人的成本责任制作为保证。施工项目经理部应对企业下达的成本指标负责，班组和个人对项目经理部的成本目标负责，以做到层层保证，定期考核评定。成本责任制的关键是划清责任、权力和利益，并与奖罚制度挂钩，使各部门、各作业队和个人都来关心施工项目成本的实施情况。在成本责任制中，责任是核心，权利是保证，利益是动力。

4. 成本控制有效化原则

所谓成本控制的有效化，主要有两层含义，一是促使施工项目经理部以最少的投入，获得最大的产出；二是以最少的人力和财力，完成较多的管理工作，提高工作效率。

提高成本控制有效性，可以采用：①行政方法，通过行政隶属关系，下达强制性指标并制定实施措施，定期检查监督；②经济方法，通过利用经济杠杆、经济手段加成本控制责任制等来进行管理；③法制方法，根据国家有关成本管理的政策方针和规定，制定具体的规章制度，使人人照章办事，用法律手段进行成本控制。

5. 成本控制科学化原则

施工项目成本控制是建筑企业管理和施工项目管理系统中一个非常重要的子系统，成本控制科学化的原则是指在进行成本控制时，要把有关自然科学中的理论、技术和方法运用于成本控制的实践中去。

模块二 施工成本管理的内容

施工项目成本管理是建筑业企业和项目经理部为降低施工项目成本而进行的各项管理工作的总称。它是建筑企业项目管理系统中的一个子系统，这一系统的具体工作内容包括：成本预测、成本决策、成本计划、成本控制、成本核算、成本分析和成本考核等。项目经理部在项目施工过程中，对所发生的各种成本信息，通过有组织、有系统地进行预测、计划、控制、核算和分析等一系列工作，促使工程项目系统内各种要素，按照一定的目标运行，使施工项目的实际成本能够在预定的计划成本范围内。

1. 施工项目成本预测

施工项目成本预测是通过成本信息和施工项目的具体情况，并运用一定的专门方法，对未来的成本水平及其可能发展趋势做出科学的估计，其实质就是工程项目在施工以前对成本进行估算。通过成本预测，可以使项目经理部在满足业主和企业要求的前提下，选择成本低、效益好的最佳成本方案，并能够在工程项目成本形成过程中，针对薄弱环节，加强成本控制，克服盲目性，提高预见性。因此，工程项目成本预测是工程项目成本决策与计划的依据。

成本预测的方法有定性预测法和定量预测法。定性预测法主要包括专家会议法、专家调查法（德尔菲法）、主观概率法、调查访问法等。定量预测法，也称"统计预测"，是根据已掌握的比较完备的历史数据，运用一定的科学方法进行科学的加工整理，借以提示有关变量之间的规律联系，用于预测和推算未来发展变化情况的一类预测方法。

【例 9-1】 某项目部的固定成本为 150 万元，单位建筑面积的变动成本为 380 元/m^2，单位销售价格为 480 元/m^2，试预测保本承包规模和保本承包收入。

【解】 保本承包规模＝固定成本÷（单位售价－单位变动成本）

$$=1500000÷（480-380）=15000（m^2）$$

保本承包收入＝单位售价×固定成本÷（单位售价－单位变动成本）

$$=480×1500000÷（480-380）=7200000.00（元）$$

2. 施工项目成本计划

施工项目成本计划是项目经理部对工程项目成本进行计划管理的工具。它是以货币形式编制工程项目在计划期内的生产费用、成本水平、成本降低率以及为降低成本所采取的主要措施和规划的书面方案，它是建立工程成本管理责任制、开展成本控制和核算的基础。一般来讲，成本计划是施工项目降低成本的指导文件，是设立目标成本的依据。因此，可以说，成本计划是目标成本的一种形式。

(1) 编制要求。

施工成本计划应满足：合同规定的项目质量和工期要求、组织对施工成本管理目标的要求、以经济合理的项目实施方案为基础的要求、有关定额和市场价格的要求。

(2) 成本计划类型。

根据施工项目的不同阶段，成本计划按照其作用不同分为三类，即竞争性成本计划、指导性成本计划、实施性成本计划。

竞争性成本计划：即工程项目投标及签订合同阶段的估算成本计划。这类成本计划以招标文件中的合同条件、投标者须知、技术规程、设计图纸或工程量清单等为依据，以有关价格条件说明为基础，结合调研和现场考察获得的情况，根据本企业的工料消耗标准、水平、价格资料和费用指标，对本企业完成招标工程所需要支出的全部费用的估算。在投标报价过程中，虽也着力考虑降低成本的途径和措施，但总体上较为粗略。

指导性成本计划：即选派项目经理阶段的预算成本计划，是项目经理的责任成本目标。它以合同标书为依据，按照企业的预算定额标准制定的设计预算成本计划，且一般情况下只是确定责任总成本指标。

实施性成本计划：即项目施工准备阶段的施工预算成本计划，它以项目实施方案为依据，落实项目经理责任目标为出发点，采用企业的施工定额通过施工预算的编制而形成的实施性施工成本计划。

三种成本计划中，竞争性成本计划带有成本战略的性质，是项目投标阶段商务标书的基础，而有竞争力的商务标书又是以其先进合理的技术标书为支撑的，它奠定了施工成本的基本框架和水平；指导性成本计划和实施性成本计划，都是战略性成本计划的进一步展开和深化，是对战略性成本计划的战术安排。

3. 施工项目成本控制

施工项目成本控制指施工项目在施工过程中，对影响施工项目成本的各种因素加强管理，并采取各种有效措施，将施工中实际发生的各种消耗和支出严格控制在成本计划范围内，随时检查并及时反馈，严格审查各项费用是否合理，消除施工中的损失浪费现象，发现和总结先进经验。通过成本控制，使之最终实现甚至超过预期的成本目标。工程项目成本控制应贯穿在施工项目从招投标阶段开始直至项目竣工验收的全过程，它是企业全面成本管理的重要环节。因此，必须明确各级管理组织和各级人员的责任与权限，这是成本控制的基础之一，必须给予足够的重视。

(1) 施工项目成本控制的依据。主要有合同文件、成本计划、进度报告、工程变更与索赔资料。合同文件与成本计划是成本控制的目标；进度报告和工程变更与索赔资料是成本控制过程中的资料。

(2) 施工项目成本控制的程序。

第一步：收集实际成本数据。

第二步：将实际成本数据和成本计划目标进行比较，即按照某种确定的方式将施工成本计划值与实际值逐项进行比较，以发现施工成本是否已超支。

第三步：分析成本偏差及原因，即在比较的基础上，对比较的结果进行分析，以确定偏差的严重性及偏差产生的原因。这一步是施工成本控制工作的核心,其主要目的在于找出产生偏差的原因,从而采取有针对性的措施,减少或避免相同原因的再次发生或减少由此造成的损失。

第四步:采取措施纠正偏差,当工程项目的实际施工成本出现了偏差,应当根据工程的具体情况、偏差分析和预测的结果,采取适当的措施,以期达到使施工成本偏差尽可能小的目的。纠偏是施工成本控制中最具实质性的一步。只有通过纠偏,才能最终达到有效控制施工成本的目的。

第五步:必要时修改成本计划。

第六步:按照规定的时间间隔编制成本报告。

4. 施工项目成本核算

施工项目成本核算是指利用会计核算的方法对施工项目施工过程中所发生的各种消耗进行记录、分类,并采用适当的成本计算方法,计算出各个成本核算对象的总成本和单位成本的过程。它包括两个基本环节:一是按照规定的成本开支范围对施工费用进行归集,计算出施工项目施工费用的实际发生额;二是根据成本核算对象,采取适当的方法,计算出该工程项目的总成本和单位成本。施工项目成本核算所提供的各种成本信息,是成本预测、成本计划、成本控制、成本分析和考核等各个环节的依据。因此,加强施工项目成本核算工作,对降低施工项目成本、提高企业的经济效益有积极的作用。

5. 施工项目成本分析

施工项目成本分析是在施工项目成本形成过程中,对施工项目成本进行的对比评价和剖析总结工作,它贯穿于施工项目成本管理的全过程,也就是说施工项目成本分析主要利用施工项目的成本核算资料(成本信息),与目标成本(计划成本)、预算成本以及施工项目的实际成本等进行比较,了解成本的变动情况,同时也要分析主要技术经济指标对成本的影响,系统地研究成本变动的因素,检查成本计划的合理性,并通过成本分析,深入揭示成本变动的规律,寻找降低工程项目成本的途径,以有效地进行成本控制,减少施工中的浪费,促使企业和项目经理部遵守成本开支范围和财务纪律,更好地调动广大职工的积极性,加强施工项目的全员成本管理。

(1) 成本分析的基本方法。

比较法:又称"指标对比分析法",就是通过技术经济指标的对比,检查目标的完成情况,分析产生差异的原因,进而挖掘内部潜力的方法。比较法的应用形式有将实际指标与目标指标对比、本期实际指标与上期实际指标对比、与本行业平均水平和先进水平对比。

因素分析法:又称连环置换法。这种方法可用来分析各种因素对成本的影响程度。在进行分析时,首先要假定众多因素中的一个因素发生了变化,而其他因素则不变,然后逐个替换,分别比较其计算结果,以确定各个因素的变化对成本的影响程度。

【例 9-2】 某工程的材料成本资料见表 9-1,用因素分析法分析原因。

表 9-1　　　　　　　　　　　材 料 成 本 情 况 表

项目	单位	计划	实际	差异	差异率/%
工程量	m³	100	110	+10	+10.0
单位材料消耗量	kg	320	310	−10	−3.1
材料单价	元/kg	40	42	+2	+5.0
材料成本	元	1280000	1432200	+152200	+12.0

材料成本影响因素分析法见表 9-2。

表 9-2　　　　　　　　　　　材 料 成 本 影 响 因 素 分 析

计算顺序	替换因素	工程量/m³	单位材料消耗量/kg	单价/(元/kg)	成本/元	与前一次差异	差异原因
①替换基数		100	320	40.0	1280000		
②一次替换	工程量	110	320	40.0	1408000	128000	工程量增加
③二次替换	单耗量	110	310	40.0	1364000	−44000	单位耗量节约
④三次替换	单价	110	310	42.0	1432200	68200	单价提高
合计					152200		

差额计算法：是因素分析法的一种简化形式，它利用各个因素的目标值与实际值的差额来计算其对成本的影响程度。

【例 9-3】 计算：

由于工程量增加使成本增加：

$$(110-100) \times 320 \times 40 = 128000 \text{（元）}$$

由于单位耗量节约使成本降低：

$$(310-320) \times 110 \times 40 = -44000 \text{（元）}$$

由于单价提高使成本增加：

$$(42-40) \times 110 \times 310 = 68200 \text{（元）}$$

比率法：是指用两个以上的指标的比例进行分析的方法。它的基本特点是：先把对比分析的数值变成相对数，再观察其相互之间的关系。常用的比率法有相关比率法、构成比率法、动态比率法。

（2）综合成本的分析方法。

所谓综合成本，是指涉及多种生产要素，并受多种因素影响的成本费用，如分部分项工程成本分析、月（季）度成本分析、年度成本分析、竣工成本综合分析等。由于这些成本都是随着项目施工的进展而逐步形成的，与生产经营有着密切的关系，做好这些成本的分析工作，将会提高项目的经济效益。

6. 施工项目成本考核

施工项目成本考核，就是在施工项目完成后，对施工项目成本形成中的各责任者，按施工项目成本责任制的有关规定，将成本的实际指标与计划、定额、预算进行对比和考核，评定施工项目成本计划的完成情况和各责任者的业绩，并以此给以相应的奖励和处罚。通过成本考核，做到有奖有罚，赏罚分明，才能有效地调动企业的每一个职工在各自的施工岗位上努力完成目标成本的积极性，为降低施工项目成本和增加企业的积累，做出自己的贡献。

7. 整理成本资料与编制成本报告

施工项目成本控制的每一个环节结束后，项目经理部都应及时地整理成本资料，编制施工项目成本控制的中间成本报告和最终成本报告并存档备案，为以后同类项目施工的成本控制提供第一手的原始参考资料。

任 务 训 练

1. 施工成本分析是施工成本管理的主要任务之一，下列表述中正确的是（   ）。
    A. 施工成本分析的实质是在施工之前对成本进行估算
    B. 施工成本分析是指科学地预测成本水平及其发展趋势
    C. 施工成本分析是指预测成本控制的薄弱环节
    D. 施工成本分析应贯穿于施工成本管理的全过程
2. 施工成本预测的实质是在施工项目的施工之前（   ）。
    A. 对成本因素进行分析
    B. 分析可能的影响程度
    C. 估算计划与实际成本之间的可能差异
    D. 对成本进行估算
3. 施工企业在工程投标阶段编制的估算成本计划是一种（   ）成本计划。
    A. 指导性   B. 实施性   C. 作业性   D. 竞争性
4. 施工项目的成本计划按其作用可分为（   ）。
    A. 单位工程成本计划   B. 分部分项工程成本计划
    C. 竞争性成本计划   D. 指导性成本计划
    E. 实施性成本计划
5. 施工成本分析的基本方法包括（   ）等。
    A. 比较法   B. 因素分析法   C. 判断法   D. 比率法
6. 施工项目成本管理主要包含（   ）等几个方面的内容。
    A. 施工项目成本预测   B. 施工项目成本计划
    C. 施工项目成本控制   D. 施工项目成本核算
7. 商品混凝土目标成本为 443040 元，实际成本为 473697 元，比目标成本增加 30657 元，资料见下表。请分析成本增加的原因。

商品混凝土目标成本与实际成本对比表

项 目	单 位	目 标	实 际	差 额
产量	m^3	600	630	+30
单价	元	710	730	+20
损耗率	%	4	3	−1
成本	元	443040	473697	+30657

任务三 施工成本控制的方法

知识目标：熟练掌握施工成本控制的方法。
能力目标：了解施工成本控制的概念，学会施工成本控制方法。
实施过程：首先了解施工成本控制的概念；其次认识施工成本控制的依据及程序；再次认识施工成本控制的对象；最终熟练掌握施工成本控制的方法。

施工项目成本控制是施工项目成本管理的重要环节。施工项目成本控制是在满足工程承包合同条款要求的前提下，根据施工项目的成本计划，对项目施工过程中所发生的各种费用支出，采取一系列的措施来进行严格的监督和控制，及时纠正偏差，总结经验，保证施工项目成本目标的实现。

模块一 对施工现场费用进行成本控制

施工阶段是控制建设工程项目成本发生的主要阶段，它通过确定成本目标并按计划成本进行施工、资源配置，对施工现场发生的各种成本费用进行有效控制，其具体的控制方法如下。

1. 人工费的控制

（1）制定先进合理的企业内部劳动定额，严格执行劳动定额。全面推行全额计件的劳动管理办法和单项工程集体承包的经济管理办法，以不突破施工图预算人工费指标为控制目标，对各班组实行工资包干制度。认真执行按劳分配的原则，充分调动广大职工的劳动积极性，从根本上杜绝出工不出力的现象。把工程项目的进度、安全、质量等指标与定额管理结合起来，提高劳动者的综合能力，实行奖励制度。

（2）提高生产工人的技术水平和作业队的组织管理水平，根据施工进度、技术要求，合理搭配各工种工人的数量，减少和避免无效劳动。

（3）加强职工的技术培训和多种施工作业技能的培训，不断提高职工的业务技术水平和熟练操作程度，培养一专多能的技术工人，提高作业工效。提倡技术革新和推广新技术，提高技术装备水平和工厂化生产水平，提高企业的劳动生产率。

（4）实行弹性需求的劳务管理制度。对施工生产各环节上的业务骨干和基本的施工力量，要保持相对稳定。对短期需要的施工力量，要做好预测、计划管理，通过企业内部的劳务市场及外部协作队伍进行调剂。严格做到项目部的定员随工程进度要求波动，进行弹性管理。要打破行业、工种界限，提倡一专多能，提高劳动力的利用效率。

2. 材料费的控制

材料费控制同样按照"量价分离"原则，控制材料用量和材料价格。

（1）材料用量的控制。

在保证符合设计要求和质量标准的前提下，合理使用材料，通过定额管理、计量管理等手段有效控制材料物资的消耗。

定额控制：对于有消耗定额的材料，以消耗定额为依据，实行限额发料制度。在规定限额内分期分批领用，超过限额领用的材料，必须先查明原因，经过一定审批手续方可领料。

指标控制：对于没有消耗定额的材料，则实行计划管理和按指标控制的办法。根据以往项目的实际耗用情况，结合具体施工项目的内容和要求，制定领用材料指标，以控制发料。超过指标的材料，必须经过一定的审批手续方可领用。

计量控制：准确做好材料物资的收发计量检查和投料计量检查。

包干控制：在材料使用过程中，对部分小型及零星材料（如钢钉、钢丝等）根据工程量计算出所需材料量，将其折算成费用，由作业者包干控制。

（2）材料价格的控制。

材料价格主要由材料采购部门控制。由于材料价格是由买价、运杂费、运输中的合理损耗等所组成，因此控制材料价格，主要是通过掌握市场信息，应用招标和询价等方式控制材料、设备的采购价格。施工项目的材料物资，包括构成工程实体的主要材料和结构件，以及有助于工程实体形成的周转使用材料和低值易耗品。从价值角度看，材料物资的价值约占建筑安装工程造价的60%甚至70%以上，其重要程度自然是不言而喻。由于材料物资的供应渠道和管理方式各不相同，所以控制的内容和所采取的控制方法也将有所不同。

3. 施工机械使用费的控制

合理选择施工机械设备，合理使用施工机械设备对成本控制具有十分重要的意义，尤其是高层建筑施工。据某些工程实例统计，高层建筑地面以上部分的总费用中，垂直运输机械费用占6%~10%。施工机械使用费主要由台班数量和台班单价两方面决定，为有效控制施工机械使用费支出，主要从以下几个方面进行控制：

（1）控制台班数量。

根据施工方案和现场实际，选择适合项目施工特点的施工机械，制定设备需求计划，合理安排施工生产，充分利用现有机械设备，加强内部调配提高机械设备的利用率。保证施工机械设备的作业时间，安排好生产工序的衔接，尽量避免停工窝工，尽量减少施工中所消耗的机械台班数量。核定设备台班定额产量，实行超产奖励办法，加快施工生产进度，提高机械设备单位时间的生产效率和利用率。加强设备租赁计划管理，减少不必要的设备闲置和浪费，充分利用社会闲置机械资源。

（2）控制台班单价。

加强现场设备的维修、保养工作，降低大修、经常性修理等各项费用的开支，提高机械设备的完好率，最大限度地提高机械设备的利用率。加强机械操作人员的培训工作，不断提高操作技能，提高施工机械台班的生产效率。加强配件的管理，建立健全配件领发料制度，严格按油料消耗定额控制油料消耗。降低材料成本，严把施工机械配件和工程材料采购关，尽量做到工程项目所进材料质优价廉。成立设备管理领导小组，负责设备调度、检查、维修、评估等具体事宜。对主要部件及其保养情况建立档案，分清责任，便于尽早发现问题，找到解决问题的办法。

模块二　用价值工程原理进行成本控制

价值工程，又称价值分析，是一门技术与经济相结合的现代化管理科学。它以产品或作业的功能分析为核心，以提高产品或作业的价值为目的，力求以最低的寿命周期成本实现产品或作业的必要功能的一项有组织的创造性活动。

价值工程在建设工程项目成本控制中的应用应从控制项目的寿命周期费用出发，结合施工，研究工程设计的技术经济的合理性，探索有无改进的可能。具体地说，就是应用价值工程，分析功能与成本的关系，以提高项目的价值系数；同时，通过价值分析来发现并消除工程设计中的不必要功能，达到降低成本、降低投资的目的。

结合价值工程活动，制定技术先进、经济合理的施工方案，实现施工项目成本控制。通过价值工程活动，进行技术经济分析，确定最佳施工方法。

结合施工方法，进行材料使用的比选。在满足功能要求的前提下，通过代用、改变配合比、使用添加剂等方法降低材料消耗。

结合施工方法，进行机械设备选型，确定最合适的机械设备的使用方案。如机械要选择功能相同、台班费最低或台班费相同、功能最高的机械；模板要联系结构特点，在组合钢模、大钢模、滑模中选择最适合的一种。

通过价值工程活动，结合项目的施工组织设计和所在地的自然地理条件，对降低材料的库存成本和运输成本进行分析，以确定最节约的材料采购方案和运输方案，以及最合理的材料储备。

模块三　用赢得值法进行成本控制

赢得值法（又称偏差分析方法）是对建设工程项目进度、成本进行综合控制的一种有效方法。赢得值法通过测量和计算已完成工作的预算成本、已完成工作的实际成本和计划工作的预算成本，得到有关计划实施的进度和费用偏差，从而达到判断项目执行的状况。

1. 基本参数

赢得值法的三个基本参数：

（1）计划工作的预算成本（budgeted cost for work scheduled，BCWS）：是指项目实施过程中某阶段要求完成的工作量所需的预算费用，用费用反映进度计划应当完成的工作量，即为

$$BCWS=计划工作量×预算定额$$

（2）已完成工作的实际成本（actual cost for work performed，ACWP）：是指项目实施过程中某阶段实际完成的工作量所花费的成本，即

$$ACWP=已完工作量×实际单价$$

（3）已完工作的预算成本（budgeted cost for work performed，BCWP）：是指项目实施过程中某阶段实际完成的工作量及按照预算定额计算出的费用，即

$$BCWP=已完工作量×预算定额$$

2. 分析步骤

(1) 项目预算和计划。

首先要制定详细的项目预算，把预算分解到每个分项工程，尽量分解到详细的实物工作量层次，为每个分项工程建立总预算成本。项目预算的第二步是将每一分项工程总预算成本分配到各分项工程的整个工期中去。每期的成本计划依据各分项工程的各分项工作量进度计划来确定。当每一分项工程所需完成的工程量分配到工期的每个时段，就能确定何时需用多少预算。这一数字通过截至某期的过去每期预算成本累加得出，即累计计划预算成本 BCWS。

(2) 收集实际成本。

项目执行过程中，会通过合同委托每一工作包的工作给相关承包商。合同工程量及价格清单形成承包款项。承包商在完成相应工作包的实物工作量以后，会按合同进行进度支付。在项目每期对已发生成本进行汇总，即累计已完工作量与合同单价之积，就形成了累计实际成本 ACWS。

(3) 计算赢得值。

如前所述，仅监控以上两个参数并不能准确地估计项目的状况，有时甚至会导致错误的结论和决策。赢得值 BCWP 是整个项目期间必须确定的重要参数。

3. 计算指标

通过以上三个基本参数，计算以下指标。

(1) 费用偏差（cost variance，CV）：是指检查期间 BCWP 与 ACWP 之间的差异。CV=BCWP－ACWP。当 CV<0，表明执行效果不佳，即超支；当 CV>0，表明实际成本低于预算成本，即有节余或效率高。

(2) 进度偏差（schedule variance，SV）：是指检查日期 BCWP 与 BCWS 之间的差异。SV=BCWP－BCWS。当 SV<0，表明进度延误；当 SV>0，表明进度提前。

(3) 费用执行指标（cost performance index，CPI）：是指赢得值与实际成本之比。CPI=BCWP/ACWP，当 CPI<1，表明超出预算；当 CPI>1，表明低于预算。

(4) 进度执行指标（schedule performance index，SPI）：是指项目赢得值与计划值之比。SPI=BCWP/BCWS。当 SPI<1，表明进度延迟；当 SPI>1，表明进度提前。

要做好成本、进度综合控制，应十分关注 CPI 或 CV 的走势，当 CPI<1 或逐渐变小、CV 为负且绝对值越大时，就应该及时制定纠偏措施并加以实施。应集中注意那些有负成本差异的工作包或分项工程，根据 CPI 或 CV 值确定采取纠正措施的优先权，也就是说，CPI 最小或 CV 负值且绝对值最大的工作包或分项工程应该给予最高优先权。

【例 9-4】 某大楼施工项目各项费用进行仔细分析之后，最终制定的各项工作的费用预算修正结果见表 9-2。该项目经过一段时间的实施以后，现在到了第 20 个月，在第 20 个月的月初对项目前 19 个月的实施情况进行了总结，有关项目各项工作在前 19 个月的执行情况也汇总在表 9-3 中。

任务三　施工成本控制的方法

表 9-3　　　　项目各项工作费用预算及前 19 个月计划与执行情况统计

代号	工作名称	预算费用/千元	实际完成的百分比/%	实际消耗费用/千元	已完工作预算费用/千元
A	总体设计	350	100	380	350
B	土建工程施工	8000	100	7500	8000
C	电源工程施工	900	100	800	900
D	电梯工程施工	3000	100	3100	3000
E	消防工程施工	600	80	510	480
F	装修工程施工	3500	100	3500	3500
G	场地附属工程施工	600	100	550	600
H	土建工程验收	550	100	500	550
I	电源工程验收	200	85	190	170
J	电梯工程验收	350	80	300	280
K	消防工程验收	400	70	300	280
L	装修工程验收	600	60	420	360
合计		19050		18050	18470

根据表 8.4 可知，到 19 个月时，BCWP＝18470 千元；BCWS＝19050 千元；ACWP＝18050 千元。

故本项目费用偏差 CV＝BCWP－ACWP＝18470－18050＝420(千元)，费用节约；进度偏差 SV＝BCWP－BCWS＝18470－19050＝－580(千元)，进度拖延。

【例 9-5】　某建设工程项目有 2000m^2 缸砖面层地面的施工任务，交由某分包商承担，计划于 6 个月内完成，计划的各工作项目单价和计划完成的工作量见表 9-4，该工程进行了 3 个月以后，发现某些工作项目实际已完成的工作量及实际单价与原计划有偏差，其数值见表 9-4。(说明：各工作项目在三个月内均是以等速、等值进行的。)

表 9-4　　　　　　　　　工　作　量　表

工作项目名称	平整场地	室内夯填土	垫层	缸砖面砂浆结合	踢脚
单位	100m^2	100m^2	10m^2	100m^2	100m^2
计划工作量（3 个月）	150	20	60	100	13.55
计划单价/元	16	46	450	1520	1620
已完成工作量（3 个月）	150	18	48	70	9.5
实际单价/元	16	46	450	1800	1650

问题：

试计算出并用表格法列出至第三个月末时各工作的计划工作预算费用（BCWS）、已完工作预算费用（BCWP）、已完工作实际费用（ACWP），并分析费用局部偏差值、费用绩效指数 CPI、进度局部偏差值以及费用累计偏差和进度累计偏差。

【解】 用表格法分析费用偏差，见表9-5。

表9-5　　　　　　　表格法表示的费用及进度偏差分析表

(1) 项目编码		001	002	003	004	005	总计
(2) 项目名称		平整场地	室内夯填土	垫层	缸砖面结合	踢脚	
(3) 单位		100m²	100m²	10m²	100m²	100m²	
(4) 计划工作量（3个月）	(4)	150	20	60	100	13.55	
(5) 计划单价/元	(5)	16	46	450	1520	1620	
(6) 计划工作预算费用（BCWS）	(6)=(4)×(5)	2400	920	27000	152000	21951	204271
(7) 已完成工作量（3个月）	(7)	150	18	48	70	9.5	
(8) 已完工作预算费用（BCWP）	(8)=(7)×(5)	2400	828	21600	106400	15390	146618
(9) 实际单价/元	(9)	16	46	450	1800	1650	
(10) 已完工作实际费用（ACWP）	(10)=(7)×(9)	2400	828	21600	126000	15675	166503
(11) 费用局部偏差	(11)=(8)-(10)	0	0	0	-19600	-285	
(12) 费用绩效指数（CPI）	(12)=(8)÷(10)	1.0	1.0	1.0	0.847	0.98	
(13) 费用累计偏差	(13)=∑(11)	-19885					
(14) 进度局部偏差	(14)=(8)-(6)	0	-92	-5400	-45600	-6561	
(15) 进度累计偏差	(15)=∑(14)	-57653					

任　务　训　练

1. 请叙述在施工过程中，人工费、机械费的控制方法有哪些。

2. 判断：赢得值法是对建设工程项目进度、成本进行综合控制的一种有效方法。（　　）

3. 赢得值法的三个基本参数是（　　）。

　　A. BCWS　　　　B. ACWP　　　　C. ACWS　　　　D. BCWP

4. 案例分析：某承包商承包某水电工程。该工程工程量清单中的"模板"工作项目为一项350m²的混凝土模板支撑工作。承包商在其中标的报价书中指明，计划用工210h，工效210工时/350m²＝0.6工时/m²，每小时工资6.0元。合同规定模板材料（木材）由业主供应，但在施工过程中，由于业主供应木材不及时，影响了承包商支模工作效率，完成350m²的支模工作实际用工265个工时，其中加班55工时，加班工资实际按照7.5元/h支出，工期没有造成拖延。承包商提交了施工索赔报告，要求赔偿。

试通过对该承包施工项目的计划成本、实际成本的分析计算，确定承包商应得到多少赔偿款额。

任务四 施工成本管理的措施

知识目标：学会运用降低施工成本的措施。
能力目标：熟练运用现场施工中，有效降低施工成本的措施。

模块一 施工成本管理措施

为了取得施工成本管理的理想成效，应当从多方面采取措施实施管理，通常可以将这些措施归纳为组织措施、技术措施、经济措施、合同措施。

1. 组织措施

组织措施是从施工成本管理的组织方面采取的措施。施工成本控制是全员的活动，如实行项目经理责任制。落实施工成本管理的组织机构和人员，明确各级施工成本管理人员的任务和职能分工、权力和责任。施工成本管理不仅是专业成本管理人员的工作，各级项目管理人员都负有成本控制责任。

组织措施是编制施工成本控制工作计划、确定合理详细的工作流程。要做好施工采购规划，通过生产要素的优化配置、合理使用、动态管理，有效控制实际成本；加强施工定额管理和施工任务单管理，控制活劳动和物化劳动的消耗；加强施工调度，避免因施工计划不周和盲目调度造成窝工损失、机械利用率降低、物料积压等而使施工成本增加。成本控制工作只有建立在科学管理的基础之上，具备合理的管理体制，完善的规章制度，稳定的作业秩序，完整准确的信息传递，才能取得成效。组织措施是其他各类措施的前提和保障。而且一般不需要增加额外的费用，运用得当可以收到良好的效果。

2. 技术措施

施工过程中降低成本的技术措施，包括：进行技术经济分析，确定最佳的施工方案；结合施工方法，进行材料使用的比选，在满足功能要求的前提下，通过代用、改变配合比、使用外加剂等方法降低材料消耗的费用；确定最合适的施工机械、设备使用方案；结合项目的施工组织设计及自然地理条件，降低材料的库存成本和运输成本；应用先进的施工技术，运用新材料，使用新开发机械设备等。在实践中，也要避免仅从技术角度选定方案而忽视对其经济效果的分析论证。

技术措施不仅对解决施工成本管理过程中的技术问题是不可缺少的，而且对纠正施工成本管理目标偏差也有相当重要的作用。因此，运用技术纠偏措施的关键，一是要能提出多个不同的技术方案；二是要对不同的技术方案进行技术经济分析。

3. 经济措施

经济措施是最易为人们所接受和采用的措施。管理人员应编制资金使用计划，确定、分解施工成本管理目标。对施工成本管理目标进行风险分析，并制定防范性对策。对各种支出，应认真做好资金的使用计划，并在施工中严格控制各项开支。及时准确地记录、收集、整理、核算实际发生的成本。对各种变更，及时做好增减账，及时落实业主签证，及时结算工程款。通过偏差分析和未完工工程预测，可发现一些潜在的可能引起未完工程施工成本增加的问题，对这些问题应以主动控制为出发点，及时采取预防措施。由此可见，经济措施的运用绝不仅仅是财务人员的事情。

4. 合同措施

采用合同措施控制施工成本，应贯穿整个合同周期，包括从合同谈判开始到合同终结的全过程。首先是选用合适的合同结构，对各种合同结构模式进行分析、比较，在合同谈判时，要争取选用适合于工程规模、性质和特点的合同结构模式。其次，在合同的条款中应仔细考虑一切影响成本和效益的因素，特别是潜在的风险因素。通过对引起成本变动的风险因素的识别和分析，采取必要的风险对策，如通过合理的方式，增加承担风险的个体数量，降低损失发生的比例，并最终使这些策略反映在合同的具体条款中。在合同执行期间，合同管理的措施既要密切注视对方合同执行的情况，以寻求合同索赔的机会；同时也要密切关注自己履行合同的情况，以防被对方索赔。

模块二　施工成本降低的措施

降低施工项目成本的途径，应该是既开源又节流，或者说既增收又节支。只开源不节流，或者只节流不开源，都不可能达到降低成本的目的，至少不会有理想的降低成本效果。

1. 认真会审图纸，积极提出修改意见

在项目建设过程中，施工单位必须按图施工。但是，图纸是由设计单位按照用户要求和项目所在地的自然地理条件（如水文地质情况等）设计的，其中起决定作用的是设计人员的主观意图，很少考虑为施工单位提供方便，有时还可能给施工单位出些难题。因此，施工单位应该在满足用户要求和保证工程质量的前提下，联系项目施工的主客观条件，对设计图纸进行认真的会审，并提出积极的修改意见，在取得用户和设计单位的同意后，修改设计图纸，同时办理增减账。

在会审图纸的时候，对于结构复杂、施工难度高的项目，更要加倍认真，并且要从既方便施工、有利于加快工程进度和保证工程质量，又能降低资源消耗、增加工程收入等方面综合考虑，提出有科学根据的合理化建议，争取业主和设计单位的认同。

2. 加强合同预算管理，增创工程预算收入

深入研究招标文件、合同内容，正确编制施工图预算。在编制施工图预算的时候，要充分考虑可能发生的成本费用，包括合同规定的属于包干（闭口）性质的各项定额外补贴，并将其全部列入施工图预算，然后通过工程款结算向甲方取得补偿。也就是：凡是政策允许的，要做到该收的点滴不漏，以保证项目的预算收入。我们称这种方法为"以文定收"。但有一个政策界限，不能将项目管理不善造成的损失也列入施工图预算，更不允许违反政策向甲方高估冒算或乱收费。

把合同规定的"开口"项目作为增加预算收入的重要方面。一般来说，按照设计图纸和预算定额编制的施工图预算，必须受预算定额的制约，很少有灵活伸缩的余地；而"开口"项目的取费则有比较大的潜力，是项目创收的关键。

【例 9-6】 合同规定，待图纸出齐后，由甲乙双方共同制定加快工程进度、保证工程质量的技术措施，费用按实结算。按照这一规定，项目经理和工程技术人员应该联系工程特点，充分利用自己的技术优势，采用先进的新技术、新工艺和新材料，经甲方签证后实施。这些措施，应符合既能为施工提供方便，有利于加快施工进度，又能提高工程质量，还能增加预算收入。

【例 9-7】 合同规定，预算定额缺项的项目，可由乙方参照相近定额，经监理师复核后报甲方认可。这种情况，在编制施工图预算时是常见的，需要项目预算员参照相近定额进行换算。在定额换算的过程中，预算员就可根据设计要求，充分发挥自己的业务技能，提出合理的换算依据，以此来摆脱原有的定额偏低的约束。

3. 根据工程变更资料，及时办理增减账

由于设计、施工和甲方使用要求等种种原因，工程变更是项目施工过程中经常发生的事情，是不以人们的意志为转移的。随着工程的变更，必然会带来工程内容的增减和施工工序的改变，从而也必然会影响成本费用的支出。因此，项目承包方应就工程变更对既定施工方法、机械设备使用、材料供应、劳动力调配和工期目标等的影响程度，以及为实施变更内容所需要的各种资源进行合理估价。及时办理增减账手续，并通过工程款结算从甲方取得补偿。

4. 制订先进的、经济合理的施工方案

施工方案主要包括四项内容：施工方法的确定、施工机具的选择、施工顺序的安排和流水施工的组织。施工方案的不同，工期就会不同，所需机具也不同，因而发生的费用也会不同。因此，正确选择施工方案是降低成本的关键所在。

制订施工方案要以合同工期和上级要求为依据，联系项目的规模、性质、复杂程度、现场条件、装备情况、人员素质等因素综合考虑。可以同时制订几个施工方案，倾听现场施工人员的意见，以便从中优选最合理、最经济的一个。

必须强调，施工项目的施工方案，应该同时具有先进性和可行性。如果只先进不可行，不能在施工中发挥有效的指导作用，那就不是最佳施工方案。

5. 落实技术组织措施

落实技术组织措施，走技术与经济相结合的道路，以技术优势来取得经济效益，是降低项目成本的又一个关键。一般情况下，项目应在开工以前根据工程情况制订技术组织措施计划，作为降低成本计划的内容之一列入施工组织设计。在编制月度施工作业计划的同时，也可按照作业计划的内容编制月度技术组织措施计划。

为了保证技术组织措施计划的落实，并取得预期的效果，应在项目经理的领导下明确分工：由工程技术人员定措施，材料人员供材料，现场管理人员和生产班组负责执行，财务成本员结算节约效果，最后由项目经理根据措施执行情况和节约效果对有关人员进行奖励，形成落实技术组织措施的一条龙。

必须强调，在结算技术组织措施执行效果时，除要按照定额数据等进行理论计算外，还要做好节约实物的验收，防止"理论上节约、实际上超用"的情况发生。

6. 组织均衡施工，加快施工进度

凡是按时间计算的成本费用，如项目管理人员的工资和办公费，现场临时设施费和水电费，以及施工机械和周转设备的租赁费等，在加快施工进度、缩短施工周期的情况下，都会有明显的节约。除此之外，还可从业主那里得到一笔相当可观的提前竣工奖。因此，加快施工进度也是降低项目成本的有效途径之一。

为了加快施工进度，将会增加一定的成本支出。例如，在组织两班制施工的时候，需要增加夜间施工的照明费、夜点费和工效损失费；同时，还将增加模板的使用量和租赁费。因此，在签订合同时，应根据用户和赶工要求，将赶工费列入施工图预算。如果事先并未明确，而由用户在施工中临时提出的赶工要求，则应请用户签证，费用按实结算。

任 务 训 练

1. 请简述施工成本降低的措施有哪些。
2. 请写出施工成本管理的措施。

项目十　水利工程施工风险与健康管理

项目重点：水利工程施工风险等级，施工风险管理的工作流程。

教学目标：了解职业健康安全管理的定义，理解职业健康安全管理的特点，熟悉职业健康安全管理体系的建立步骤。理解施工风险、风险量和风险等级的概念，了解施工风险的类型和施工风险管理的工作流程。

项目引入：党的二十大报告指出，要坚持"安全第一、预防为主"，建立大安全大应急框架，完善公共安全体系，推动公共安全治理模式向事前预防转型，推进安全生产风险专项整治，加强重点行业、重点领域安全监管。南水北调工程是我国战略性工程，是优化水资源配置、保障群众饮水安全、复苏河湖生态环境、畅通南北经济循环的生命线和大动脉，工程涉及水资源调配、环境保护、社会稳定等多方面风险，通过建立风险评估体系、制定应急预案、加强监测和预警、采用先进的技术和材料等方式提高了工程的安全性和可靠性，南水北调东中线工程通水以来，提升了沿线群众饮水质量和安全水平，助推了华北地区生态修复与地下水超采综合治理，推动了水源区和受水区绿色发展，发挥了巨大的社会效益、经济效益、生态效益。

任务一　施工风险管理

知识目标：理解施工风险、风险量和风险等级的概念，了解施工风险的类型和施工风险管理的工作流程。

能力目标：能判断出风险的类型，叙述出风险的工作流程。

模块一　风险、风险量和风险等级

风险就是发生不幸事件的概率，风险表现为损失的不确定性，说明风险只能表现出损失，没有从风险中获利的可能性。对建设工程项目管理而言，风险是指可能出现的影响项目目标实现的不确定因素。

风险量反映不确定的损失程度和损失发生的概率。若某个可能发生的事件其可能的损失程度和发生的概率都很大，则其风险量就很大，如图 10-1 中的风险区 A。若某事件经过风险评估，它处于风险区 A，则应采取措施，降低其概率，即它移位至风险区 B；或采取措施降低其损失量，以使它移位至风险区 C。风险区 B 和 C 的事件则应采取措施，

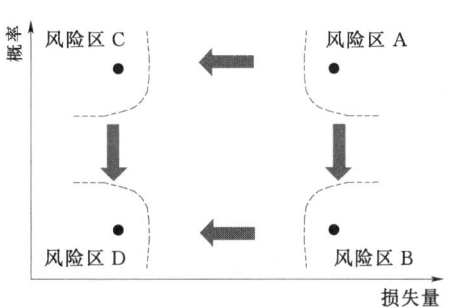

图 10-1　事件风险量的区域

使其移位至风险区 D。

在《建设工程项目管理规范》（GB/T 50326—2017）的条文说明中所列风险等级评估见表 10-1。

表 10-1　　　　　　　　　　　　风 险 等 级 评 估 表

可能性 \ 后果（风险等级）	轻度损失	中度损失	重大损失
很大	3	4	5
中等	2	3	4
极小	1	2	3

按表 10-1 的风险等级划分，图 10-1 中的各风险区的风险等级如下：
(1) 风险区 A——5 等风险。
(2) 风险区 B——3 等风险。
(3) 风险区 C——3 等风险。
(4) 风险区 D——1 等风险。

模块二　水利工程施工风险的类型

建设工程项目的各参与方都应建立风险管理体系，明确各层管理人员的相应管理责任，以减少项目实施过程中的不确定因素对项目的影响。建设工程项目的风险类型有很多种分类方法，以下就构成风险的因素进行分类：

(1) 组织风险主要包括：①组织结构模式；②工作流程组织；③任务分工和管理职能分工；④业主方（包括代表业主利益的项目管理方）人员的构成和能力；⑤设计人员和监理工程师的能力；⑥承包方管理人员和一般技工的知识、经验和能力；⑦施工机械操作人员的知识、经验和能力；⑧损失控制和安全管理人员的知识、经验和能力等。

(2) 经济与管理风险主要包括：①宏观和微观经济情况；②工程资金供应的条件；③合同风险；④现场与公用防火设施的可用性及其数量；⑤事故防范措施和计划；⑥人身安全控制计划；⑦信息安全控制计划等。

(3) 工程环境风险主要包括：①自然灾害；②岩土地质条件和水文地质条件；③气象条件；④引起火灾和爆炸的因素等。

(4) 技术风险主要包括：①工程勘测资料和有关文件；②工程设计文件；③工程施工方案；④工程物资；⑤工程机械等。

模块三　施工风险管理的工作流程

风险管理就是一个识别、确定和度量风险，并制定、选择和实施风险处理方案的过程。风险管理是为了达到一个组织的既定目标，而对组织所承担的各种风险进行管理的系统过程，其采取的方法应符合公众利益、人身安全、环境保护以及有关法规的要求。风险管理包括策划、组织、领导、协调和控制等方面的工作。

风险管理过程包括项目实施全过程的项目风险识别、项目风险评估、项目风险响应和项目风险控制。

1. 项目风险识别

项目风险识别的任务是识别项目实施过程存在哪些风险,其工作程序如下:

(1) 收集与项目风险有关的信息。

(2) 确定风险因素。

(3) 编制项目风险识别报告。

风险识别是一项复杂的工作,通常可采用文件审查、信息采集技术、核对表分析、假设分析、图形技术等方法。通过风险识别,我们可以得到风险清单、可能的应对措施、风险因素、更新的风险分类等结果。

2. 项目风险评估

项目风险评估是在风险识别之后,通过对项目所有不确定性和风险要素的充分、系统而又有条理地考虑,确定项目的单个风险,然后对项目风险进行综合评价。它是在对项目风险进行规划、识别和估计的基础上,通过建立风险的系统模型,从而找到该项目的关键风险,确定项目的整体风险水平,为如何处置这些风险提供科学依据,以保障项目的顺利进行。项目风险评估包括以下工作:

(1) 利用已有数据资料(主要是类似项目有关风险的历史资料)和相关专业方法分析各种风险因素发生的概率。

(2) 分析各种风险的损失量,包括可能发生的工期损失、费用损失,以及对工程的质量、功能和使用效果等方面的影响。

(3) 根据各种风险发生的概率和损失量,确定各种风险的风险量和风险等级。

3. 项目风险响应

风险响应指的是针对项目风险而采取的相应对策。常用的风险对策包括风险规避、减轻、自留、转移及其组合等策略。对难以控制的风险,向保险公司投保是风险转移的一种措施。

项目风险对策应形成风险管理计划,具体包括如下内容:

(1) 风险管理目标。

(2) 风险管理范围。

(3) 可使用的风险管理方法、工具以及数据来源。

(4) 风险分类和风险排序要求。

(5) 风险管理的职责和权限。

(6) 风险跟踪的要求。

(7) 相应的资源预算。

4. 项目风险控制

风险控制是指风险管理者采取各种措施和方法,消灭或减少风险事件发生的各种可能性,或者减少风险事件发生时造成的损失。

任 务 训 练

1. 按照《建设工程项目管理规范》(GB/T 50326—2017)中风险评估等级,下图所示事件风险量区域中，风险等级最低的区域是（　　）。

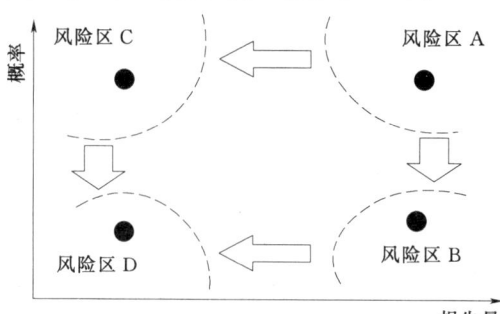

A. 风险区 A　　　　B. 风险区 B　　　　C. 风险区 C　　　　D. 风险区 D

2. 根据《建设工程项目管理规范》（GB/T 50326—2017），对于预计后果为中度损失和发生可能性为中等的风险，应列为（　　）等风险。

A. 2　　　　B. 4　　　　C. 5　　　　D. 3

3. 建设工程施工风险管理过程中，风险识别的工作有（　　）。

A. 确定风险因素
B. 收集与施工风险相关的信息
C. 分析各种风险的损失量
D. 分析各种风险因素发生的概率
E. 编制施工风险识别报告

4. 下列风险因素中，属于组织风险的是（　　）。

A. 工程资金供应的条件
B. 现场防火设施的可用性
C. 施工方案
D. 业主方人员的能力

任务二　施工职业健康管理

知识目标：了解职业健康安全管理的定义，理解职业健康安全管理的特点，熟悉职业健康安全管理体系的建立步骤。

能力目标：能按正确步骤建立施工职业健康安全管理体系。

随着人类社会进步和科技发展，职业健康安全的问题越来越受关注。为了保证劳动者在劳动生产过程中的健康安全，必须加强施工职业健康安全管理。

模块一　职业健康安全管理体系

1. 职业健康安全管理体系标准

职业健康安全管理体系的作用是为管理职业健康安全风险和机遇提供一个框架。职业健康安全管理体系的目的和预期结果是防止对工作人员造成与工作相关的伤害和健康损害，并提供健康安全的工作场所；因此，对组织而言，采取有效的预防和保护措施以消除危险源和最大限度地降低职业健康安全风险至关重要。组织通过其职业健康安全管理体系应用这些措施时，能够提高其职业健康安全绩效。如果及早采取措施以把握改进职业健康安全绩效的机会，职业健康安全管理体系将会更加有效和高效。

《职业健康安全管理体系 要求及使用指南》（GB/T 45001—2020）是我国职业健康安全管理体系领域最新的国家标准，等同采用《职业健康安全管理体系 要求及使用指南》（ISO 45001：2018）。实施符合本标准的职业健康安全管理体系，能使组织管理其职业健康安全风险并提升其职业健康安全绩效。职业健康安全管理体系可有助于组织满足法律法规要求和其他要求。

2. 建设工程职业健康安全管理的目的

职业健康安全管理的目的是在生产活动中，通过职业健康安全生产的管理活动，进行对影响生产的具体因素的状态控制，使生产因素中的不安全行为和状态减少或消除，且不引发事故，以保证生产活动中人员的健康和安全。对于建设工程项目，职业健康安全管理的目的是防止和减少生产安全事故、保护产品生产者的健康与安全、保障人民群众的生命和财产免受损失；控制影响工作场所内员工、临时工作人员、合同方人员、访问者和其他有关部门人员健康和安全的条件和因素；考虑和避免因管理不当对员工健康和安全造成的危害。

模块二　职业健康安全管理的特点和要求

1. 建设工程职业健康安全管理的特点

依据建设工程产品的特性，建设工程职业健康安全管理有以下特点：

（1）复杂性。建设项目的职业健康安全管理涉及大量的露天作业，受到气候条件、工程地质和水文地质、地理条件和地域资源等不可控因素的影响较大。

（2）多变性。一方面是项目建设现场材料、设备和工具的流动性大；另一方面由于技术进步，项目不断引入新材料、新设备和新工艺，这都加大了相应的管理难度。

（3）协调性。项目建设涉及的工种甚多，包括大量的高空作业、地下作业、用电作业、爆破作业、施工机械、起重作业等较危险的工程，并且各工种经常需要交叉或平行作业。

（4）持续性。项目建设一般具有建设周期长的特点，从设计、实施直至投产阶段，诸多工序环环相扣。前一道工序的隐患，可能在后续的工序中暴露，酿成安全事故。

（5）经济性。产品的时代性、社会性与多样性决定环境管理的经济性。

2. 建设工程职业健康安全管理的要求

（1）建设工程项目决策阶段。建设单位应按照有关建设工程法律法规的规定和强制性标准的要求，办理各种有关安全与环境保护方面的审批手续。

（2）工程设计阶段。在进行工程设计时，设计单位应当考虑施工安全和防护需要，对涉及施工安全的重点部分和环节在设计文件中应进行注明，并对防范生产安全事故提出指导意见。对于采用新结构、新材料、新工艺的建设工程和特殊结构的建设工程，设计单位应在设计中提出保障施工作业人员安全和预防生产安全事故的措施建议。

（3）工程施工阶段。建设单位在申请领取施工许可证时，应当提供建设工程有关安全施工措施的资料。对于依法批准开工的建设工程，建设单位应当自开工报告批准之日起 15 日内，将保证安全施工的措施报送建设工程所在地的县级以上人民政府水行政主管部门或者其他有关部门备案。

施工企业在其经营生产的活动中必须对本企业的安全生产负全面责任。企业的代表人是安全生产的第一负责人，项目经理是施工项目生产的主要负责人。施工企业应当具备安全生产的资质条件，取得安全生产许可证的施工企业应设立安全机构，配备合格的安全人员，提供必要的资源；要建立健全职业健康安全体系以及有关的安全生产责任制和各项安全生产规章制度。对项目要编制切合实际的安全生产计划，制定职业健康安全保障措施；实施安全教育培训制度，不断提高员工的安全意识和安全生产素质。

建设工程实行总承包的，由总承包单位对施工现场的安全生产负总责并自行完成工程主体结构的施工。分包单位应当接受总承包单位的安全生产管理，分包合同中应当明确各自的安全生产方面的权利、义务。分包单位不服从管理导致生产安全事故的，由分包单位承担主要责任，总承包和分包单位对分包工程的安全生产承担连带责任。

模块三　职业健康安全管理体系的建立和运行

1. 职业健康安全管理体系的建立步骤

（1）领导决策。最高管理者亲自决策，以便获得各方面的支持和在体系建立过程中所需的资源保证。

（2）成立工作组。最高管理者或授权管理者代表成立工作小组负责建立体系。工作小组的成员要覆盖组织的主要职能部门，组长最好由管理者代表担任，以保证小组对人力、资金、信息的获取。

（3）人员培训。培训的目的是使有关人员了解建立体系的重要性，了解标准的主要思想和内容。

（4）初始状态评审。初始状态评审是对组织过去和现在的职业健康安全的信息、状态进行收集、调查分析、识别和获取现有的适用的法律法规和其他要求，进行危险源辨识和风险评价、识别。评审的结果将作为确定职业健康安全方针、制定管理方案、编制体系文件的基础。初始状态评审的内容包括：辨识工作场所中的危险源因素；明确适用的有关职业健康安全法律、法规和其他要求；评审组织现有的管理制度，并与标准进行对比；评审过去的事故，进行分析评价，以及检查组织是否建立了处罚和预防措施；了解相关方对组织在职业健康安全管理工作的看法和要求。

（5）制定方针、目标、指标和管理方案。方针是组织对其职业健康安全行为的原则和意图的声明，也是组织自觉承担其责任和义务的承诺。方针不仅为组织确定了总的指导方向和行动准则，而且是评价一切后续活动的依据，并为更加具体的目标和指标提供一个框架。管理方案是实现目标、指标的行动方案。为保证职业健康安全管理体系目标的实现，需结合年度管理目标和企业客观实际情况，策划制定职业健康安全管理方案，方案中应明确旨在实现目标指标的相关部门的职责、方法、时间表以及资源的要求。

（6）管理体系策划与设计。体系策划与设计是依据制定的方针、目标和指标、管理方案确定组织机构职责和筹划各种运行程序。

（7）体系文件编写。体系文件包括管理手册、程序文件、作业文件三个层次。

（8）文件的审查、审批和发布。文件编写完成后应进行审查，经审查、修改、汇总后进行审批，然后发布。

2. 职业健康安全管理体系的运行

（1）管理体系的运行。体系运行是指按照已建立体系的要求实施，其实施的重点围绕培训意识和能力，信息交流，文件管理，执行控制程序，监测，不符合、纠正和预防措施，记录等活动推进体系的运行工作。

（2）管理体系的维持。

1）内部审核。内部审核是组织对其自身的管理体系进行的审核，是对体系是否正常进行以及是否达到了规定的目标所做的独立的检查和评价，是管理体系自我保证和自我监督的一种机制。内部审核要明确提出审核的方式方法和步骤，形成审核日程计划，并发至相关部门。

2）管理评审。管理评审是由组织的最高管理者对管理体系的系统评价，判断组织的管理体系面对内部情况的变化和外部环境是否充分适应有效，由此决定是否对管理体系作出调整，包括方针、目标、机构和程序等。

3）合规性评价。为了履行对合规性承诺，合规性评价分公司级和项目组级评价两个层次进行。

各级合规性评价后，对不能充分满足要求的相关活动或行为，通过管理方案或纠正措施等方式进行逐步改进。上述评价和改进的结果，应形成必要的记录和证据，作为管理评审的输入信息。

任 务 训 练

1. 简述职业健康安全管理的特点有哪些。
2. 叙述职业健康安全管理体系的建立步骤。

项目十一　水利工程施工安全与环保管理

项目重点：施工安全控制的程序、要求、方法、技术措施与安全检查，环境安全控制的意义、组织管理、污染防治。

教学目标：熟悉施工安全的特点、目的、任务、组织建立，环境安全的意义、特点、组织建立、管理制度和污染类型；掌握施工安全控制的程序、要求、方法、技术措施与安全检查，环境安全控制的组织管理方法、污染防治措施。

项目引入：党的二十大报告指出：尊重自然、顺应自然、保护自然，是全面建设社会主义现代化国家的内在要求。必须牢固树立和践行绿水青山就是金山银山的理念，站在人与自然和谐共生的高度谋划发展。我们要推进美丽中国建设，坚持山水林田湖草沙一体化保护和系统治理，统筹产业结构调整、污染治理、生态保护、应对气候变化，协同推进降碳、减污、扩绿、增长，推进生态优先、节约集约、绿色低碳发展。统筹水资源、水环境、水生态治理，推动重要江河湖库生态保护治理，提升环境基础设施建设水平，推进城乡人居环境整治。环境保护也是水利工程文明施工的重要内容之一。

任务一　施工安全管理

知识目标：通过本次任务学习，学生了解安全管理的目的及特点；基本了解施工安全控制及安全检查的内容；基本了解安全生产技术措施内容。

能力目标：通过本次任务学习，学生应能具有安全生产意识；能够编制安全生产计划。

施工安全管理的目的是最大限度地保护生产者的人身安全，控制影响工作环境内所有员工（包括临时工作人员、合同方人员、访问者和其他有关人员）安全的条件和因素，避免因使用不当对使用者造成安全危急，防止安全事故的发生。

施工安全管理的任务是建筑生产安全企业为达到建筑施工过程中安全的目的，所进行的组织、控制和协调活动，主要内容包括制定、实施、实现、评审和保持安全方针所需的组织机构、策划活动、管理职责、实施程序、所需资源等。

施工企业应根据自身实际情况制定方针，并通过实施、实现、评审、保持、改进来建立组织机构、策划活动、明确职责、遵守安全法律法规、编制程序控制文件、实施过程控制，提供人员、设备、资金、信息等资源，对安全与环境管理体系按国家标准进行评审，按计划、实施、检查、总结循环过程进行提高。

模块一　施工安全管理的特点

1. 安全管理的复杂性

水利工程施工具有项目固定性、生产流动性、外部环境影响不确定性，这些决了施工安全管理的复杂性。

生产的流动性主要指生产要素的流动性，它是指生产过程中人员、工具和设备的流动，主要表现在：①同一工地不同工序之间的流动；②同一工序不同工程部位之间的流动；③同一工程部位不同时间段之间的流动；④施工企业向新建项目迁移的流动。

外部环境因素对施工安全影响很多，主要表现在：①露天作业多；②气候变化大；③地质条件变化；④地形条件；⑤地域、人员交流障碍。

以上生产因素和环境因素的影响使施工安全管理变得复杂，考虑不周会出现安全问题。

2. 安全管理的多样性

受客观因素影响，水利工程项目具有多样性特点，使得建筑产品具有单件性，每一个施工项目都要根据特定条件和要求进行施工生产，安全管理具有多样性特点，主要表现在：①不能按相同的图纸、工艺和设备进行批量重复生产；②因项目需要设置的组织机构，项目结束后组织机构便不存在，生产经营的一次性特征突出；③新技术、新工艺、新设备、新材料的应用给安全管理带来新的难题；④人员的改变、安全意识、经验不同带来安全隐患。

3. 安全管理的协调性

施工过程的连续性和分工决定了施工安全管理的协调性。水利施工项目不能像其他工业产品一样可以分成若干部分或零部件同时生产，必须在同一个固定的场地按严格的程序连续生产，上一道工序完成才能进行下一道工序，上一道工序生产的结果往往被下一道工序所掩盖，而每一道工序都是由不同的部门和人员来完成的。这样，就要求在安全管理中不同部门和人员做好横向配合和协调，共同注意各施工生产过程接口处安全管理的协调，确保整个生产过程和安全。

4. 安全管理的强制性

工程建设项目建设前，已经通过招标投标程序确定了施工单位。由于目前建筑市场供大于求，施工单位大多以较低的标价中标，实施中安全管理费用投入严重不足，不符合安全管理规定的现象时有发生，从而要求建设单位和施工单位重视安全管理经费的投入，达到安全管理的要求，政府也要加大对安全生产的监管力度。

模块二　施　工　安　全　控　制

安全控制是指企业通过对安全生产过程中涉及的计划、组织、监控、调节和改进等一系列致力于满足施工安全措施所进行的管理活动。

1. 安全控制的方针

安全控制的目的是安全生产，因此安全控制的方针是"安全第一，预防为主"。安全第一是指把人身的安全放在第一位，安全为了生产，生产必须保证人身安全，充分体现以人为本的理念。

预防为主是实现安全第一的手段，采取正确的措施和方法进行安全控制，从而减少甚至消除事故隐患，尽量把事故消除在萌芽状态，这是安全控制最重要的思想。

2. 安全控制的目标

安全控制的目标是减少和消除生产过程中的事故，保证人员健康安全，避免财产损失。安全控制目标具体包括：①减少和消除人的不安全行为的目标；②减少和消除设备、材料的不安全状态的目标；③改善生产环境和保护自然环境的目标；④安全管理的目标。

3. 施工安全控制的特点

(1) 安全控制面大。

由于规模大、生产工序多、工艺复杂、流动施工作业多、野外作业多、高空作业多、作业位置多、施工中不确定因素多，因此水利工程施工中安全控制涉及范围广、控制面大。

(2) 安全控制动态性强。

水利水电工程建设项目的单件性使每个工程所处的条件不同，危险因素和措施也会有所不同，员工进驻一个新的工地，面对新的环境，需要大量时间去熟悉和对工作制度及安全措施进行调整。工程施工项目施工的分散性使现场施工分散于场地的不同位置和建筑物的不同部位，面对新的具体的生产环境，除熟悉各种安全规章制度和技术措施外，还需作出自己的研究判断和处理。有经验的人员也必须适应不断出现的新问题、新情况。

(3) 安全控制体系具有交叉性。

工程项目施工是一个系统工程，受自然环境和社会环境影响大，施工安全控制和工程系统、质量管理体系、环境和社会系统联系密切，交叉影响，建立和运行安全控制体系要相互结合。

(4) 安全控制必须具有严谨性。

安全事故的出现是随机的，偶然中存在必然性，一旦失控，就会造成伤害和损失。因此，安全状态的控制必须严谨。

4. 施工安全控制程序

(1) 确定项目的安全目标。

按目标管理的方法在以项目经理为首的项目管理系统内进行分解，从而确定每个岗位的安全目标，实现全员安全控制。

(2) 编制项目安全技术措施计划。

对生产过程中的不安全因素，应采取技术手段加以控制和消除，并采用书面文件的形式作为工程项目安全控制的指导性文件，落实预防为主的方针。

(3) 落实项目安全技术措施计划。

安全技术措施包括安全生产责任制、安全生产设施、安全教育和培训、安全信息的沟通和交流，通过安全控制使生产作业的安全状况处于可控制状态。

(4) 安全技术措施计划的验证。

安全技术措施计划的验证包括安全检查、不符合因素纠正、安全记录检查、安全技术措施修改与再验证。

(5) 安全生产控制的持续改进。

持续改进安全生产控制措施，直到工程项目全面工作的结束。

5．施工安全控制的基本要求

（1）必须取得安全行政主管部门颁发的《安全施工许可证》后方可施工。

（2）总承包企业和每一个分包单位都应持有《施工企业安全资格审查认可证》。

（3）各类人员必须具备相应的执业资格才能上岗。

（4）新员工都必须经过安全教育和必要的培训。

（5）特种工种作业人员必须持有特种工种作业上岗证，并严格按期复查。

（6）对查出的安全隐患要做到"五个落实"：落实责任人、落实整改措施、落实整改时间、落实整改完成人、落实整改验收人。

（7）必须控制好安全生产的"六个节点"：技术措施、技术交底、安全教育、安全防护、安全检查、安全改进。

（8）现场的安全警示设施齐全，所有现场人员必须戴安全帽，高空作业人员必须系安全带等防护工具，并符合国家和地方的有关安全规定。

（9）现场施工机械尤其是起重机械等设备必须经安全检查合格后方可使用。

6．施工安全控制的方法

危险源是可能导致人身伤害或疾病、财产损失、工作环境破坏或几种情况同时出现的危险和有害因素。

危险因素强调突发性和瞬时作用，有害因素强调在一定时间内的慢性损害和积累作用。危险源是安全控制的主要对象，也可以将安全控制称为危险源控制或安全风险控制。

危险源分为第一类危险源和第二类危险源。可能发生能量意外释放的载体或危险物质称为第一类危险源。造成约束、限制能量的措施破坏或失效的各种不安全因素称为第二类危险源，这类危险源包括三个方面：人的不安全行为，物的不安全状态，环境的不良条件。

对第一类危险源的控制方法：防止事故发生的方法有消除危险源、限制能量、对危险物质隔离；避免或减少事故损失的方法有隔离，个体防护，使能量或危险物质按事先要求释放，采取避难、援救措施。

对第二类危险源的控制方法：减少故障的方法有增加安全系数、提高可靠度、设置安全监控系统；故障安全设计包括最乐观方案（故障发生后，在没有采取措施前，使系统和设备处于安全的能量状态之下）和最悲观方案（故障发生后，系统处于最低能量状态），直到采取措施前，不能运转，以及最可能方案（保证采取措施前，设备、系统发挥正常功能）。

模块三　施工安全生产组织机构的建立

为了保证施工过程不发生安全事故，必须建立安全管理的组织机构，健全安全管理规章制度。统一施工生产项目的安全管理目标、安全措施、检查制度、考核办法、安全教育措施等。具体工作如下：

（1）成立以项目经理为首的安全生产施工领导小组，具体负责施工期间的安全工作。

（2）项目副经理、技术负责人、各科负责人和生产工段的负责人等作为安全小组成员，共同负责安全工作。

（3）设立专职安全员，聘用有国家安全员职业资格的人员或经培训持证上岗，专门负责施工过程中的工作安全，只要施工现场有施工作业人员，安全员就要上岗值班，在每个工序开工前，安全员要检查工程环境和设施情况，认定安全后方可进行工序施工。

（4）各技术及其他管理科室和施工段要设兼职安全员，负责本部门的安全生产预防和检查工作，各作业班组组长要兼本班组的安全检查员，具体负责本班组的安全检查。

（5）工程项目部应定期召开安全生产工作会议，总结前期工作，找出问题，布置落实后面工作，利用施工空闲时间进行安全生产工作培训，在培训工作中和其他安全工作会议上，安全小组领导成员要讲解安全工作的重要意义，学习安全知识，增强员工安全警觉意识，把安全工作落实在预防阶段。根据工程的具体特点把不安全的因素和相应措施装订成册，便于全体员工学习和掌握。

（6）严格按国家有关安全生产规定，在施工现场设置安全警示标识，在不安全因素的部位设立警示牌，严格检查进场人员佩戴安全帽、高空作业系安全带情况，严格持证上岗工作，风雨天禁止高空作业，遵守施工设备专人使用制度，严禁在场内乱拉用电线路，严禁非电工人员从事电工工作。

（7）安全生产工作和现场管理结合起来，同时进行，防止因管理不善产生安全隐患，工地防风、防雨、防火、防盗、防疾病等预防措施要健全，都要有专人负责，以确保各项措施及时落实到位。

（8）完善安全生产考核制度，实行安全问题一票否决制，安全生产互相监督制，提高自检、自查意识，开展科室、班组经验交流和安全教育活动。

（9）对构件和设备吊装、爆破、高空作业、拆除、上下交叉作业、夜间作业、疲劳作业、带电作业、汛期施工、地下施工、脚手架搭设拆除等重要安全环节，必须在开工前进行技术交底、安全交底、联合检查后，确认安全，方可开工。在施工过程中，加强安全员的旁站检查，加强专职指挥协调工作。

模块四　施工安全技术措施计划与实施

1. 工程施工措施计划

施工措施计划的主要内容包括工程概况、控制目标、控制程序、组织机构、职责权限、规章制度、资源配置、安全措施、检查评价、激励机制等。

（1）特殊情况应考虑安全计划措施。

对高空作业、井下作业等专业性强的作业，电器、压力容器等特殊工种的作业，应制定单项安全技术规程，并对管理人员和操作人员的安全作业资格和身体状况进行合格检查。对于结构复杂、施工难度大、专业性较强的工程项目，除制定总体安全保证计划外，还须制定单位工程和分部（分项）工程安全技术措施。

(2) 制定和完善施工安全操作规程。

制定和完善施工安全操作规程是编制各施工工种，特别是危险性大的工种的施工安全操作要求，作为施工安全生产规范和考核的依据。

(3) 施工安全技术措施。

施工安全技术措施包括安全防护设施和安全预防措施，主要有防火、防毒、防爆、防洪、防尘、防雷击、防触电、防坍塌、防物体打击、防机械伤害、防起重机械滑落、防高空坠落、防交通事故、防寒、防暑、防疫、防环境污染等方面的措施。

2. 施工安全措施计划的落实

(1) 安全生产责任制。

安全生产责任制是指企业对项目经理部各部门、各类人员所规定的在他们各自职责范围内对安全生产应负责任的制度，建立安全生产责任制是施工安全技术措施的重要保证。

(2) 安全教育。

要树立全员安全意识，要求：广泛开展安全生产的宣传教育，使全体员工真正认识到安全生产的重要性和必要性，掌握安全生产的基础知识，牢固树立安全第一的思想，自觉遵守安全生产的各项法规和规章制度。安全教育的主要内容有安全知识、安全技能、设备性能、操作规程、安全法规等。对安全教育要建立经常性的安全教育考核制度。考核结果要记入员工人事档案。一些特殊工种，如电工、电焊工、架子工、司炉工、爆破工、机操工、起重工、机械司机、机动车辆司机等，除一般安全教育外，还要进行专业技能培训，经考试合格后，取得资格才能上岗工作。工程施工中采用新技术、新工艺、新设备，或人员调到新工作岗位时，也要进行安全教育和培训，否则不能上岗。

(3) 安全技术交底。

安全技术交底的基本要求包括：实行逐级安全技术交底制度，从上到下，直到全体作业人员；安全技术交底工作必须具体、明确、有针对性；交底的内容要针对分部（分项）工程施工中给作业人员带来的潜在危害；应优先采用新的安全技术措施；应将施工方法、施工程序、安全技术措施等优先向工段长、班级组长进行详细交底。定期向多工种交叉施工或多个作业队同时施工的作业队进行书面交底，并保持书面交底的交接的书面签字记录。安全技术交底的主要内容有：工程施工项目作业特点和危险点；针对各危险点的具体措施；应注意的安全事项；对应的安全操作规程和标准；发生事故应及时采取的应急措施。

模块五 施工安全检查

施工安全检查的目的是消除安全隐患、防止安全事故发生、改善劳动条件及提高员工的安全生产意识，是施工安全控制工作的一项重要内容。通过安全检查可以发现工程中的危险因素，以便有计划地采取相应的措施，保证安全生产的顺利进行。项目的施工生产安全检查应由项目经理组织，定期进行检查。

1. 安全检查的类型

施工安全检查的类型分为日常性检查、专业性检查、季节性检查、节假日前后检查和不定期检查等。

（1）日常性检查：日常性检查是经常的、普遍的检查，一般每年进行1~4次。项目部、科室每月至少进行1次，施工班组每周、每班次都应进行检查，专职安全技术人员的日常性检查应有计划、有部位、有记录、有总结地周期性进行。

（2）专业性检查：专业性检查是指针对特种作业、特种设备、特殊场地进行的检查，如电焊、气焊、起重设备、运输车辆、锅炉压力容器、易燃易爆场所等，由专业检查员进行检查。

（3）季节性检查：季节性检查是根据季节性的特点，为保障安全生产的特殊要求所进行的检查，如春季空气干燥、风大，重点检查防火、防爆；夏季多雨、雷电、高温，重点检查防暑降温、防汛、防雷击、防触电；冬季检查防寒、防冻等。

（4）节假日前后检查：节假日前后检查是针对节假期间容易产生麻痹思想的特点而进行的安全检查，包括假前的综合检查和假后的遵章守纪检查等。

（5）不定期检查：不定期检查是指在工程开工前、停工前、施工中、竣工时、试运转时进行的安全检查。

2. 安全检查的主要内容

安全生产检查的主要内容是做好"五查"：

（1）查思想：主要检查企业干部和员工对安全生产工作的认识。

（2）查管理：主要检查安全管理是否有效，包括安全生产责任制、安全技术措施计划、安全组织机构、安全保证措施、安全技术交底、安全教育、持证上岗、安全设施、安全标志、操作规程、违规行为、安全记录等。

（3）查隐患：主要检查作业现场是否符合安全生产的要求，是否存在不安全因素。

（4）查事故：查明安全事故的原因、明确责任，对责任人作出处理，明确落实整改措施等要求。另外，检查对伤亡事故是否及时报告、认真调查、严肃处理。

（5）查整改：主要检查对过去提出的问题的整改情况。

模块六　安全事故的处理

根据国家《生产安全事故报告和调查处理条例》和水利部《水利工程建设安全生产管理规定》，安全事故处理程序包括以下几项。

1. 报告安全事故

事故发生后，事故现场有关人员应当立即向本单位负责人报告；单位负责人接到报告后，应当于1h内向事故发生地县级以上人民政府安全生产监督管理部门和负有安全生产监督管理职责的有关部门报告。

情况紧急时，事故现场有关人员可以直接向事故发生地县级以上人民政府安全生产监督管理部门和负有安全生产监督管理职责的有关部门报告。安全生产监督管理部门和负有安全生产监督管理职责的有关部门逐级上报事故情况，每级上报的时间不得超过 2h。

安全事故报告内容包括：事故发生单位概况；事故发生的时间、地点以及事故现场情况；事故的简要经过；事故已经造成或者可能造成的伤亡人数（包括下落不明的人数）和初步估计的直接经济损失；已经采取的措施；其他应当报告的情况。

2. 处理安全事故

事故发生单位负责人接到事故报告后，应当立即启动事故相应应急预案，或者采取有效措施，组织抢救，防止事故扩大，减少人员伤亡和财产损失。

安全事故处理的原则是四不放过原则，即事故原因不清楚不放过、事故责任者和员工没受教育不放过、事故责任者没受处理不放过、没有制定防范措施不放过。

3. 进行安全事故调查

特别重大事故由国务院或者国务院授权有关部门组织事故调查组进行调查。重大事故、较大事故、一般事故分别由事故发生地省级人民政府、设区的市级人民政府、县级人民政府负责调查。省级人民政府、设区的市级人民政府、县级人民政府可以直接组织事故调查组进行调查，也可以授权或者委托有关部门组织事故调查组进行调查。未造成人员伤亡的一般事故，县级人民政府也可以委托事故发生单位组织事故调查组进行调查。

4. 分析事故原因

通过调查分析，查明事故经过，按受伤部位、受伤性质、起因物、致害物、伤害方法等查清事故原因，通过直接和间接地分析，确定事故的直接责任者、间接责任者和主要责任者。

5. 制定预防措施

根据事故原因分析，制定防止类似事故再次发生的预防措施，根据事故后果和事故责任者应负的责任提出处理意见。

6. 提交事故调查报告

事故调查组应当自事故发生之日起 60 日内提交事故调查报告；特殊情况下，经负责事故调查的人民政府批准，提交事故调查报告的期限可以适当延长，但延长的期限最长不超过 60 日。

事故调查报告应当包括：事故发生单位概况；事故发生经过和事故救援情况；事故造成的人员伤亡和直接经济损失；事故发生的原因和事故性质；事故责任的认定以及对事故责任者的处理建议；事故防范和整改措施。

7. 对事故责任者进行处理

重大事故、较大事故、一般事故，负责事故调查的人民政府应当自收到事故调查报告之日起 15 日内做出批复；特别重大事故，30 日内做出批复，特殊情况下，批复时间可以适当延长，但延长的时间最长不超过 30 日。

有关机关应当按照人民政府的批复，依照法律、行政法规规定的权限和程序，对事故发生单位和有关人员进行行政处罚，对负有事故责任的国家工作人员进行处分。

事故发生单位应当按照负责事故调查的人民政府的批复，对本单位负有事故责任的人员进行处理。

负有事故责任的人员涉嫌犯罪的,依法追究刑事责任。

【例 11-1】 某水利枢纽工程,主要工程项目有大坝、泄洪闸、引水洞、发电站等,2002 年 1 月开工,2003 年 5 月申报文明建设工地,此时已完成全部建安工程量 40%。上级有关主管部门为加强质量管理,在工地现场成立了由省水利工程质量监督中心站以及工程项目法人、设计单位和监理单位人员组成的工程质量监督项目站。

问题:

(1) 工地工程质量监督项目站的组成形式是否妥当?并说明理由。

(2) 根据水利水电工程有关建设管理的规定,简述工程现场项目法人、设计、施工、监理、质量监督各单位之间在建设管理上的相互关系。

(3) 根据水利系统文明建设工地的有关规定,工程建设管理水平考核的主要内容除了内部管理制度外,还包括什么?

(4) 工地基坑开挖时曾塌方并造成工人轻伤。请根据水电工程安全事故分类有关规定判断属于什么等级事故,并简述人身伤害事故等级分类以及水利工程质量事故等级分类。

(5) 根据水电建设安全生产的有关规定,简述安全生产的方针以及安全生产管理工作应贯彻的原则、工程各参建单位内部安全工作责任划分。

【解】 (1) 工地工程质量监督项目站的组成形式不妥当。根据《水利工程质量监督规定》的规定,各级质量监督机构的质量监督人员由专职质量监督员和兼职质量监督员组成。其中,兼职质量监督员为工程技术人员,凡从事该工程监理、设计、施工、设备制造的人员不得担任该工程的兼职质量监督员。

(2) 工程现场项目法人和设计、施工、监理之间是合同关系,和质量监督之间是被监督和监督关系。设计和施工、监理之间属于工作关系,和质量监督之间属于被监督和监督关系。施工和监理之间是被监理和监理的关系,和质量监督之间属于被监督和监督关系。监理和质量监督之间属于被监督和监督关系。

(3) 根据水利系统文明建设工地的有关规定,工程建设管理水平考核的主要内容除了内部管理制度外,还包括基本建设程序、工程质量管理和施工安全措施等。

(4) 工地基坑开挖时曾塌方并造成工人轻伤,根据水电工程安全事故分类有关规定判断属于一般事故。人身伤害事故等级分类为:一般事故、较大事故、重大事故、特别重大事故。水利工程质量事故等级分类为:一般质量事故、较大质量事故、重大质量事故、特大质量事故。

(5) 水电建设工程施工必须坚持"安全第一,预防为主"的方针。水电建设工程施工安全管理工作贯彻"安全生产,人人有责"的原则。实行建设项目的业主、建设单位统一监督、协调,施工企业、设计院各负其责的管理体制。建设单位、施工企业和设计院应组成工程施工安全领导小组,负责工程施工安全工作的监督、协调。建设项目业主、建设单位、施工企业和设计院的行政正职是安全工作的第一责任者,对建设项目或本单位的安全工作负领导责任。各单位在工程项目上的行政负责人分别对本单位在工程建设中的安全工作负直接领导责任。

任 务 训 练

1. 施工安全管理的特点有（　　）。
   A. 复杂性　　　　B. 多样性　　　　C. 协调性　　　　D. 强制性
2. 危险源的定义为（　　）。
   A. 危险源是可能导致人身伤害或疾病、财产损失、工作环境破坏或这些情况组合的危险因素
   B. 危险源是指火灾、水灾等各种可能伤害人身或使环境遭受破坏的因素
   C. 危险源是指除直接自然灾害外的一切对人身体有伤害的一切有害因素
   D. 危险源是指一种危害物品，这种物品可能导致人身破坏或疾病
3. 判断：造成约束、限制能量的措施破坏或失效的各种不安全因素称为第一类危险源。（　　）
4. 判断：第二类危险源是事故的主体，决定事故的严重程度。（　　）
5. 施工安全控制的特点除了控制面广、控制系统交叉性、控制的严谨性外，还应有（　　）。
   A. 控制的多样性　　　　　　　　B. 控制的流动性
   C. 控制的动态性　　　　　　　　D. 控制的不稳定性
6. 施工安全的控制要求不包括（　　）。
   A. 各类人员必须具备相应的执业资格才能上岗
   B. 所有新员工必须经过三级安全教育，即进厂、进车间和进班组的安全教育
   C. 施工现场安全设施齐全，并符合国家及地方有关规定
   D. 对施工机械设备进行检查并进行记录
7. 安全技术施工措施计划的实施不包括（　　）。
   A. 安全生产责任制　　　　　　　B. 安全教育
   C. 防护及预防教育　　　　　　　D. 安全技术交底
8. 建设工程职业健康安全事故处理原则是（　　）。
   A. 事故原因不清楚以及责任者没处理不放过
   B. 没有调查而下定论引起的事故不放过
   C. 事故责任者逃逸不放过
   D. 事故引发原因不清楚，事故责任者未找到不放过
9. 请叙述安全事故处理的程序。
10. 请叙述施工安全检查的类型和内容。

任务二　施工环保管理

知识目标：通过本次任务学习，学生了解环保管理的概念及意义；基本了解施工环境安全管理的内容及要求；基本了解施工现场环境防控内容。

能力目标：通过本次任务学习，学生应能具有施工环保意识；能够编制施工环保实施计划。

模块一　环境保护管理概念及意义

1. 环境保护管理概念

环境保护是按照法律法规、各级主管部门和企业的要求，保护和改善作业现场的环境，控制现场的各种粉尘、废水、固体废弃物、噪声、振动等对环境的污染和危害。环境保护也是文明施工的重要内容之一。

环境保护主要工作：规范施工现场的场容，保持作业环境的清洁卫生；科学组织施工，使生产有序进行；减少施工对当地居民、过路车辆和人员及环境的影响；保证职工的安全和身体健康。

2. 现场环境保护的意义

（1）保护和改善施工环境是保证人们身体健康和社会文明的需要。采取专项措施防止粉尘、噪声和水源污染，保护好作业现场及其周围的环境是保证职工和相关人员身体健康、体现社会总体文明的一项利国利民的重要工作。

（2）保护和改善施工现场环境是消除外部干扰、保护施工顺利进行的需要。随着人们的法制观念和自我保护意识的增强，尤其对距离当地居民或公路等较近的项目，施工扰民和影响交通的问题比较突出，项目部应针对具体情况及时采取防治措施，减少对环境的污染和对他人的干扰，这也是施工生产顺利进行的基本条件。

（3）保护和改善施工环境是现代化大生产的客观要求。现代化施工广泛应用新设备、新技术、新的生产工艺，对环境质量要求很高，若有粉尘或振动超标就可能损坏设备、影响功能发挥，使设备难以发挥作用。

（4）保护和改善施工环境是保护人类生存环境、保证社会和企业可持续发展的需要。人类社会即将面临环境污染危机的挑战。为了保护子孙后代赖以生存的环境，每个公民和企业都有责任和义务保护环境。良好的环境和生存条件也是企业发展的基础和动力。

模块二　环境保护的组织与管理

1. 组织和制度管理

（1）施工现场应成立以项目经理为第一责任人的文明施工管理组织。分包单位应服从总包单位的文明施工管理组织的统一管理，并接受监督检查。

（2）各项施工现场管理制度应有文明施工的规定，包括个人岗位责任制、经济责任制、安全检查制度、持证上岗制度、奖惩制度、竞赛制度和各项专业管理制度等。

（3）加强和落实现场文明检查、考核及奖惩管理，以促进施工文明和管理工作的提高。检查范围和内容应全面周到，包括生产区、生活区、场容场貌、环境文明及制度落实等内容。应对检查发现的问题采取整改措施。

2. 收集环境保护管理材料

（1）上级关于文明施工的标准、规定、法律法规等资料。

（2）施工组织设计（方案）中对施工环境保护的管理规定、各阶段施工现场环境保护的措施。

（3）施工环境保护自检资料。

（4）施工环境保护教育、培训、考核计划的资料。

（5）施工环境保护活动各项记录资料。

3. 加强环境保护的宣传和教育

（1）在坚持岗位练兵的基础上，要采取派出去、请进来、短期培训、上技术课、登黑板报、听广播、看录像、看电视等方法狠抓教育工作。

（2）要特别注意对临时工的岗前教育。

（3）专业管理人员应熟练掌握文明施工的规定。

模块三　现场环境污染防治

要达到环保管理的基本要求，主要是应防治施工现场的空气污染、水污染、噪声污染，同时对原有的及新产生的固体废弃物进行必要的处理。

1. 施工现场空气污染的防治

（1）施工现场垃圾、渣土要及时清理出现场。

（2）上部结构清理施工垃圾时，要使用封闭式的容器或者采取其他措施处理高空废弃物，严禁临空随意抛撒。

（3）施工现场道路应指定专人定期洒水清扫，形成制度，防止道路扬尘。

（4）对于细颗粒散体材料（如水泥、粉煤灰、白灰等）的运输、储存要注意遮盖、密封，防止和减少飞扬。

（5）车辆开出工地要做到不带泥沙，基本做到不洒土、不扬尘，减少对周围环境的污染。

（6）除设有符合规定的装置外，禁止在施工现场焚烧油毡、橡胶、塑料、皮革、树叶、枯草、各种包装物等废弃物品以及其他会产生有毒、有害烟尘和恶臭气体的物质。

（7）机动车都要安装减少尾气排放的装置，确保符合国家标准。

（8）工地锅炉应尽量采用电热水器。若只能使用烧煤锅炉时，应选用消烟除尘型锅炉，大灶应选用消烟节能回风炉灶，使烟尘降至允许排放范围内。

（9）在离村庄较近的工地应当将搅拌站封闭严密，并在进料仓上方安装除尘装置，采用可靠措施控制工地粉尘污染。

（10）拆除旧建筑物时，应适当洒水，防止扬尘。

2. 施工现场水污染的防治

水污染主要来源有：工业污染源（各种工业废水向自然水体的排放）、生活污染源（食物废渣、食油、粪便、合成洗涤剂、杀虫剂、病原微生物等）、农业污染源（化肥、农药等）、施工现场废水和固体废弃物随水流流入水体的部分（泥浆、水泥、油罐、各种油类、混凝土外加剂、重金属、酸碱盐和非金属无机毒物等）。

施工过程水污染的防治措施包括：

（1）禁止将有毒、有害废弃物当作回填材料。

（2）施工现场搅拌站废水、现制水磨石的污水、电石（碳化钙）的污水必须经沉淀池沉淀合格后再排放，最好将沉淀水用于工地洒水降尘或采取措施回收利用。

（3）现场存放油料的，必须对库房地面进行防渗处理，如采用防渗混凝土地面、铺油毡等措施。使用时，要采取防止油料跑、冒、滴、漏的措施，以免污染水体。

（4）施工现场100人以上的临时食堂的污水排放时可设置简易有效的隔油池，定期清理，防止污染。

（5）工地临时厕所、化粪池应采取防渗漏措施。中心城市施工现场的临时厕所可采取水冲式厕所，并有防蝇、灭蛆措施，防止污染水体和环境。

3. 施工现场噪声的控制

（1）施工现场噪声的控制措施。

噪声控制技术可以从声源、传播途径、接收者的防护等方面来考虑。

从噪声产生的声源上控制：尽量采用低噪声设备和工艺代替高噪声设备与工艺，如低噪声振捣器、风机、电机空压机、电锯等；在声源处安装消声器消声，即在通风机、压缩机、燃气机、内燃机及各类排气放空装置等进出风管的适当位置设置消声器。

从噪声传播的途径上控制：吸声，即利用吸声材料（大多由多孔材料制成）或由吸声结构形成的共振结构（金属或木质薄板钻孔制成的空腔体）吸收声能，降低噪声；隔声，即应用隔声结构，阻碍噪声向空间传播，将接收者与噪声声源分隔，隔声结构包括隔声室、隔声罩、隔声屏障、隔声墙等；消声，利用消声器阻止传播，允许气流通过消声器降低噪声是防治空气动力性噪声的主要装置，如控制空气压缩机、内燃机产生的噪声等；减振，对来自振动引起的噪声，通过降低机械振动减小噪声，如将阻尼材料涂在振动源上，或改变振动源与其他刚性结构的连接方式等。

对接收者的防护措施：让处于噪声环境下的人员使用耳塞、耳罩等防护用品，减少相关人员在噪声环境中的暴露时间，以减轻噪声对人体的危害。

严格控制人为噪声措施：进入施工现场不得高声呐喊、无故摔打模板、乱吹口哨，限制高音喇叭的使用，最大限度地减少噪声扰民。

控制强噪声作业的时间：凡在居民稠密区进行强噪声作业的，严格控制作业时间。

（2）施工现场噪声的控制标准。

凡在人口稠密区进行强噪声作业时，须严格控制作业时间，一般晚10点至次日早6点之间停止强噪声作业。确系特殊情况必须昼夜施工时，尽量采取降低噪声的措施,并会同建设单位找当地居委会、村委会或当地居民协调,出安民告示,求得群众谅解。

根据国家标准《建筑施工场界噪声排放标准》(GB 12523—2011)的要求,对不同施工作业有不同噪声限值,见表 11-1。在距离村庄较近的工程施工中,要特别注意噪声尽量不得超过国家标准规定的限值,尤其是夜间工作时。

表 11-1　　　　　　　不同施工阶段作业噪声限值　　　　　　　单位:dB

施工阶段	主要噪声源	噪声限制 白昼	噪声限制 夜晚
土石方	推土机、挖掘机、装载机等	75	75
打桩	各种打桩机	85	禁止施工
结构	混凝土、振捣棒、电锯等	70	55
装修	吊车、升降机等	62	55

4. 固体废弃物的处理

(1) 建筑工地常见的固体废弃物有建筑渣土,包括砖瓦、碎石、渣土、混凝土碎块、废钢铁、废屑、废弃材料等;废弃建筑材料,如袋装水泥、石灰等;生活垃圾,包括炊厨废弃物、丢弃食品、废纸、生活用具、碎玻璃、陶瓷碎片、废电池、废旧日用品、废塑料制品、煤灰渣、废交通工具等;以及设备、材料等的废弃包装材料。

(2) 固体废弃物的处理和处置。

1) 回收利用:是对固体废弃物进行资源化、减量化处理的重要手段之一。建筑渣土可视其情况加以利用,废钢可按需要用作金属原材料,废电池等废弃物应分散回收,集中处理。

2) 减量化处理:是对已经产生的固体废弃物进行分选、破碎、压实浓缩、脱水等减少其最终处置量,从而降低处理成本,减小环境的污染。减量化处理的过程中,也包括和其他处理技术相关的工艺方法,如焚烧、热解、堆肥等。

3) 焚烧技术:用于不适合再利用且不宜直接予以填埋处理的废弃物,尤其是对于已受到病菌、病毒污染的物品,可以用焚烧进行无害化处理。焚烧处理应使用符合环境要求的处理装置,注意避免对大气的二次污染。

4) 稳定的固化技术:指利用水泥、沥青等胶结材料,将松散的废物包裹起来,减少废物的毒性和可迁移性,减小二次污染。

5) 填埋:是固体废弃物处理的最终技术,经过无害化、减量化处理的废弃物残渣集中在填埋场进行处置。填埋场利用天然或人工屏障,尽量使需要处理的废弃物与周围的生态环境隔离,并注意废弃物的稳定性和长期安全性。

任 务 训 练

1. 施工现场噪声的控制措施可以从(　　)的防护等方面来考虑。
   A. 声源　　　　　B. 传播途径　　　　　C. 接收者　　　　　D. 制造者
2. 在噪声传播的途径上控制噪声采取的措施有(　　)等几个方面。

A. 吸声　　　　　　B. 隔声　　　　　　C. 消声　　　　　　D. 减振
3. 固体废弃物对环境的危害有（　　）。
　　A. 侵占土地，污染土壤　　　　　　B. 污染水体，污染大气
　　C. 影响人的身体健康　　　　　　　D. 影响周围环境卫生
4. 环境管理体系的作用及意义有（　　）。
　　A. 保护人类生存和发展的需要
　　B. 国民经济可持续发展的需要
　　C. 建立市场文化体制的需要
　　D. 国内外贸易发展和环境管理现代化的需要
5. 固体废弃物的主要处理方法有（　　）。
　　A. 回收利用　　　　　　　　　　　B. 减量化处理
　　C. 稳定和固化技术　　　　　　　　D. 焚烧技术和填埋
6. 水利水电工程施工中，固体废物的处置应包括（　　）的处置。
　　A. 生活垃圾　　　　　　　　　　　B. 化粪池
　　C. 建筑垃圾　　　　　　　　　　　D. 生产废料
　　E. 弃渣
7. 施工环境保护应落实工程环境影响评价和初步设计的环境保护措施，其主要内容应包括（　　）等。
　　A. 废水、废气、固体废物污染防治　　B. 噪声、污染防治与噪声控制
　　C. 施工期的工程管理　　　　　　　D. 生态保护、人群健康保护
　　E. 施工环境管理与监测
8. 案例分析：
　　某施工单位分别在某省会城市远郊和城区承接了两个标段的堤防工程施工项目，其中防渗墙采用钢板桩技术进行施工。施工安排均为夜间插打钢板桩，白天进行钢板桩防渗墙顶部的混凝土圈梁浇筑、铺土工膜、植草皮等施工。施工期间由多台重型运输车辆将施工材料及钢板桩运抵作业现场，临时散乱进行堆放。由于工程量任务量大，施工工期紧，施工单位调度大量运输车辆频繁来往于城郊之间，并且土料运输均出现超载，同时又正值酷暑季节，气候干燥，因此，运输过程中产生大量泥土和灰尘。

　　问题：
　　(1) 加强施工环境管理，应重点做好哪几方面的工作？
　　(2) 远郊施工环境布置应重点注意哪些方面？
　　(3) 城区施工环境布置应如何考虑？
　　(4) 分析本例施工期环境保护存在的主要问题并提出改进措施。

参 考 文 献

[1] 张玉福. 水利工程施工组织与管理 [M]. 郑州：黄河水利出版社，2009.
[2] 钟汉华. 水利水电工程施工组织与管理 [M]. 北京：中国水利水电出版社，2005.
[3] 孟秀英. 水利工程施工组织与管理 [M]. 武汉：华中科技大学出版社，2013.
[4] 张守金，康百赢. 水利水电工程施工组织设计 [M]. 北京：中国水利水电出版社，2008.
[5] 钱波，郭宁. 水利水电工程施工组织设计 [M]. 北京：中国水利水电出版社，2012.
[6] 全国一级建造师执业资格考试用书编写委员会. 建设工程项目管理 [M]. 北京：中国建筑工业出版社，2011.
[7] 全国一级建造师执业资格考试用书编写委员会. 水利水电工程管理与实务 [M]. 北京：中国建筑工业出版社，2011.
[8] 王胜源. 水利工程合同管理 [M]. 郑州：黄河水利出版社，2009.
[9] SL 303—2004 水利水电工程施工组织设计规范 [S]. 北京：中国水利水电出版社，2004.
[10] SL 176—2007 水利水电工程施工质量检验与评定规程 [S]. 北京：中国水利水电出版社，2007.
[11] 全国二级建造师执业资格考试用书编委会. 水利水电工程管理实务 [M]. 北京：中国建筑工业出版社，2021.
[12] 中国水利工程协会. 水利工程建设进度控制（水利工程）[M]. 北京：中国水利水电出版社，2020.
[13] 中国水利工程协会. 水利工程建设质量控制（水利工程）[M]. 北京：中国水利水电出版社，2020.
[14] 中国水利工程协会. 水利工程建设合同管理（水利工程）[M]. 北京：中国水利水电出版社，2020.